中译本根据英国伦敦自然博物馆 2004 年英文版翻译，由商务印书馆·涵芬楼文化出版。

Birds

The Art of Ornithology

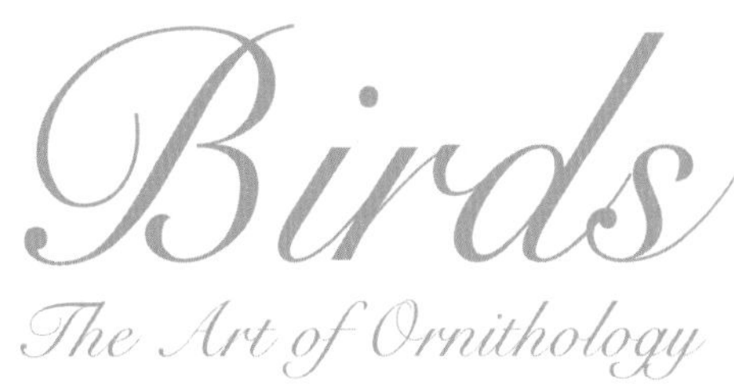

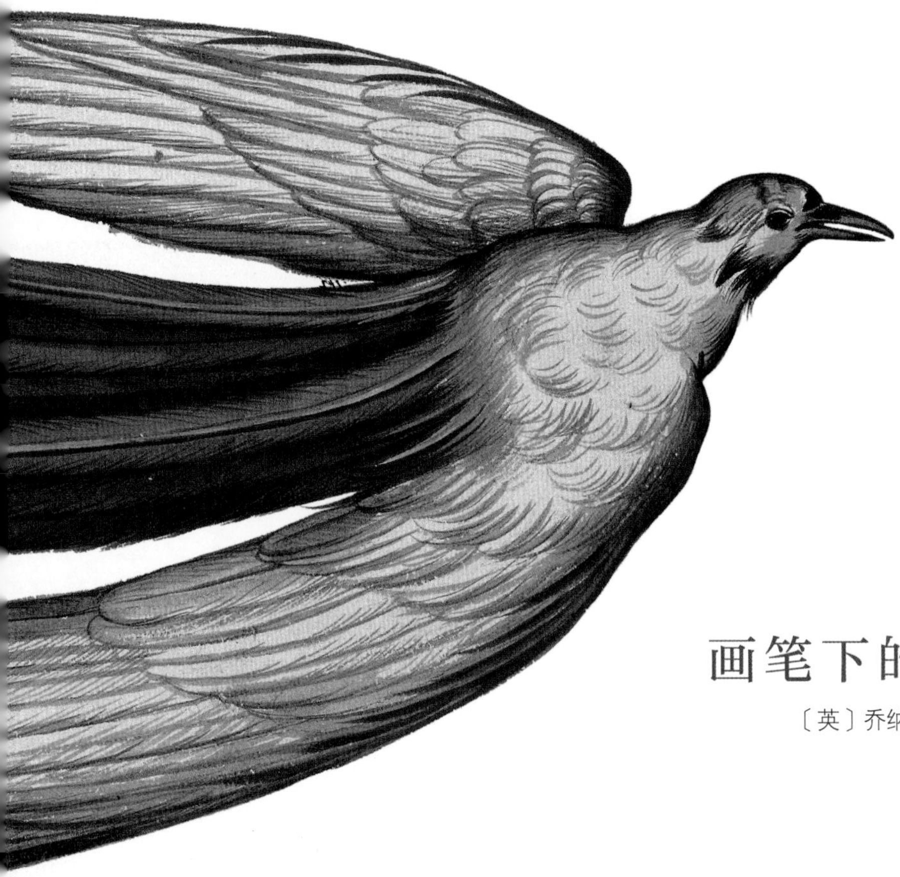

画笔下的鸟类学

〔英〕乔纳森·埃尔菲克 著

许辉辉 译

商务印书馆 The Commercial Press

2017 年·北京

献给我心爱的梅勒妮

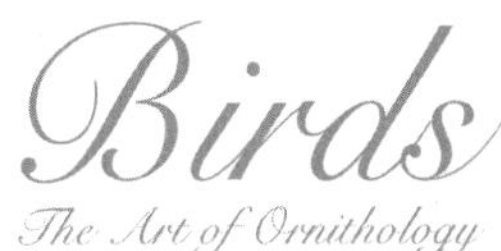
Birds
The Art of Ornithology

目　录

序

当我受邀为这本美丽清新、深入浅出的图书撰序时，我心里十分高兴，尤其是因为这提供了一个可以凸显鸟类艺术与收藏之间紧密、协同的关系的契机，这种科学意义重大的大规模收藏通常属于自然博物馆之类的机构。然而，在读到作者的引言时，我发现他和我之间的联系比我想象的更紧密——不久之前，我们恰好在世界的同一个角落长大；另外，很显然，我们对于鸟类学的热爱甚至是由同一个科所引起的。不过，和他不同的是，我没有在那里找见过长脚秧鸡。我父亲是个全科医师，一直在那个地区工作，我记得他曾把不久前听到过秧鸡叫的位置指给我看，并猜测着它们消失的原因。

鸟类艺术除却可能造就的各种美学体验外，还一直在科学史上扮演着重要的角色。至少直至18世纪末，长期保存鸟类标本材料的技术还远未完善，能够长久保管鸟类标本的机构十分稀少。因此，鸟类的艺术表述手法以及书面附文成为这个时代最重要的，用以交流科学信息以及关于其种类与关系的理念的方法。1760年代和1770年代晚期，人们在库克船长环游世界的探险中收集了许多鸟类标本，但是，其中只有很少的部分保留了下来。事实证明，拥有最长久科学价值的反而是绘画作品，创作它们的艺术家包括悉尼·帕金森、威廉·埃利斯和格奥尔格·福斯特，他们是库克船长的探险队员。同样，约翰·莱瑟姆描述鸟类新种很大程度上是依赖于来自利弗瑞安博物馆的鸟类标本，但这些标本渐渐分散各地，大多已经不知所踪。不过，我们仍然可以通过萨拉·斯通的水彩画领略它们的奥义，而这些画作如今大都保存在自然博物馆中。人们不断地从旧日的鸟类艺术作品中获得新的鸟类学发现，最新的例子也许是来自一幅由荷兰画家罗兰德·萨弗利在1611年所绘的画作。这张画作似乎为证明神秘的留尼汪岛白色渡渡鸟实际上是由两者合并而成提供了最后一片关键的拼图——其中之一是早期旅行者们对已灭绝的留尼汪孤鸽的记录，另一部分则来自毛里求斯一只颜色畸变的渡渡鸟的插图。

本书循序渐进地向我们阐述了，自19世纪至20世纪，众多才华横溢的艺术家如何为越来越多渴望科学知识的公众搭建桥梁，向他们展现鸟类学发现，同时为他们提供审美愉悦。事实上，诸如F. W. 弗罗霍克等人的一些作品更进一步，这些作品以不完整的现有标本为基础，力图合理地再现灭绝的物种。如今艺术科学大师朱利安·休姆等人仍旧不断地在作品中完善着这种方法。这确实是一本恰如其名的书，它将为许多人带来享受与洞见。

罗伯特·普莱思·约翰博士

引言

在我藏书室的一个书架上，仍然保存着一本如今已相当破旧的册子，里面满是我描绘的鸟类彩画，以及对其分布及形态的注释。这些鸟儿是我在北威尔士乡下发现的——在那未开垦的壮丽田地、山丘荒野、森林沼泽、河流湖泊、漫漫海岸。能在那里长大，我真是幸运之极。这本册子仿效了许多漂亮的鸟类插画本，它们有些是我在图书馆里慢慢找到的，有些是乡间野外俱乐部和鸟类学会的前辈们拿给我看的。我在十几岁的时候绘制了这本册子，那是四十多年前的事了。从孩提时起，我就对鸟类满腔热情，直到我年岁渐老，这份热爱仍然没有消退的迹象。让我们忽略这个相当浮夸的书名——《弗林特郡鸟类大赏彩图版：卷一》，浏览过去的发现记录是件有趣的事，你还可以将当时和现在进行对比。比如说：由于狂热的猎鸟人的存在，那时候的鵟是很少见的，而繁殖力强大的长脚秧鸡倒还保持着一定的数量——我曾经有幸敬畏地观察过一只吵吵嚷嚷"嘎嘎"叫的雄秧鸡，只不过坐在山楂树篱墙里实在是太让人难受了。到了现在，长脚秧鸡已经消失得无影无踪了，鵟在那个地区却数目庞大。

在越来越了解野生鸟类的同时，我对鸟类艺术也渐渐产生了兴趣。我的兄弟迈克尔和理查德使我开始接触越来越多英国鸟类艺术家的作品，他们向我介绍的艺术家包括伟大的木雕大师托马斯·比威克，纽卡斯尔的汉考克博物馆中收藏有他的作品系列；还有理查德·塔尔博特·凯利，他绘制的海雀图画书系列展现了各种生活在河口、山间与沼地的鸟类。我还省下了大部分零花钱、生日及圣诞礼物，用来扩充自己小小的鸟类藏书库。

1950年代，我作为一名观鸟新手被声名显赫的沃尔顿家族“接纳”，这个契机不仅使我在观鸟识鸟上大开眼界，同时还使我得以探索他们家汗牛充栋的藏书室。其中不乏珍宝，比如特立独行的《掠夺者与捕食者》，它由有传奇色彩的人物理查德·迈纳茨哈根上校所著，其中包含了当时宝刀未老的乔治·洛奇所创作的动人心魄的猛禽版画；还有威瑟比等人所作的华美的五卷本《英国鸟类手册》，书中的版画令我爱不释手。

后来我有幸隔着一段距离欣赏伟大的野生动植物艺术家查尔斯·滕尼克利夫的工作，那是在安格尔西岛的马尔特赖斯。他非常热爱当地，把那里当作自己的家乡，对我而言那里也是个观鸟胜地。得益于对鸟类艺术家工作的粗浅了解，我对这个领域的探索变得更加深入且精细。从那以后，我再也没有漏下任何一个搜寻并观察鸟类艺术的机会，而作家兼编辑的职业生涯也让我可以与许多现代鸟类艺术大师共事。

因此，当出版商与自然博物馆邀请我撰写本书时，我自然兴高采烈地接受了。编撰计划一开始比较简单直白。虽然本书可以用各种不同的方式编排，不过所有参与者都认为，按年代划分内容能最好地展示这个领域的发展。

但是主要问题很快就突显出来了：要介绍哪些人？更让人纠结的是要筛掉哪些人？我的脑子里挤满了众多不相上下的竞争者（包括我个人的偏好），但种种原因使他们未能出场。对艺术家的选择当然不是任意随性的，但也远远说不上是兼容并包，因为这个领域实在是过于广袤深邃：自然博物馆的藏品（本书大量插画都出自其中）包括约五十万张的博物插图，以及一百万本书籍。就算我下周就要开始编撰本书的另一卷，我也能立刻在整个清单中填满其他艺术家的名字——不过像奥杜邦和古尔德这样的伟人依然是不能落下的。最后我们确立了目标——向人们展现鸟类艺术涵盖面之广博：从早期更奇异梦幻的异域鸟类插画，到近现代精确详细的科学绘图。它们还包含了各种不同的风格以及类群繁多的鸟类，从玲珑的蜂鸟到巨大的鹈鹕，这些物种令人目不暇接。

希望本书不仅能让人增长见闻、娱乐身心，还能促使人们更加欣赏多姿多彩的鸟类生活，更加乐意保护这些美妙的生物，使未来的艺术家与子孙后代能继续赞赏它们的美。

乔纳森·埃尔菲克

绪章

我们的人类远祖刚开始拿起画笔，便在洞穴的岩壁上留下了包括鸟儿在内的精美的动物图像，著名的例子有法国中南部多尔多涅区的拉斯科洞窟壁画，还有西班牙东北部桑坦德南边的阿尔塔米拉洞窟壁画。它们也许是用来指导新手猎人的教学指南，同时也可能具备某种象征意义，它们象征着史前文明的一部分，在那个文明中，动物具有重大的精神意义。

伟大的古埃及文明创作了各种动物的精确绘图，它们在图中被捕猎或被驯养，其中包括鸟类。从如今的开罗往南边走不远，在富饶的尼罗河畔，美杜姆的阿泰特陵墓壁画中画着三只明显属于雁类的动物——白额雁、更大型的豆雁，以及更艳丽的红胸黑雁。它们的绘制时间大约是公元前2600年。另一座埃及陵墓是塞加拉的梅汝卡之墓，墓中的浮雕可以追溯至四千多年前，上面雕刻着被强迫灌食的雁类和鹤，这可算是“填喂式”极为早期的前身，这种方法现在仍然被用于制作在法式烹饪中极其重要的鹅肝酱。

古埃及的鸟类图画中也有更奇异华美的绘画和符号化雕像。这些艺术品被赋予了重要的宗教意义（它们常常被人们完全当作神灵来供奉）。众所周知的例子有埃及圣鹮，它被选来象征智慧和学习之神透特；还有象征着荷鲁斯的隼，在各种鹰神中他是最出名的。

再后来，在古希腊，亚里士多德（公元前384–前322年）率先或多或少做了些自然科学研究。他在他数以百计的书籍当中写下了他的想法以及许多其他的主题，其中有不到50种书仍然存在，包括一些关于动物的。亚里士多德明确地描述了140种他分辨出的鸟类。相比之下，今日的鸟类学家把鸟类分离成了多达9800个

大斑啄木鸟

（*Picus major*）

老彼得・霍斯提恩

约 1580–1662 年，水彩画

141mm × 181mm

（5 ¾in × 7in）

右页这张大斑啄木鸟的微型画作由荷兰玻璃画家兼蚀刻师彼得・霍斯提恩所绘，虽然图中鸟儿的姿态呆板又不自然，而且背景也是那个时代的典型模式，但它非常精确地描绘了这种常见且分布广泛的欧洲物种。画家将技艺教给了自己的儿子，他也叫彼得・霍斯提恩，尽管主业是肖像画师，不过和他父亲一样，他也创作了大量不同鸟类的画作。

不同的种类。

我们要提到亚里士多德，以及之后的罗马自然哲学家盖乌斯・普林尼・塞孔都斯——更多人称他为老普林尼（约公元 20–79 年）。在之后的一千年里，此二人是思考并撰述博物学相关文章的中坚力量，并且他们对许多近代生物学家仍然有深远的影响。普林尼是个对他人著作学而不厌的饕餮，据说他的睡眠时间也非常短暂，他花费了大量时间精研自己的书籍，又或是让其他人为他朗读。他长达 37 卷的巨著实质上是一部汇编，其信息摘自 2000 本以上别人的作品。

在远东，中国、日本和韩国在动物画方面有着悠久的历史，与西方艺术家极为不同的是：这里的艺术家只画活的鸟类，而非死去的标本或猎物。早在唐朝（618–906 年）初年，中国艺术家就极为擅长在绘画中使鸟类跃然纸上，在这一点上，他们领先西方艺术家数世纪之遥。通过长久耐心地观察作画对象，他们聚精会神——几乎要将自己变成了鸟儿，而后创作出栩栩如生的画面。

现在我们知道，中国艺术家终其一生都在孜孜不倦地学习。就如克里斯汀・杰克逊在她精彩的《世界鸟类艺术家词典》（1999 年）中所描绘的一样，中国艺术家在漫长的学习生涯中往往精研某一特定主题，终生致力于提高自己绘画某些主题的技巧，比如：竹子、马或鸟类。并且，依旧和西方鸟类画家不同——至少和现代之前的画家不同的是，有些中国艺术家甚至在专精方面更进一步，只画某一种鸟类，如：鹅、鹰或鹤。

鸟类和花朵往往被搭配在一起以创造优美的情境，不同的搭配有着不同的象征意义。举例来说，孔雀和牡丹都象征着美，中国艺术家时常将它们画在同一幅画中。这并不仅仅是一种过去的画风，东方艺术家直至今日都在延续这种画法。

在中世纪欧洲的艺术作品中，鸟类的表现手法也大都是象征性的，而且大都与基督教紧密相关。从 7 世纪到 15 世纪的宗教手稿中都装饰着漂亮的插图，它们以手工精心描绘上色，使用金箔的频

PH. fe.
Specht

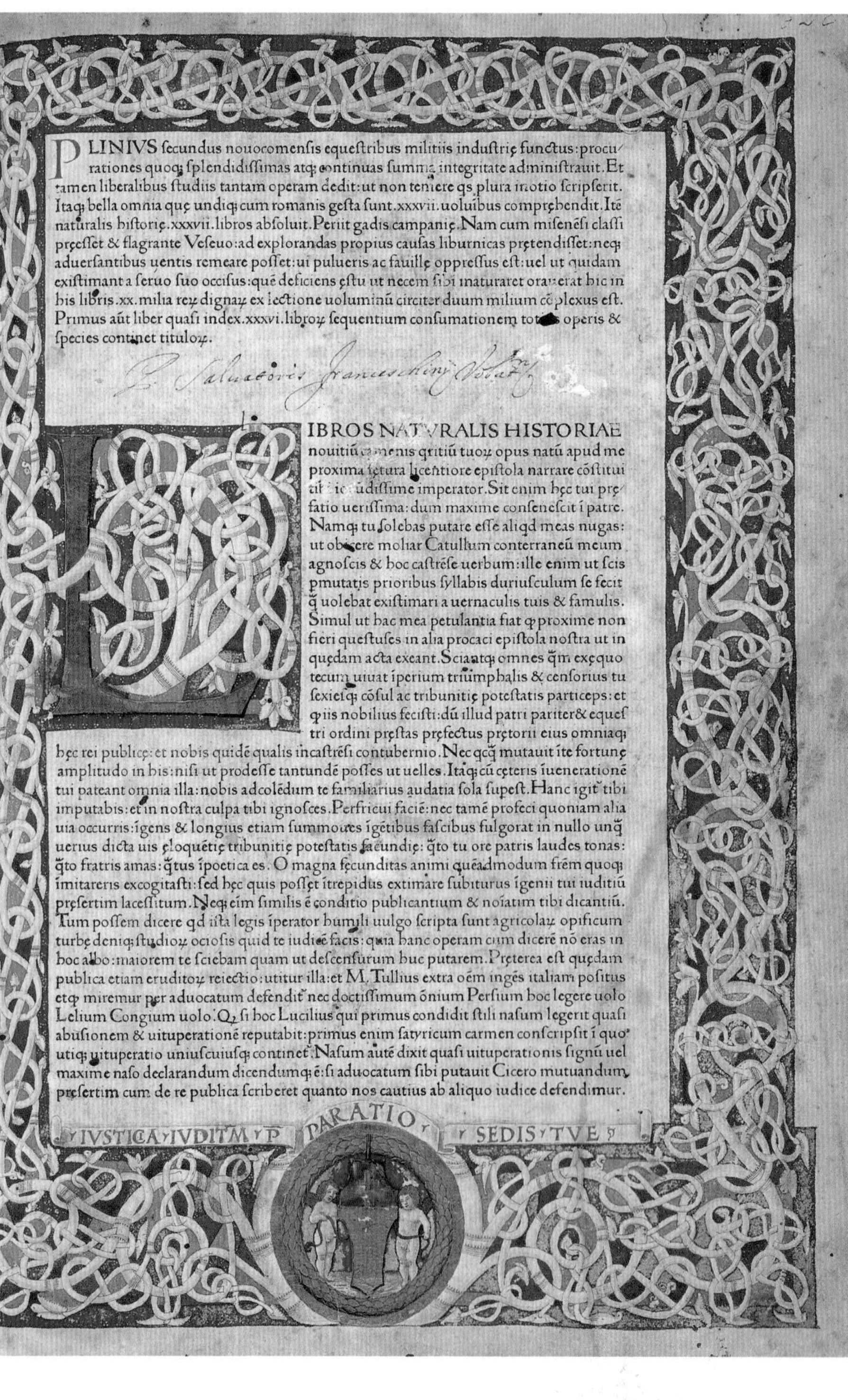

PLINIVS secundus nouocomensis equestribus militiis industrię functus: procurationes quoq; splendidissimas atq; continuas summa integritate administrauit. Et tamen liberalibus studiis tantam operam dedit: ut non temere qs plura inotio scripserit. Itaq; bella omnia quę undiq; cum romanis gesta sunt. xxxvii. uoluibus comprębendit. Itē naturalis historię. xxxvii. libros absoluit. Periit gadis campanię. Nam cum misenēsi classi pręesset & flagrante VesEuo: ad explorandas propius causas liburnicas pretendisset: neq; aduersantibus uentis remeare posset: ui pulueris ac fauillę oppressus est: uel ut quidam existimant a seruo suo occisus: quē deficiens ęstu ut necem sibi maturaret orauerat hic in his libris. xx. milia rerum dignarum ex lectione uoluminū circiter duum milium cōplexus est. Primus aūt liber quasi index. xxxvi. librorum sequentium consumationem totius operis & species continet titulorum.

LIBROS NATVRALIS HISTORIAE nouitiū camenis qritiū tuorum opus natū apud me proxima fętura licentiore epistola narrare cōstitui tibi iocundissime imperator. Sit enim hęc tui pręfatio uerissima: dum maxime consenescit ī patre. Namq; tu solebas putare esse aliqd meas nugas: ut obiicere moliar Catullum conterraneū meum agnoscis & hoc castrēse uerbum: ille enim ut scis pmutatis prioribus syllabis duriusculum se fecit q̃ uolebat existimari a uernaculis tuis & famulis. Simul ut hac mea petulantia fiat qꝫ proxime non fieri questuses in alia procaci epistola nostra ut in quędam acta exeant. Sciantq; omnes q̃m execquo tecum uiuat īperium triumphalis & censorius tu sexiesq; cōsul ac tribunitię potestatis particeps: et qꝫ iis nobilius fecisti: dū illud patri pariter & equestri ordini pręstas pręfectus pretorii eius omniaq; hęc rei publicę: et nobis quidē qualis incastrēsi contubernio. Nec qcq̃ mutauit īte fortunę amplitudo in his: nisi ut prodesse tantundē posses ut uelles. Itaq; cū cęteris īuenerationē tui pateant omnia illa: nobis adcolēdum te familiarius audatia sola supest. Hanc igit̃ tibi imputabis: et in nostra culpa tibi ignosces. Perfricui faciē: nec tamē profeci quoniam alia uia occurris: īgens & longius etiam summoues īgētibus fascibus fulgorat in nullo unq̃ uerius dicta uis ęloquētię tribunitię potestatis facundię: q̃to tu ore patris laudes tonas: q̃to fratris amas: q̃tus īpoetica es. O magna fęcunditas animi quēadmodum frēm quoq; imitareris excogitasti: sed hęc quis possęt ītrepidus extimare subiturus īgenii tui iuditiū presertim lacessitum. Neq; eim similis ē conditio publicantium & noīatim tibi dicantiū. Tum possem dicere qd ista legis īperator humili uulgo scripta sunt agricolarum opificum turbę deniq; studiorum ociosis quid te iudicē facis: quia hanc operam cum dicerē nō eras in hoc albo: maiorem te sciebam quam ut descensurum huc putarem. Pręterea est quędam publica etiam eruditorum reiectio: utitur illa: et M. Tullius extra oēm ingēs italiam positus etqꝫ miremur per aduocatum defendit̃ nec doctissimum ōnium Persium hoc legere uolo Lelium Congium uolo. Q si hoc Lucilius qui primus condidit stili nasum legerit quasi abusionem & uituperationē reputabit: primus enim satyricum carmen conscripsit ī quo utiq; uituperatio uniuscuiusq; continet̃. Nasum aūtē dixit quasi uituperationis signū uel maxime naso declarandum dicendumq; ē: si aduocatum sibi putauit Cicero mutuandum presertim cum de re publica scriberet quanto nos cautius ab aliquo iudice defendimur.

IVSTICIA IVDITM P
PARATIO
SEDIS TVE

率与使用墨水和颜料的频率相当。在这些艺术品中，不仅有诗篇、福音书、圣经插图、弥撒书和祈祷书，还有鸟儿点缀着书页边缘，它们出现在程式化的植物叶片里，又或是以独立的图案出现。这些鸟普遍也都是程式化的，不过其中一些画得相当精确。这些画中有许多可辨识的鸟类，比如：灰鹤、蓝孔雀、戴胜、绿啄木鸟、渡鸦、喜鹊和松鸦，还有一些图像则完全无法识别。

有些鸟类图案无疑是取材于自然——其中一个例子是红额金翅雀。这个羽毛鲜艳的物种是插图手稿中最常见的小型鸟类。人们可以轻易近距离观察它，因为它常常被笼养以供观赏；它还因为复杂的象征意义而渐趋贵重，其不仅涉及基督复活，还象征着丰产和治愈。不过，手稿中的许多鸟类图案都是临摹自其他艺术家作品。在印刷术出现的数世纪前，早期的鸟类插画在复制过程中总会出现一些差错，有些差错出现在为某份原稿制作副本的过程当中，也有的出现在对于原稿中的鸟类进行临摹的时候。

中世纪的另一项发明是动物寓言集。这是一种动植物与矿物的信息与图示的集合，它们大都着眼于神话和想象，而非对自然界实事求是的观察结果。在整个中世纪，它们以许多不同的形式出现，但人们认为它们全都源于一本名叫《生理论》的书。该书于古时候汇编完成，可能早至第四世纪，它最初是以希腊语的形式出现，而后是拉丁文。它约有四十个章节，每一章节包括一个宗教或道德训诫，以相关动物的形象或（从未正确过的）习性做比喻。

霍亨斯陶芬王朝的神圣罗马皇帝，西西里及耶路撒冷之王腓特烈二世（1194-1250年）是一位真正的早期鸟类学家。在博物学研究实质上停滞不前的那个时代，他可谓鹤立鸡群。这个领域的书籍多半是经典作家的作品汇编，永远都是无数关于鸟类和其他动物的奇思妙想及寓言故事，又或是一些宗教小册子，其中的生物是由宗教哈哈镜上反射出来的扭曲图像。腓特烈将他关于鸟类的知识大都写入了一本未完成作品的前半部。尽管它的标题是《猎鸟之艺术》，但内容却远超出一本鹰猎手册，涉及到鸟类学的方方面面。

《博物志》的扉页
老普林尼
1469年，古版书，水彩和金箔装饰
400mm × 270mm
（15 ¾in × 10 ½in）

左页这张美丽的装饰画范例来自著名的三十七卷本《博物志》，后者由罗马自然哲学家及作家老普林尼所作。这本巨作相当杂乱无章，它最初于公元77年在罗马面世，此后印刷了无数版本。这张扉页来自其早期的某个版本，是中世纪各版本中最精美的一版，于1469年出版于威尼斯。

例如：其中一个章节洋洋洒洒地剖析了鸟类的飞翔，直至今日这些内容都在诸多方面体现出它们的价值。这本重要的著作拥有的页缘插图在当时可谓非同凡响，不仅展现了猛禽及其特定猎物，还展示了驯鹰者的驯饲技巧。

教堂对腓特烈的前瞻性创见满含敌意，这必然导致他的杰作被禁止出版。直至16世纪末，该书才再次现世，此时腓特烈已辞世近三百五十年。此后又过去了近两百年，它才进入鸟类学家们的视线。

在15世纪中叶，印刷术的诞生对世界有着非凡的意义，书籍中的文本和插画再也没必要由人辛苦地以手工抄录。伴随这一进步的，是复制插画的木版雕刻术的发展。普林尼的著作《博物志》首印于1469年，与之巨大影响不成比例的是其单薄的印数——仅100本。紧随其后的是1475年出版的《自然之书》，这是第一本印有动物图画的书籍。它的文本是由德国传教士康拉德·冯·梅根伯格从《论动物》一书翻译而来，后者由德国多米尼加教堂的神学家、圣徒、哲学家及科学家阿尔伯特·冯·布尔斯塔德所著，他又经常被称为大阿尔伯特或全能博士（约1200–1280年）。

在有关鸟类的早期印刷书籍中，有一些最迷人最优美的插画出自以下三人的著作：瑞士博物学家康拉德·格斯纳（1516–1565年）、法国人皮埃尔·贝隆（1517–1564年）以及意大利人乌利塞·阿尔德罗万迪（约1522–1605年）。其中不少画面是活体写生，图中鸟儿活灵活现，画家在作品中准确表现了它们的习性与姿态。

格斯纳出生于苏黎世，他的父亲是一个贫穷的毛皮商兼制革师。孩提时，他父亲死于战乱，他被送到他叔叔家生活。长大后他陆续在巴黎、苏黎世、斯特拉斯堡和布鲁日求学，而后在剩余的人生中撰写了许多博物学书籍。他主要的动物学著作是《动物志》，于1551年至1587年间在苏黎世以四卷本出版。关于鸟类的第二卷于1555年面世，书中的木版插图描绘了217个物种。这些插画的作者是斯特拉斯堡的卢卡斯·斯常，他也是瑞士人。得益于斯常

原鸡属物种　雄
（*Gallus* sp.）
乔瓦尼·德·乌迪内
约1550年，水彩画
433mm × 315mm
（17in × 12 ½in）

左页这张画作描绘了一只精神抖擞的小公鸡，它来自自然博物馆收藏的一本书籍，作者是乔瓦尼·德·乌迪内（1487–1564年）。该书是博物馆中最古老的鸟类画作收藏，书名为“*Raccolta di Uccelli*”，可译为《鸟类集》。德·乌迪内是拉斐尔在罗马的学生，随后在佛罗伦萨为美第奇家族工作。他最为人所知的是他的植物画作，另外他也描绘鸟类。原鸡分布于自北印度至南中国的各个地区，以及印度尼西亚某些区域，它是目前世界上数目最多的鸟类——家鸡——的祖先。

中世纪木刻插图，
来自《健康花园》
1491 年，手工着色木版画
280mm × 210mm
（11in × 8 ¼ in）

这一图页选自一本著作的鸟类相关章节，该书是所有中世纪博物学书籍中最重要且最引人瞩目的一本。它的拉丁文书名意为“健康的花园”，内容主要涵盖动物、矿物，尤其是植物的药用功能。该书大量吸收运用早期作家及插画家的作品，于 1485 年在美因茨以德文首次出版，书名为“*Ortus sanitatis...ein gart der Gesuntheit*”。接着它又以德文印刷了好几个版本，有一些版本首次运用了彩色木刻版画。之后在 1491 年，由雅克布斯 · 梅登白克出版了另一个有大量增补内容的拉丁文版本，此图及第 13 页的图都出自这个版本。

中世纪木刻插图，
来自《健康花园》
1491 年，手工着色木版画
80mm × 60mm
（3in × 2 ¼ in）

在《健康花园》的时代，博物学书籍中很少有插画出现，它是第一本包含鸟类图画的印刷书籍。该书有七部分，关于鸟类的内容出现在第三部分，题为“鸟类论纲”。其包括一百二十二“章”，每一章附有一张木刻版画，其中不仅有鸟类，还有其他飞行生物，包括蝙蝠、昆虫和各种传说中的动物，例如此图所示。这张图选自该书 1491 年的拉丁文版本，这一版本似乎糅合了 1485 年的原版（人们认为作者是法兰克福的医务官约翰妮·翁内克·冯·考伯），以及另一本大受欢迎的作品——德国人康拉德·冯·梅根伯格的《自然之书》。这本书一直以各种不同的版本及译文印刷出版，直至 16 世纪初。

敏锐的观察力（人们认为他是位资深野禽观察者，在野生鸟类方面知识渊博），这些图画一张比一张精确，其完成度胜过此前的所有插画，画中甚至展现了鸟类羽毛聚拢的正确方式。

贝隆是首批博物探险家之一，他行遍了欧洲各地及近东地区的许多地方，为自己关于地中海野生生物的研究收集信息及标本。虽然他学习的专业是植物学及药剂学，但他同时也是动物比较解剖学的创始人之一。贝隆的荣誉不止于此，他还出版了第一部完全阐述鸟类的书，它于 1555 年面世，名为《鸟类志》，其中有 14 张木版画插图。他的第二本鸟类学书籍是《鸟类万象》，它于 1557 年

渡渡鸟
（*Raphus cucullatus*）
罗兰德·萨弗利
约1626年，布面油画
1050mm × 800mm
（39 ½ in × 31 ½ in）

右页的画作是当时所有描绘渡渡鸟的知名插画中最著名的一幅，图中展示了这种已灭绝生物通常的大小，四周围绕着鸭子、金刚鹦鹉和其他鸟类。这幅画于1759年由早期英国鸟类学家乔治·爱德华兹赠送给了大英博物馆，之后被博物馆的比较解剖学家兼首位描述渡渡鸟解剖结构的理查·欧文教授选用，作为样板，以搭配寥寥无几的化石材料重建这种鸟类的模型。也正是这幅画像为这种不会飞的大鸽子奠定了今日的正统形象。不过最近，这种肥胖下蹲的形态和趋向水平的姿势受到了质疑，流行的观点认为渡渡鸟是一种更纤细、身形更直立的鸟类。

在巴黎出版，包括174张木版画，其中有许多来自作者自己的画作，由手工上色。9年之后，47岁的贝隆在巴黎的布洛涅森林被刺身亡，人们怀疑是强盗所为。

阿尔德罗万迪生于博洛尼亚一个富裕的家庭，他将自己继承的财产大都花在了两处：收集写作资料的旅行费用，以及负责自己著作插图的艺术家薪酬。总体而言，他的作品没有格斯纳的那么优雅精确，但他采用了一种更为进步的动物分类法——只不过，与其同代人一样，他将蝙蝠列为鸟类而非哺乳类。书中的许多配图仍然存在令现代人匪夷所思的错误和臆想的特征，但大体上比格斯纳作品中的插图要更正确。书中还有解剖研究图，包括整只鸟及细部的概略图，比如：控制鹦鹉上喙部动作的肌肉解剖图，又或是母鸡的输卵管。

阿尔德罗万迪在很年轻时就开始撰写他关于鸟类的巨著《鸟类学》，但它如此详尽，需要耗费的心力非同一般，以至于直到他七十多岁时，这本书仍未出版。这套三卷本鸟类学专著是在1599年至1603年间面世的。而他的《自然志》有大部分内容直至他逝世后才得以出版。

弗彻·科伊特（1534–1576年）是阿尔德罗万迪的学生，他生于荷兰北部的格罗宁根城，是那个时代极具洞察力的博物学家之一。他的研究论述中有许多正确的观察结果，其中包括对不同鸟喙形状适应于不同食谱的构想；还有生活在湿地的鸟类拥有极长的脚趾，以帮助它们分摊体重避免沉陷。他的作品中还包括一些极其精确的绘图：各种各样鸟类的骨骼，一只啄木鸟的头骨，鸟卵在孵化过程中由他每日测量的形状变化。

16世纪末大致可以算是雕版大规模代替刻版的时代开端，彼时刻版是鸟类艺术家采用的主要技法；同时，这个时代也是仔细观察逐渐代替崇尚先贤的时代——这些先贤往往要追溯至古希腊及古罗马，观点也常常是大错特错。随着拥有相应插图的鸟类学书籍越

DoDo &c. Given
by G. EDWARDS
F.R.S. AD. 1759.

来越多，以鸟类为主要绘画对象的美术图画也欣欣向荣。

从16世纪早期始，古典艺术家静物写生的对象就包括鸟类。因其受欢迎以及被需要的程度，静物画往往是艺术家职业生涯的开端，使他们得以建立客户群并积累经验。到了17世纪中期，这样的鸟类静物画渐渐形成了一个完整的流派。画中的鸟儿是死的，它们被挂在屠夫的吊钩上，或是被摆在富人家的厨房里，有时和其他食物或家具一起出现。又或者也有以刻板的构图绘出的活鸟，它们的姿态僵硬且不自然，还要配上过于理想化的背景，比如：伊甸园或豪宅的古典园林。另外，这些画作中不真实地混杂着来自世界各地的不同鸟类。

静物画能突显出艺术家们涂绘不同结构的非凡技术——比如说，鸽子胸前柔软的羽毛，对比甜瓜坚硬光滑的瓜皮，还有卷心菜柔韧卷曲的叶表——他们还能卖弄自己制造光影效果的技巧。

17世纪首屈一指的风俗画画家几乎不是荷兰人就是佛兰德人。罗兰德·萨弗利（1576–1639年）是佛兰德一个绘画世家中最著名的成员之一，他的大部分人生都在荷兰度过。他是最先描绘动物独立画像的画家之一，除却画技精湛以外，他也是熟练的蚀刻师。他的作品中出现过形形色色的不同鸟类，主要都是些色彩斑斓的异域种类，比如食火鸡、金刚鹦鹉和丹顶鹤。他最出名的标志性绘画对象是已灭绝的渡渡鸟。

在那个时代低地国家的其他自然派画家中，还包括一些巨匠，如荷兰人老彼得·霍斯提恩（1580–1662年）。他出生于哈勒姆，并在此工作，他的主要谋生手段是蚀刻及玻璃绘画，不过他也创作精美的微型水粉画及水彩画。霍斯提恩的儿子也叫彼得（1614–1687年），小彼得继承了家业，跟随他父亲学习并雕刻画版——主要是人像。不过他和他父亲一样，在鸟类研究方面成果非凡，他研究的对象包括本土及异域鸟类。

父子俩尚存于世的鸟类画作中不乏精确且优美的欧洲鸟类写真，其中包括各种各样的游禽（白秋沙鸭、凤头潜鸭和白眉鸭）和

涉禽（反嘴鹬和白腰杓鹬），还有如红腹灰雀这样的鸣禽，以及一些异域物种。后者包括南美白耳蓬头䴕和几张渡渡鸟的画像——两者都是1690年（也许更早）被四处宣扬而闻名的毛里求斯物种，还有一些可能是虚构的物种，比如：邻近印度洋海域的留尼汪岛“白色渡渡鸟”。

和同时代其他鸟类画家一样，两位霍斯提恩实际上并没有在野外见过他们所画的异域物种，只是依仗早期资料，以及探险家和水手带回来的用酒精或盐保存的标本，又或是通过观察数量渐增的动物园中笼养的活鸟——这些动物园都属于那些富裕的赞助者。随着探险家们深入探索当时的未知地域，他们带回越来越多罕见的动植物，有死去的也有活着的。

在其他专攻鸟类、动物及风景画的早期绘画大师中，有另一个佛兰德/荷兰绘画世家，即德·宏迪阔伊特家族。这个家族的作品有一个标志性的特征，其画作上有一片飘浮的羽毛，以及一片或更多片落在地上的散羽——可惜这个特征常常被仿造者复制，以至于它很快就无法用来辨别作品的真假。

最精通于描绘活体鸟类的油画画家，当属梅尔基奥·德·宏迪阔伊特（1636-1695年）。与同时代的诸多画家相比，他的风格最富有活力，描绘的画像也显得更逼真。他的绘画作品风格明显，形形色色的不同鸟类衬着一片意大利式的风景，中间点缀着经典的瓮罐和废墟。不同于那个时代的许多艺术家，他总是让不同的鸟类呈现出它们真实的大小比例。另外，他让它们呈现各种动作，以使画面更生气勃勃：昂首阔步、张嘴鸣叫或歌唱、预备起飞、在画面边缘只露出部分身体以示正在离开或正要进入视野，又或是正在飞行——只不过和之后数百年间的大多数画家一样，他所画鸟儿的飞翔动作并非自然中真实所有。

这个时代的某些工笔画描绘了古代的驯鹰田猎。一个绝佳的范例是费迪南德·汉密尔顿（1664-1750年）的作品，他是三兄弟之一，父亲是苏格兰画家——法夫郡的詹姆斯·汉密尔顿（1640-

1720年）。三兄弟都生于布鲁塞尔，他们的父母是在英国内战时被迫逃亡至此的。费迪南德是三兄弟中最成功的一位，和兄弟们一样，他的画作是荷兰/佛兰德静物风，画面上的各种物体中常常包括鸟类。除了狩猎仓库中形形色色的死鸟与其诙谐的搭档——珍珠鸡和天竺鼠外，费迪南德还画过一张英气磅礴的画作：被三只矛隼之一袭击的苍鹭。矛隼是所有隼类中最大最凶猛的，人们通常认为它配得上国王的象征——只比鹰低一级，后者是留给皇帝的。

雅各布·博格达尼（1660–1724年）是一位非常出色的画家，他于1683年离开故乡匈牙利，前往阿姆斯特丹工作，1688年又离开此处，定居英格兰，并于1700年加入英国国籍。在这个时代，荷兰艺术备受英国人推崇，其人气大半是因为国王查尔斯二世在流亡途中曾逗留荷兰，而自1688年开始，身为荷兰人的威廉二世又与妻子玛丽一起统治英国，在她1694年去世后又独自统治直至1702年。博格达尼的许多布面油画中都绘满了异域鸟类，其中包括各种鹦鹉，当时已有许多种类的鹦鹉从热带被引进欧洲的动物园。除了世界各地的这些鸟类外，至少还有40种欧洲鸟类常出现在他的作品中。

和这一流派的其他画家一样，在他的画作中，异域鸟类和本土鸟类很少被分别呈现，通常它们都被搭配在一起，任何了解鸟类分布的人都会觉得这样的构图很怪异。博格达尼的经典配图包括这样的组合：南美或加勒比海的金刚鹦鹉和亚马孙鹦鹉、印度尼西亚的凤头鹦鹉、印度的八哥，以及大山雀、蓝冠山雀、松鸦或绿啄木鸟这些英国乡间的常见鸟类。他热衷于在画面上添一只红色的鸟，以增加一点鲜艳的色彩，好与其他鸟类的黄色、蓝色及别的颜色形成对比——如红梅花雀（南亚的一种小型类雀鸟，是很受欢迎的笼养鸟）；美洲红鹮（南美的大型水禽）；或雄性主红雀（有冠羽的北美鸣禽，也是英国常见的笼养鸟，在当时以“弗吉尼亚夜莺”之名著称，这是思乡的早期移民者给它的爱称。）

这些鸟类大杂烩的画作除了自身的艺术价值外，还恰好从很

奥杜邦的肖像画
兰斯·卡尔金
约1859–1936年，布面油画
610mm × 750mm
（24in × 29 ½ in）

左页这张著名美国鸟类艺术家约翰·詹姆斯·奥杜邦的肖像画是由英国艺术家乔治·兰斯·卡尔金（1859–1936年）所绘，只不过作者是在其描绘对象去世八年后才出生的。他临摹了另一位英国肖像画家弗朗西斯·克鲁克香克的作品（活跃于1848年至1881年间）。此画可谓是奥杜邦名望的见证——也是他尊享自己名望的见证——他数次端坐于肖像画家面前由其写真。在这张画像中，奥杜邦穿着他的经典常服——有大毛领的斗篷。而且这位明星热衷于扮演无畏的美国护林人及探险家，这为其肖像画的优美增添了新奇的氛围，使它对他富裕的主顾们有着不可抗拒的感染力。

大程度上揭示了那个时代广为人知的鸟类的种类。现代的鸟类学家会对一个事实特别有兴趣：博格达尼的画作中出现了灰斑鸠——在那时它可能是当时从南亚进口的外来物种，也许是填塞标本，又或是动物园里的一只活体。然而到了近代，这种不起眼的鸟类经历了一场所有鸟类中最引人瞩目的自然扩张，稳步向西方及北方扩散。1932 年时它们在匈牙利筑巢；到了 1943 年它们开始出现在德国；1950 年它们在法国繁育；也许在 1952 年，至少肯定是在 1955 年，一只前锋兵抵达英国东部的诺福克，并于 1955 年在此繁殖。如今灰斑鸠在不列颠群岛的大部分地区都已随处可见。它的外表实在是很平凡，羽毛大部分都是浅灰色，但它的鸣叫声格外引人注意，其中包括带着鼻音如猫叫般的警诫声和炫耀的叫声，尤其是那没完没了的单调咕咕声——这种叫声常常被错认成是大杜鹃，但实际上它有三个音节而不是两个。

相较于他那挤满了鸟的众多风景画，博格达尼有一张在风格及内容上都不同寻常的例外画作，不过它是他海量画作中重要的巅峰作品之一，这就是他无与伦比的《两只冰岛之隼》。他很可能是从不同角度描绘了同一只来自冰岛的矛隼。画中这两只优雅但凶猛的鸟类栖息在某栋大型古典建筑的巨柱拐角处，但作势欲飞。它们背上的翅膀如雪一般白，尾羽隐隐透着V形暗纹，优美地映衬着昏暗荒芜的硬物背景。

哈尔曼松·凡·莱因·伦勃朗（1606–1669 年）是世界上最著名的画家之一，他不计其数的画作中有不少鸟类静物图，而他以自己最具特色的非凡的光影渲染使它们显得愈加迷人。这些作品只描画一两只鸟，往往还搭配着经典的静物或人物。

伦勃朗也画一些活动的鸟类，诸如一只隼和它的骑士主人，再配上一只趾高气扬的鹰，不过他所画的许多鸟儿都是阳寿已尽的。其中，大麻鳽明显是他非常喜欢的作画对象，比如：这种鸟和一把枪也是他杰作中的特色之一。这种大型鹭类习性极其隐秘，在生命中的绝大多数时间里，它们都隐藏在广阔茂密的芦苇地里，这对追踪它的猎人和驯鹰人来说是一大挑战。要知道它是皇家及贵族盛宴上的一道名菜。大麻鳽美妙的羽毛上斑驳地交汇着褐色、浅黄及黑色，不仅使它与芦苇荡浑然一体，还令它对如伦勃朗之流的画家而言成为极具挑战性的绘画对象。在伦勃朗的众多肖像画之一中还出现了这种鸟，这位艺术家在画中用手托着一只死去的大麻鳽。

巴黎卢浮宫有一些伦勃朗在大约1636年至1638年间所绘的极乐鸟素描图，这些由墨笔和粉笔所绘的精致图画完全证明了画家的才华。正如格斯纳的鸟类书籍插画，以及其他早期极乐鸟艺术作品一样，在上述画作中，这些来自遥远异域新几内亚的鸟儿们都没有脚。这是因为，在1520年代，这些华丽鸟类的首张风干“皮毛商品”，是由新几内亚当地人准备，并由探险家带回来献给西班牙国王的，它们的腿和脚都被去掉了。它们被当地人称为“上帝之鸟”。而在欧洲，一种信念也迅速稳固起来：人们相信这些鸟真是天堂的造物，它们一生都飘浮在空中，只汲取空气或露水，直至死去后才落到地面。虽然到了17世纪初，带有腿脚的完整皮毛被引进欧洲，从而驳斥了上述观点，但是艺术家和作家们却循序渐进地给这种鸟类赋予了更浪漫的生活方式。不仅如此，1758年，伟大的生物学家及“分类学之父”林奈为这种鸟定下了种名：“*Paradisaea apoda*”，意为大极乐鸟。这一名字也暗指了它的童话，因为“*apoda*”在拉丁文中的意思是“没有腿或没有脚”。

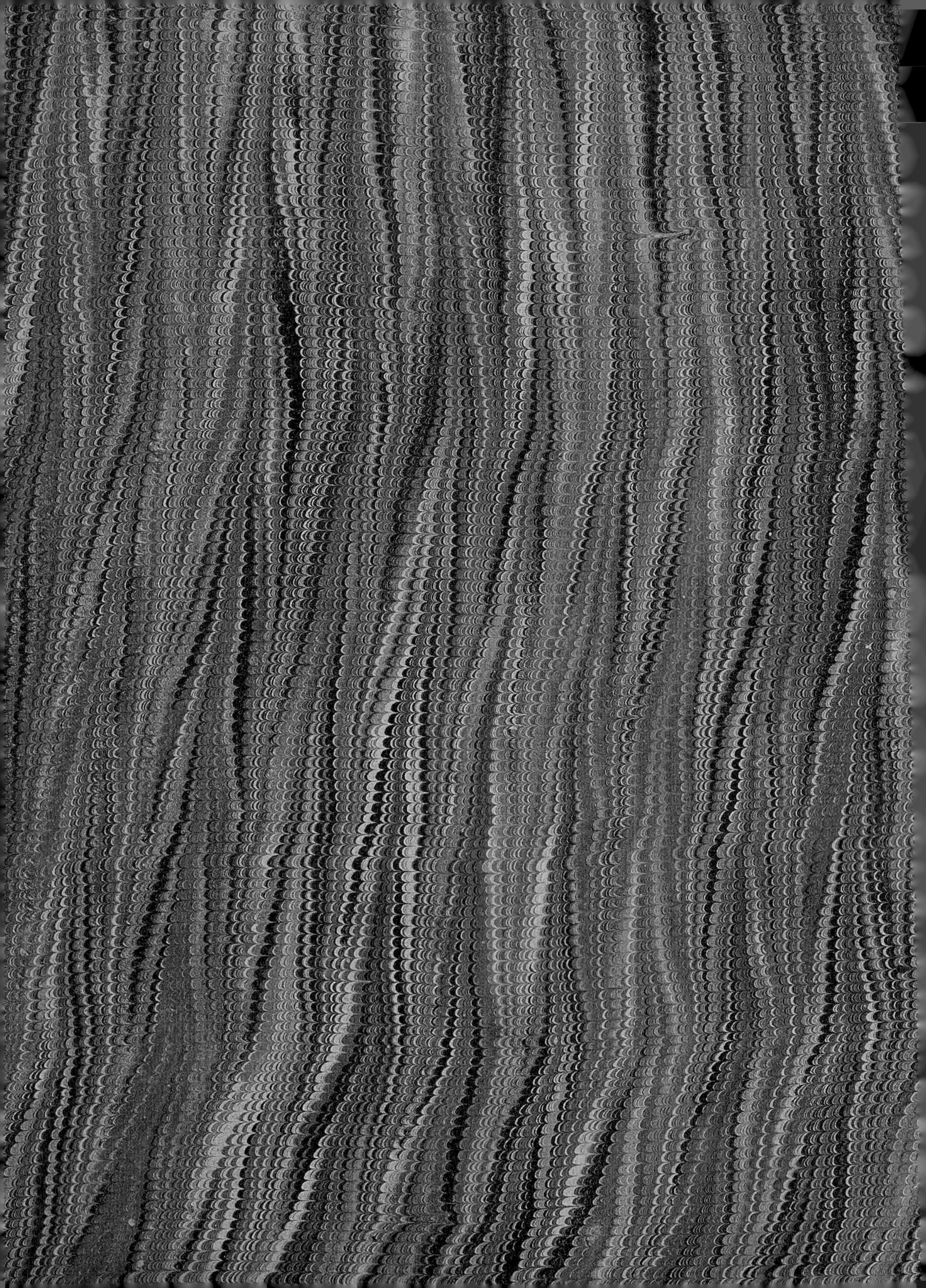

Chapter One

1650-1800

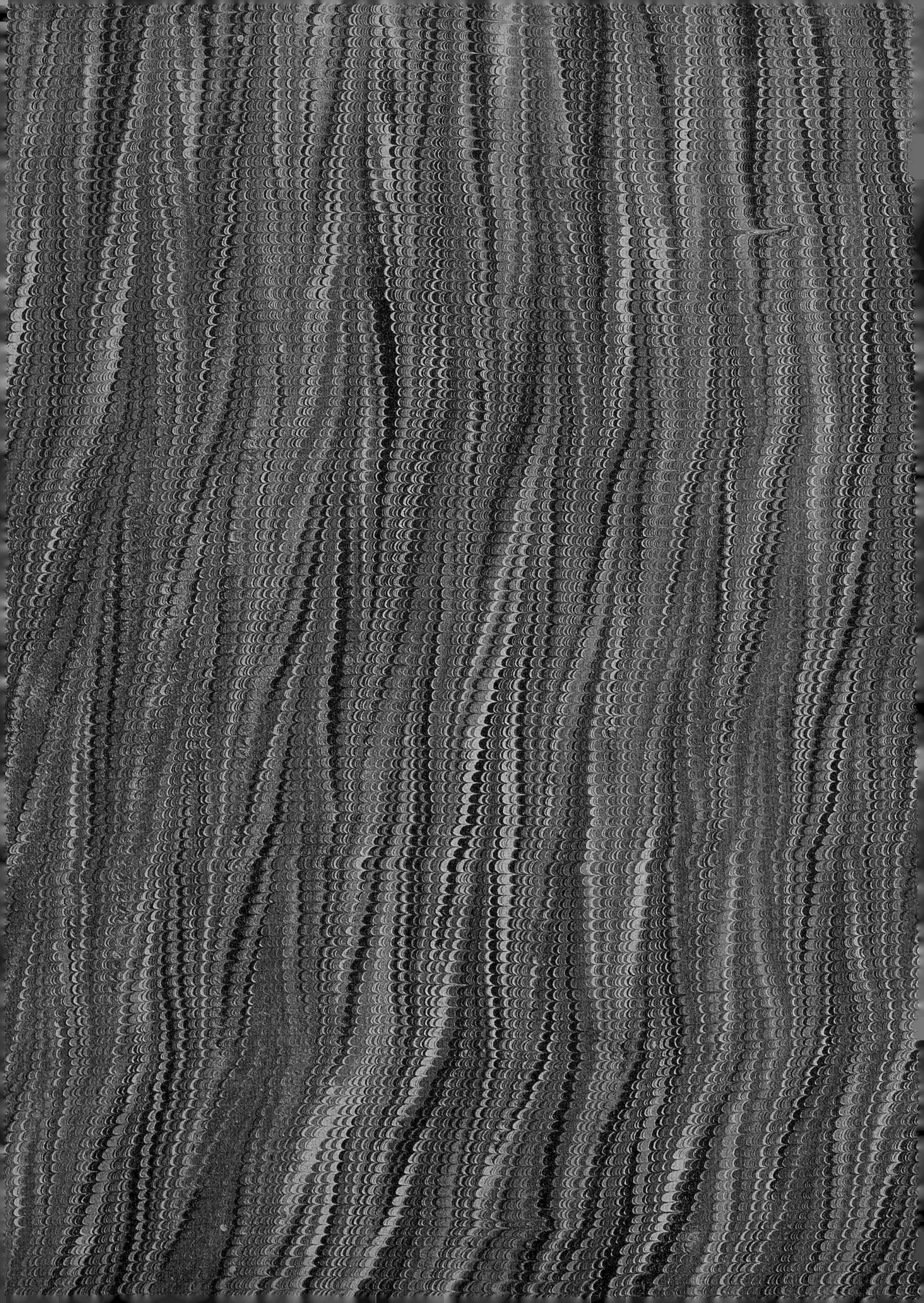

第一章
雕版师与探险家

1650-1800

这个时代的图书插画家和出版商在风格上与静物画家们截然不同。大约是从16世纪末开始，鸟类画家们采用的主要技术从木刻大规模转变为雕版，这可以从形形色色爱好者的作品中看出来，比如：德国的梅里安家族。出版家马特乌斯·梅里安（1593—1650年）和他的雕版师儿子小马特乌斯（1621—1687年）及卡斯帕（1627—1686年）被认为是共同创作出版了首批新时代鸟类书籍之一，这些书籍中有着展现各种不同鸟类的大量版画。《鸟类志》出版于1650年至1653年间，其作者是博物学家约翰·琼斯顿，他生于波兰，不过父亲是在1600年代初移民至西里西亚的苏格兰人。

琼斯顿的作品是典型的老式风格——它试图成为一本鸟类百科全书（在另外五卷本里包含余下的动物王国），并且大量借鉴了早期作

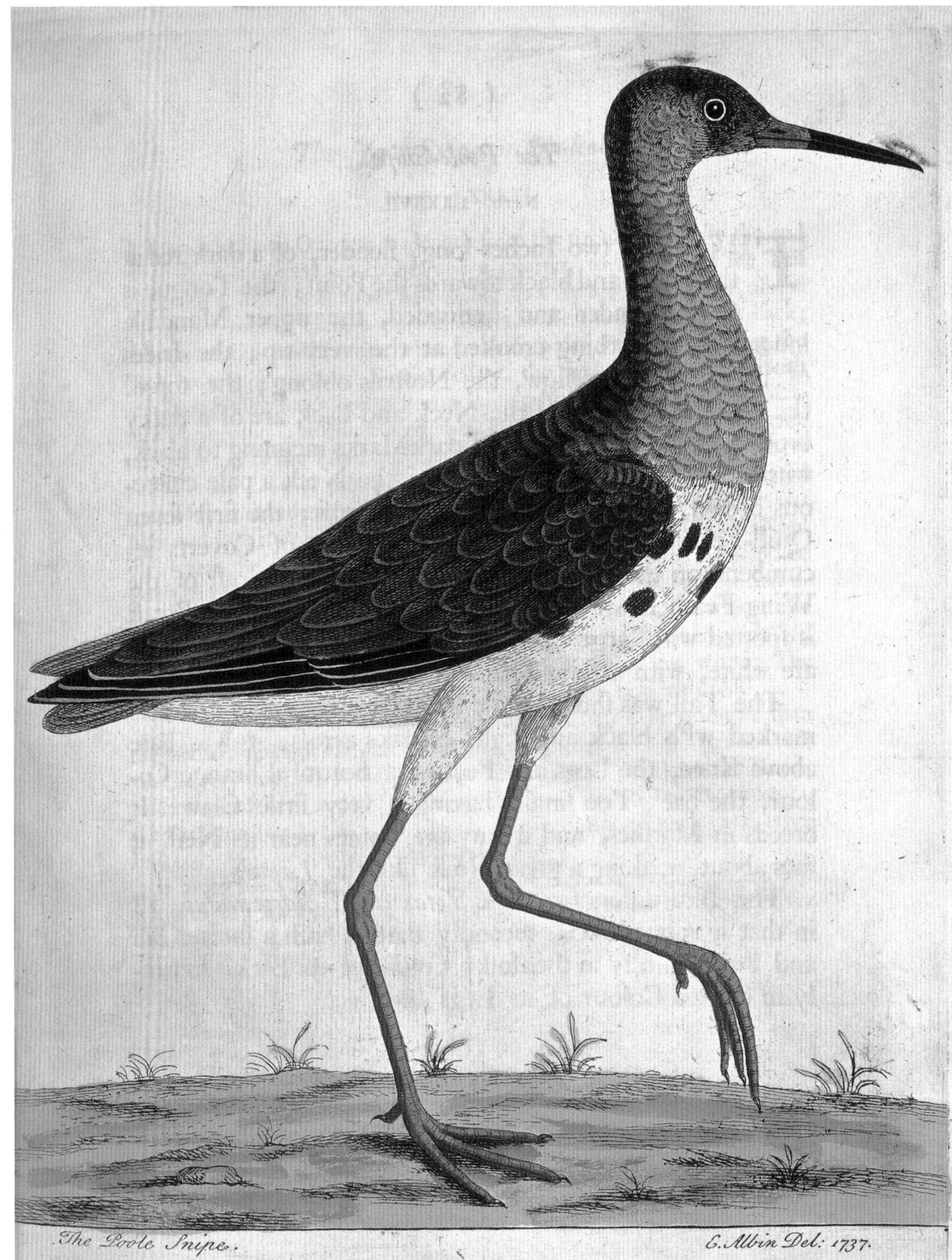
The Poole Snipe.
E. Albin Del: 1737.

者经常是错误的论述，比如：格斯纳和阿尔德罗万迪。不过，忽略其文本的局限性，书中的插图却赋予了它不小的吸引力，它在现世后的一百多年间以各种版本发行，从拉丁文初版到英文版、德文版、荷兰文版及法文版，直至1773年才出完最后一版。琼斯顿书中的插图总的来说有一点呆板，比例古怪又缺乏创意，但画中的鸟儿形态合理，并且有趣的是它们的构图类似于现代的野外指南，安排在同一页上的鸟儿形态相似又或是彼此相关。

英国人弗朗西斯·巴洛（1626–1704年）的作品则拥有完全不同的风格，他的画作更生气勃勃，更具艺术性。他的大部分人生都在伦敦度过，不过他常去郊外，甚至远至苏格兰冒险，他在那里观察鸟类，并为它们写生。巴洛的作品都完成于1650年至1676年间，其中有一些漂亮的油画，画中的各种鸟类有英国本土的，也有来自异域的。可惜这些作品只有少部分存留下来，而且色彩都已褪去。不过就算是它们刚刚诞生之时，也从未拥有如它的荷兰同辈画家所绘的那种鲜活明亮的色彩。

巴洛遗世的主要作品是他的蚀刻版画，以及这些版画的原始草图。他通常用褐色墨水勾勒版画，再以淡墨填充刻线。巴洛自己蚀刻过许多版画，不过他也曾请其他匠人来完成工作，比如温塞斯劳斯·霍拉（1606–1677年），这位蚀刻师离开了故乡波西米亚，定居至英格兰。霍拉的手艺炉火纯青，他在画线时根本不必浪费停顿及重新蚀刻的时间，这一点胜过许多经验不够的同行。他的薪酬很高——他可以从版画商那里拿到一小时一先令的薪水，这在当时算是高薪——同时他也是个认真负责的人，他用沙漏来计算工作所花费的时间。

在巴洛所作的诸如《七十六张精良实用的鸟兽图》（1655年）和《各种鸟类和家禽》（1658年）等书中，他将野鸟与家禽安排在农家庭院的背景中，其中有这样古怪的组合：一只蓝孔雀和四只

流苏鹬　雌
（*Philomachus pugnax*）
以利亚撒·阿尔宾
1737年，手工着色雕版
288mm × 222mm
（11 ¼ in × 8 ¾ in）

《鸟类志》被视为第一本关于英国鸟类的手工上色插图对开本书籍，其作者是德国流亡者以利亚撒·阿尔宾，他在书中将这种中型涉禽称作“水塘狙击手”。这个名称一度被大众用来称呼常见且知名的红脚鹬，但阿尔宾在书中用它来称呼流苏鹬。正如左页图中所示，阿尔宾对这种鸟类的原始描述展示了它与红脚鹬的区别：雌性流苏鹬明显比雄性要小许多，而且雌雄鸟的外观在繁殖季节尤其迥然不同，雄性会长出显眼的鲜艳颈羽，以及环绕头部与颈部的“耳簇”（见第73页）。

雌孔雀、一只公鸡和母环颈雉、一只鸵鸟、一只食火鸡、一对家燕和一只猴子，它们都待在一个大花园里，散布在经典风格的废墟之间。他在画这些生物时，可能参照的全是活的生物。国王查尔斯二世允许进口的鸵鸟在位于圣詹姆斯的皇家动物园中四处走动，它们是摩洛哥大使进献的礼物；食火鸡是在英国与荷兰东印度公司的协助下从新几内亚买来的，它在巴塞洛缪展览会上展出时引起了轰动。这个展览会是英国最主要的国家年度活动之一，彼时在 8 月 24 日于伦敦市西斯密斯菲尔德举行——圣巴托罗缪节，这位圣徒是耶稣十二信徒之一，也是制革工人的守护神。

巴洛的图画充满了历史象征意义：猴子在上面所提的画面中显然是个古怪的成员，它通常被画家们用来隐喻人类的愚蠢和骄傲，在这里它可能用来讽刺宫廷的奢靡。还有经常出现在巴洛画中飞翔的家燕，它们可能是在提醒读者，我们的时代在世上转瞬即逝。人们发现它们在冬季伊始便消失了，于是在当时以及之后的一百多年，人们仍然普遍相信这些鸟儿是死了、冬眠了或是变形成了其他物种。不过英国人现在已经知道，它们只是长途迁徙的候鸟。

巴洛所绘的狩猎场景中包括鹰猎和捕鱼，它们使他被亲切地称为“英国体育绘画之父”，并得到当时知名评论家们，比如日报记者约翰·伊夫林的赞美。和其他君主一样，查尔斯二世非常钟爱野外运动，他的驯鹰师不仅养鹰，还驯养隼和雕。巴洛的许多画中都有鹰出现，鉴于他所绘的众多场景中都至少有一只鹰出现，显然他特别喜爱这种鸟。他最著名的作品中就有一个不错的例子，这本书以一系列蚀刻版画重新诠释了伊索寓言。据说，这些知名的道德故事是由古希腊说书人伊索创作的，先时它们可能只是经由口口相传，最后罗马诗人菲德拉斯所译的拉丁文版本使之广为流传。这些故事的主角包括一众鸟类、昆虫等动物，极其适合表现巴洛生机盎然的作品风格。该书初版于 1666 年，之后又有不计其数的各种版本现世。在这些插画中，最富戏剧性的一个场景是“鹰和狐的故事”。在巴洛的画中，背叛了狐狸朋友的鹰待在树上的巢中，正准备把那只哺乳动物的幼仔之一喂给她自己的孩子。此时狐狸正巧来报仇雪恨，她在嘴里叼了一枚燃烧的烙印——那是她侥幸在村民献祭山羊的祭坛上发现的——她将烙印放在鹰巢底下放起火来，迫使鹰把幼仔扔了下来。故事的寓意是“虚假的忠诚也许能逃过人罚，却逃不过天罚”。在原版的寓言里，狐狸是用一块燃烧的羊肉点着了火，巴洛还修改了其他细节，他另外添加了两只狐狸，其中一只抓了一只鹅，带回来给那剩下的幼仔，却发现它们正在被鹰的伴侣攻击，而另一只狐狸则盯着另一个鸟巢，上面也停着一只鹰。

以利亚撒·阿尔宾（约 1680—1742 年）创作了 18 世纪初最重要的英国鸟类插画书籍之一。除了一本更早的关于昆虫的作品（英国首批拥有彩色版画插图的博物学书籍之一），以及一本包括蜘蛛和鱼类在内的其他动物的画作外，他最为人所知的作品是三卷本的《鸟类志》，它于 1731 年、1734 年及 1738 年出版发行。书中每幅版画都提献给了某一位资助者或名人。

与众多博物学家、画家和收藏家一样，阿尔宾得益于汉斯·斯隆爵士的资助，后者是一位富贵显达的医生及博物学家，并拥有数量庞大的动植物收藏。1753 年他逝世后，斯隆将他的收藏遗赠给了国家，这份馈赠成为布鲁姆斯伯里大英博物馆的核心部分之一。其博物学收藏部分除却斯隆的庞大收藏外，还包括约瑟夫·班克斯爵士等人的收藏，它们直至 1881 年到 1883 年才转移至南肯辛顿的新馆址，这里最终成为众所周知的自然博物馆。

阿尔宾将画中的鸟儿与背景全都上了颜色，并且率先将每只鸟儿都安置在一支树枝或其他适合的栖息处上，有时还会画出不同种类的代表性食物。阿尔宾的作品开拓创新，在印刷上采用了蚀刻，并且每张插画都分别使用手工上色，但令人惋惜的是，其色彩局限性成为一大缺点，有些成画的颜色看上去相当混浊暗淡，因为颜料原料仅来自植物、土壤以及矿物。另外，不同印本的色彩也相差悬殊。

在他的作品中，鸟儿们显得呆板僵硬，就像是剪贴画一般，但无论如何，这些书籍的重要性不在于其插画的艺术品质。更确切地讲其宝贵之处在于：他的一些插画与说明是对于这些特殊物种的首次展示，并因此成为了“模式标本”。模式标本（通常被非正式地简化为“典型标本”）是对该物种做出正式科学描述的原型依据，这一原型区别于该物种的其他对照标本。在现代鸟类学中，这样的模式标本通常是真实的鸟类标本。但在过去，在许多事例中插画在缺少标本时被用于记录模式标本，而且即便是在标本存留的状态下，印刷插画也一度被普遍当作物种描述的依据。

在阿尔宾的插画出版的时代，它们还不是模式标本图——直到林奈依据它们来描述某些鸟类时，这些插画才拥有了后来的地位。阿尔宾在1737年出版了一本小册子，它有一个很长的书名：《英国鸣禽及他国鸣禽志，后者常被引入并因其鸣叫而受到追捧》，它的设计针对的是笼鸟爱好者。和从前的鸟类画家们不同，阿尔宾在这本小书里画出了每种鸟的卵，并且当某种鸟类的雌雄形态各不相同时，他会将两种性别的成鸟都画出来。这对林奈进行鸟类分类的工作大有帮助。

但是阿尔宾的设计也引起了更多小人的注意，一些陶器公司窃取了他的创意，其中包括不少著名的公司，比如那些位于德国德累斯顿附近的麦森和英国的伍斯特的公司，他们将阿尔宾的图画复制到了花瓶和其他器具上。

阿尔宾并非独自工作，他和女儿伊丽莎白（约1708–1741年）一起分担绘画、雕版及上色的工作。她是鸟类书籍插画家中已知的首位女性，签名显示，有41张版画是由她独立完成的。她的风格也很鲜明，比她父亲的更柔和雅致，而且她显然更加认真细致，笔触更轻更短。

与艺术地位更领先更重要的以利亚撒·阿尔宾不同，乔治·爱德华兹（1694–1773年）被誉为“英国鸟类学之父”。爱德华兹生于西汉姆（当时只是伦敦西部埃塞克斯郡的一个小村庄），英国伟大的鸟类学家、多产的作家及传播者詹姆斯·费希尔于1966年形容他为“肥胖、欢快、亲切又谦逊”。就像费希尔本人一样，爱德华兹拥有众多爱好：除了对博物学极其好学之外，他还博览群书，涉猎的领域包括天文学、古代史、绘画及雕刻。他可以自由进入一座私人藏书库，那是他的第一任雇主的某位亲戚留给他的。另外他还幸运地拥有富裕的双亲，他们有足够的钱让他出国游览，只不过这几次旅行并非一帆风顺。1716年，他在瑞典险些因被当作间谍被丹麦军队监禁；三年之后，他又差点被遣送至美国殖民地。

爱德华兹回国后，决定将大部分时间都用来学习博物学，并学习绘画动物，尤其是鸟类。和阿尔宾一样，他很幸运地遇上了汉斯·斯隆爵士，后者于1733年令他担任皇家内科医学院的图书馆员及仪仗官（游行领队），他的前任刚刚去世。学校给他提供了宿舍以及薪水。虽然所得微薄，但他有了足够的时间继续研究博物学；雕琢他的画作——其中很多都被他售出了；并徜徉于图书馆的八千部博物学书籍中，其中许多书都很珍贵，并且他处难寻。

同时，爱德华兹着手撰写他的四卷本插画书《鸟类研究》

牙买加夜鹰
（*Siphonorhis americanus*）
牙买加啄木鸟
（*Melanerpes radiolatus*）
带鱼狗
（*Ceryle alcyon*）
汉斯·斯隆爵士
1725年，手工着色雕版
325mm × 405mm
（12 ¾ in × 16in）

伟大的博物学家及博物馆和图书馆创造者斯隆年轻时曾在加勒比海度过15个月的时间，当时他是牙买加总督阿尔比马尔公爵的医生，他在岛上学习并收集许多当地植物及一些动物，其中包括鸟类。左页这张版画顶部的猫头鹰被标注为“小鸮（*Noctua minor*）”，斯隆称之为“小林鸮”，但实际上我们几乎可以确定它是一只夜鹰，是牙买加本土鸟类，现在它已经灭绝了，就算从最乐观的角度看，也已经非常稀少。斯隆描述它喙部周围晶须般的羽毛为“就像猫咪的胡子”。对于他遇见的鸟类，他还对其行为撰写观察报告，比如他评论牙买加啄木鸟（画面中间）：“它们喜欢印度辣椒，非常喜欢”；对于分布在阿拉斯加、南美北部及加勒比海地区的带鱼狗（画面底部），他这样说：“这种鸟不可食，或者至少很不好吃。”

The Bill Bird
64

（又名《珍稀鸟类志》），它于1743年至1751年间出版。随后他又出版了相似的三卷本《博物学拾遗》（1758–1764年）。爱德华兹自己雕刻、蚀刻他的版画，教导他的是第一位真正的北美鸟类插画家——马克·凯茨比，后者将手艺传给了他。爱德华兹在书中网罗了不胜枚举的北美鸟类。他是个敏锐的观察者，并且非常擅长精确地描述鸟类新种：证明之一是林奈用他的描述命名了大约三百五十种鸟类。

相对而言，他的插画就要逊色得多。尽管他笔下的鸟类千姿百态，比阿尔宾和他女儿画的要更活跃更丰满，但是他偏爱的雕版风格是以许多细密的线条来描影，这使得鸟儿们像是披了皮草而非羽毛。

托马斯·佩南特（1726–1797年）是博物学以及各种领域的权威专家中最著名并且最受欢迎的一位，他的博闻强记来源于庞大的阅读量以及在国内外的多次旅行，他的旅途几乎全都是在马背上度过的。他有幸降生于一个富裕且历史悠久的威尔士家族，继承了被称为“唐宁庄园”的家族地产——它位于北威尔士弗林特郡惠特福德的美丽乡间。他是位多产的作家及旅行家，和18世纪众多年轻资本家一样，他游遍了欧洲大陆，详细记录了自己观察到的鸟类，并于1765年撰写了一份自己的游历记录。

佩南特还是一位孜孜不倦的通讯员，他似乎认识动物学、植物学以及各类学术领域里的所有重要人士——包括一些伟人，比如林奈、帕拉斯[1]、法布里丘斯[2]、布封[3]和伏尔泰。他是所有英国

厚嘴巨嘴鸟

（*Ramphastos sulfuratus*）

乔治·爱德华兹

1747年，手工着色雕版

287mm × 208mm

（11 ¼ in × 8 ¼ in）

爱德华兹的《珍稀鸟类志》第二卷于1747年出版，左页这张彩色雕版画是卷中第64图。巨嘴鸟科的34个种类仅存于美洲热带地区，分布地区从墨西哥中部往南至玻利维亚及阿根廷北部，并不在加勒比海区域出现。这些鸟在亚马孙流域拥有最丰富的多样性。它们奇幻的巨嘴实际上非常轻，是中空的，但复杂的骨骼系统令这些喙变得强壮。鸟类学家们一直以来都在苦思这巨大的附件能带来哪些好处，它们肯定能令这些鸟获取难以获取的果实，并且也许可以威吓作为食物的其他鸟类和动物，另外也可能是重要的求爱标志。

1 帕拉斯：彼特·西蒙·帕拉斯（1741–1811年），德国动物学家及植物学家。

2 法布里丘斯：约翰·克里斯蒂安·法布里丘斯（1745–1808年），丹麦昆虫学家，因根据口器类型进行昆虫分类的研究而知名。

3 布封：乔治·布封（1707–1788年），法国博物学家、数学家、生物学家、启蒙时代著名作家。

Cocatoo.

博物学家中最著名人士吉尔伯特·怀特教士的主要联络人士之一——这位教士也是全世界最著名的博物学家之一，他是汉普郡塞尔伯恩教区的副牧师。这促使了一本书的诞生——《塞尔伯恩博物志》，它基本上是怀特与佩南特以及另一位知名动物学家戴恩斯·巴林顿通信的汇编，在这些通信中，怀特与他们分享了他的观察和发现，并向他们寻求信息。该书于 1788 年面世，是最面向大众的英文出版书籍之一，随后的版本及译本远远超过了两百种。学习博物学的学生们可以读到怀特写给佩南特的信，它们是最重要的文献之一，但遗憾的是佩南特的回信很久前就遗失了。

作为一名多产的作家，佩南特的书中总共有八百多张不同的版画插图，由各具特色的画家所绘。其中许多画是由英国画家彼得·派娄（约 1712–1784 年）完成的，人们认为他是胡格诺派教徒，他在唐宁生活了大约二十年。他不仅创作用以雕刻书籍版画的水彩插画，并在印刷中担负大量手工着色的工作，而且还完成了一组室内挂画，它们展现了各种各样的栖息地，其中点缀着热带鸟类等动物。这组挂画中有四幅代表了不同的气候区域。

佩南特第一部包括鸟类的关键作品是《英国动物学》，它于 1761 年至 1766 年间面世。它的初版是四卷本，之后又加了一卷附录，第二卷专门阐述鸟类。这本书囊括了英国所有的脊椎动物，拥有 132 张漂亮的彩色版画，它们大多数是由派娄创作的，其中有 121 张出现了鸟类。这部重要的作品也在一定程度上促使吉尔伯特·怀特给佩南特写了信，在此之前，是怀特的兄弟本杰明向他介绍了佩南特，本杰明是一位书商兼出版商。于是，佩南特在《英国动物学》的第二版及之后的版本中采用了许多怀特信中的信息。

尽管佩南特意图将他的下一本地区动物志《印度动物学》打造成一部多卷本著作，但它只出了第一卷。第一版于 1769 年出

小葵花凤头鹦鹉
（*Cacatua sulphurea*）
威廉·海耶斯
1780 年，水彩画
250mm × 310mm
（9 ¾ in × 12 ¼ in）

这位英国画家为富裕的主顾们创作了许多异域鸟类水彩画，左页图便是其中一张。他的生活和他的主顾们天差地别，他有十个孩子存活下来，其中九个都还待在家里。尽管他们协助他的工作，但他们也靠他生活，这使得这个家庭一贫如洗。除了绘画外，威廉还担任了邮政局长的工作来添补家用，但依然于事无补。在《精确依照奥斯特利公园动物园中标本所绘画的珍异鸟类》一书中，他用自己的 60 张画做了版画，其中包括本图。书名中的动物园是由萨拉·蔡尔德收集的意义重大的鸟类收藏系列，她出生于一个富裕的银行业家庭。

丽色掩鼻风鸟　雄

（*Ptiloris magnificus*）

无名氏绘

莱瑟姆收藏

约 1781–1824 年，水彩画

212mm × 200mm

（8 ¼ in × 7 ¾ in）

长寿的医师、鸟类学家及博物馆所有者约翰·莱瑟姆为他的十卷本《鸟类通志》收集了许多鸟类艺术品，右页图就是其中一张。《鸟类通志》于 1821 年至 1828 年间出版，书中有 193 张插图。但是和众多艺术品一样，这张绘着华丽风鸟的画作实际上并没有出现在书里，这是因为在当时条件有限，精细的彩色印刷是一个耗费人力的巨大工程。自然博物馆中的莱瑟姆收藏系列有八百多张版画，大多数都是莱瑟姆本人的作品，但也有很大一部分不知归属，还有一部分的画者是约翰·阿博特、军士画家托马斯·戴维斯、莱瑟姆的女儿安以及史坦利勋爵。

版，如今已是难以寻找的珍本。书中有 12 张彩图，只有一张画的不是鸟类。有一些是从悉尼·帕金森的画作复制而来，而帕金森又是临摹了彼得·德·毕维尔的原创作品。和佩南特的其他博物学书籍一样，这些插画是由彼得·马泽尔雕版制作的，彼得总是将画家描绘的线条整理得更整齐，并且刻得更粗，这就意味着版画在一定程度上失去了原作的鲜活和微妙。

作为一个平民主义者，佩南特还写了一本小书，书名是《鸟的种类》。他希望它成为外行人的入门书籍，所针对的读者类型恰是现代众多鸟类书籍所针对的市场。1773 年发行的初版并没有插图，不过 1781 年的新版中有 15 张插图。

在诸多朋友和通信者的帮助下，佩南特对英国鸟类的认识有了飞跃般的进步，在 1751 年至 1796 年间，他在清单中增加了 16 个种类，这大约占了整个 18 世纪所发现的英国新种类的一半。其中不仅包括一些珍稀鸟类——如小鸨、红胸黑雁和乳色走鸻；还有虽然每年都会来访但现今已非常稀少的——如灰瓣蹼鹬和圃鹀；以及在当地繁殖的物种——如红颈瓣蹼鹬和波纹林莺。

佩南特有许多作品意在为鸟类学知识添砖加瓦，其中最重要的就是他的《北极动物》，因为这本书中有许多种类的首次科学描述。专门撰述鸟类的部分包括：1784 年面世的第一卷的一部分，以及次年出版的第二卷全部内容。1787 年出版了一卷增补内容，有时又被称为第三卷。

《北极动物》在整整 50 年里都是该领域的权威书籍。事实上，佩南特原本只计划涵盖北美的英国殖民地范围，但是殖民者和英方之间的战争最终于 1776 年 7 月以美国独立宣言告终，致使他放弃赞颂一个敌对的新独立国家的野生动物，转而下笔于北纬 60 度以北的欧亚大陆北极地区。

佩南特最重要的通信人之一是约翰·莱瑟姆（1740–1837

年），两人都是皇家学会的成员，后者同时还是伦敦林奈学会的主创人员之一。这个世界闻名的学术机构如今依然欣欣向荣，它成立于1788年，当时它所纪念的那位伟大的瑞典博物学家、动植物双名命名法的创造者已经去世十年。它的成立旨在发扬他的命名系统，并保存他所收藏的大量标本、手稿和书籍。

莱瑟姆是著名的鸟类学家，也是娴熟的野外博物学家。他为自己的私人博物馆收藏了一系列鸟类及其他生物标本；他创作自己书中所有的图画，并为之蚀刻、上色；他还是一位全科医师。他这位异常勤奋的人的第一部鸟类学名著是《鸟类梗概》，并于1781年至1785年间出版，书中有106张插图。两年后它增补了23张插画，四年后又增补了13张。和他所有的插画一样，这些书中的版画都精工细作，但没有什么灵气，画中主要是呆板的单只鸟类，它们的羽毛纹路简单清晰。它们延续了阿尔宾等前辈的传统，构图都相当程式化，鸟儿们不是停在截短的枝条上，就是站在草堆上。

莱瑟姆对鸟类学的主要贡献是科学地描述并命名了新物种。其中有许多来自尚未开发的澳洲，这片大陆当时正迅速成为殖民地。他得益于库克船长首航探险报告中的新信息、殖民活动后自然学家所收集的标本，以及他们在缺少标本时所绘的一些画作。莱瑟姆完全可以称得上是澳大利亚鸟类学的创始者之一。

尽管他以林奈的分类系统作为自己的工作基础，但直到1790年在他的《鸟类学索引》中为世界已知鸟类排序时，他才使用了林奈的双名命名法。莱瑟姆突然转变心意未必是因为自己的谦逊，而是因为他意识到，不使用如此正式的命名法，任何新物种的命名都不可能归功于他。

无论如何，我们都可以从一个事实中看出莱瑟姆工作成就的重要性，以及他的活跃与勤勉——他列出了世界各地总共3000种

绿孔雀　雄
（*Pavo muticus*）
约翰·莱瑟姆
约1781–1824年，水彩画
160mm × 200mm
（6 ¼ in × 7 ¾ in）

与近亲——常见得多的蓝孔雀（*Pavo cristatus*）相比，左页图中的绿孔雀如今已极为罕见，由于栖息地环境恶化及其易于被捕猎的特性，这种鸟类在南亚的广大生存领域一直在缩小并分解。它的旧名“日本孔雀”用词不当，因为它从未在日本出现过。“日本——Japan”一词应该是“爪哇——Java”的误用，爪哇岛上仍有一种绿孔雀存活。

已知鸟类——仅仅在 30 多年中，就比林奈列出的 758 种多出几乎 4 倍。另外，虽然人们批评他在分析物种特点时不够严谨，而且他的确不止一次用不同的名字称呼同一个物种，但这些都是那个时代许多鸟类学家共有的缺点。

莱瑟姆的医师工作使他变得非常富裕，他得以在 1796 年 56 岁时退休。然而，1819 年时他遭遇了一系列财政灾难，为了免于破产，这位不知疲倦的劳动者着手创作他的最后一本著作《鸟类通志》。它于 1821 年至 1828 年间出版，当时他已经八十多岁了。这本最后的杰作长达十卷并一卷附录，拥有 193 张彩色插图，它们依然全都是由作者本人绘画、雕刻并上色的。插图中包括许多美国物种。尽管视力衰退，莱瑟姆依然工作到了最后一刻，他于 1837 年 2 月去世，享年 96 岁。

萨拉·斯通（约 1761–1844 年）是约翰·莱瑟姆为复制发行《鸟类通志》时聘请的着色师之一，这是一位女性博物学画家，在过去可谓是极其罕见的例子。她生于伊肯纳姆的圣吉尔斯教区，那里属于米德尔塞克斯，现在已是大伦敦的一部分。1789 年，她嫁给了约翰·史密斯，后者是皇家海军的一名上尉。1780 年代和 1790 年代，她在伦敦的各个展会上展出自己的作品，其中包括皇家艺术学会举办的展会。她还为当时的主流博物学家们绘画细致精美的鸟类及其他生物画，其中包括托马斯·佩南特。这些画作中描绘有许多新物种，它们是由探索澳洲及印度的收藏家们带回英国的。

托马斯·比威克（1753–1828 年）是最著名的英国鸟类画家之一，他的作品至今仍被沿用。他是八个兄弟姐妹中最年长的一个，作为一名未来的鸟类学家，他有幸能在他父亲的农场长大。农场位于奥温汉教区，尽管离地区中心的泰恩河畔纽卡斯尔只有数英里远，但已深入诺森伯兰郡的乡野。比威克的父亲并不算富

加勒比红鹳/美洲红鹳
（*Phoenicopterus ruber ruber*）
萨拉·斯通
约 1788 年，水彩画
477mm × 365mm
（18 ¾ in × 14 ½ in）

左页萨拉·斯通的这张画作不同寻常，几乎是漫画式的，画中因一只小蛇受惊的红鹳所依据的标本是来自特立独行的约翰·阿什顿·利弗爵士（1729–1788 年）的著名博物馆。利弗瑞安博物馆收藏有 28 000 种异域动物及其他奇珍，其花费导致创建者破产。不幸的是，尽管这些收藏两度被提献给国家，政府却拒绝接纳。在一次公开拍卖后，大多数标本都不知所踪，其中包括那些珍稀的已灭绝鸟类。1789 年，萨拉·斯通正是在利弗瑞安博物馆展出了超过一千张她自己的水彩画，这一大型展览令人惊艳。很多时候，萨拉的画作是利弗收藏中一些鸟类的唯一记录，包括那些如今已灭绝的种类。

灰林鸮

（*Strix aluco*）

托马斯·比威克

约 1797 年，木刻版画

47mm × 56mm

（1 ¾ in × 2 ¼ in）

右页这张可爱的工笔图是一张铅笔复制画，它所转刻的木版画是比威克著名的补白图之一。至简的线条被转刻到了一面极小的黄杨硬木截板上，细巧的刻工展露了他绝佳的技巧。尽管这幅画非常微型，但精妙的技术使他能够着色于羽毛、树叶和其他极度精致的细节。

裕，但也过得不错，他的地产中不仅有农场，还有一座煤矿。年轻的托马斯几乎从刚学会走路时起，便在观察描绘鸟类，他的天赋显然势不可挡。

比威克的头脑机敏灵活，学校作业对他来说枯燥无味，他时常旷课去探索乡野，沉迷于永不过时的儿童游戏，比如筑坝截流。但这些游戏并没有让他虚度时光，在这里，他用画家的眼光观察各种细节，无论是野生的或是家养的鸟儿等造物，还是他漫游其中的乡间风景。这一切——包括当地旅店标志上多彩生动的动物图像——都是灵感的源泉，他一有机会就用粉笔在所有可用的平面上画画。在画满了他的写字板、教科书等物件后，他继续在家中以及当地教堂的石材地板上，甚至在公墓的墓碑上作画。很快他便转而用钢笔和墨水画画，如果缺少水彩颜料，他就用黑莓汁来涂绘他的作品。

年轻的比威克在纽卡斯尔的雕刻师拉尔夫·贝尔比手下当了七年学徒，在此期间，他完全浸淫于金属雕刻的艺术之中，着手制作各种材料，包括纸币、信笺抬头、小册子、管瓶模具、印章、邮票和棺盖名牌。他充分利用自己的空余时间，锻炼出了优秀的木刻技艺。在这个时代，铜版雕刻大行其道，致使木刻技术如日落西山。然而，比威克运用这种被遗弃许久的技术，发展出了一种使用“截板”的凹版印刷——按纹理垂直方向切割的横切板——这使他能刻出精美又准确的线条。凭借这“白线”雕刻技术，他在描画光影与质感时能达到无与伦比的精妙程度。比威克在这高难度的技法上拥有权威的地位，其标志之一就是，至今都很少有人能画出如此细巧精美又个性鲜明的作品。一个著名的例外是 20 世纪的鸟类画家查尔斯·滕尼克利夫。

比威克的鸟类作品大多数都集中在他的《英国鸟类研究》中。该书为两卷本，1797 年出版的一卷阐述的是陆禽，1804 年出

“中国长尾雀”
（假定物种[1]）
无名氏
莱瑟姆收藏
约 1781–1824 年，水彩画
210mm × 161mm
（8 ¼ in × 6 ¼ in）

约翰·莱瑟姆在他的大型著作《鸟类通志》中提到过这种谜一样的鸟类。在 18 世纪早期相对较少的鸟类书籍中，这部著作是拥有许多色彩精准的异域鸟类插图的最重要作品之一。这张画没有签名表明它的作者可能不是莱瑟姆本人，而是诸多为他提供图画的画家之一。莱瑟姆称，人们仅在属于“已故布罗德利上尉”的画作收藏中见过这种鸟，引人注意的是，他未能给它确定学名。

版的第二卷则是关于水禽，两卷分别有 208 张及 240 张木刻版画。这套书跻身于当时最受欢迎的博物学作品之列，一共出了八个版本，其中六个版本在比威克在世时就已发行，最后一版于 1847 年面世。在所有的作品中，比威克都展现了高超的技巧、精雕细琢的附文，以及最令人赏心悦目的插图。因此，他的作品的精美程度远超于那些早期画家，甚至远超于许多同时代的画家。

一些批评家认为比威克最棒的木版画就是这些著作中的鸟类插图。不过在这些插图中，尽管他熟悉的（比如欧亚鸲和田鹀）以及他在童年时期观察过的物种都很形似，但一些较陌生的鸟类

1　假定物种（Hypothetical species）：有些已灭绝的物种被认为是合理存在的，但因缺少存在的实质证据，只能被称为假定已灭绝物种。

在现代人眼中就显得不太自然了。也有人认为，在他那些著作的插画中，比起鸟类与其他动物，点缀在它们之间的非凡的乡村生活小装饰显得更加精致夺目。这些景象中有不少画面都是典型的田园风味，比如正在打铁的铁匠，或是牛轭旁提着桶的挤奶女工，但是它们都不像当时诸多画家的作品般风花雪月，在描绘当时乡间生活的艰难时，比威克的许多插画并没有遮遮掩掩。

无论对象是鸟兽虫鱼，还是人类同胞，比威克都算是一位敏锐的观察家，他也是一名真正的社会现实主义者，并不吝于批评贫富间的差距。除却指责抵抗拿破仑的战争劳民伤财外，他还注意到“贵族老爷们只知道摆架子”。一个小插图中这样画着：一个乞丐在一棵树上上吊了，另一位步履蹒跚的士兵刚刚退出拿破仑战争，正在狠狠咬着一根骨头，一只瘦骨嶙峋的狗盯着他看，他的肋骨清晰可见。不过比威克的图画也并非全然阴郁的基调：它们往往也充满了幽默感，比如在某张画中，因为手上抓住的树枝断了，一个准备掏鸟窝的家伙掉进了河里。

比威克不仅在他自己的时代深受青睐，直至如今也依然如此。伟大的英国诗人威廉·华兹华斯在《抒情诗集》里的一首诗中赞美这位诺森伯兰郡的雕刻家；在《简·爱》一书中，夏洛蒂·勃朗特让她笔下与书同名的女主角阅读比威克的鸟类书籍，并为那些饰图激动不已。伟大的英国艺术批评家约翰·拉斯金也是位鸟类爱好者，作为一名受过高等教育、风雅世故的都市鉴赏家，他对鸟类的审美已与比威克那种直率的乡下人式的欣赏大相径庭，但他依然赞美后者拥有“杰出的艺术能力、毫无瑕疵的美德、诚实、温柔、无穷的幽默感”。这份赞扬也吝啬得很具个人特色，他以一种无情的惋惜称，因为比威克不是一位受过教育的绅士，所以他没有描绘过比他的插画“更高尚的对象”，称他证明了“英国精神中对丑陋之物的热爱”。近代，碧雅翠丝·波特也赞扬过比威克的才能，这位著名女画家不仅为孩子们自编自绘了关于兔子、老鼠和其他生物的童话，而且创作了许多英国菌类及动植物的超写实图画。

比威克因木刻版画而得到的荣誉可谓实至名归，除此之外，还有两种鸟类的学名使他名垂后世直至今日。第一种是三种北部天鹅中体型最小的一种，它的颈部比大天鹅和疣鼻天鹅更短，看上去更像鹅，叫声更悦耳。这种天鹅于更北部西伯利亚

灰头绿鸠　雌和雄

（*Treron pompadora*）

悉尼·帕金森

约1767–1768年，水彩画

324mm × 257mm

（45in × 23in）

右页帕金森的画作中这一对可爱的鸟儿属于一个鸟类大种群，它们被统称为绿鸠。这幅画是复制了彼得·科内利斯·德·毕维尔的作品，后者是荷兰驻锡兰（如今的斯里兰卡）总督的收藏品。我们可由栗色的翅膀辨别出图中的雄性，它停在上方的树枝上，雌性则位于下方。画中的两只鸟翼尖上都没有初级飞羽，这些羽毛可能是被剪掉了，以防止它们飞走（如今公园里的水禽等鸟类也是如此）。在罗顿收藏的原作中，这些鸟儿拥有完整的飞羽。图中鸟类的羽毛画得很好，但是鸟本身却过于肥胖且僵硬，这可能很大程度上是因为原作的作画对象是死鸟。

的北极冻原上筑巢，和大天鹅一样，它在冬季会造访英国和爱尔兰。著名的英国鸟类学家威廉·亚雷尔（1784–1853年）将比威克的天鹅和大天鹅区分开来，并于1829年首次为这一"新"种做了科学描述，从此，它的学名*Cygnus bewickii*使这位画家被长久纪念。

近来，由于这个物种降为了亚种，比威克的名字便从其学名中消失了。现在这种天鹅只是新学名为*Cygnus columbianus*的小天鹅的欧亚亚种，北美的小天鹅亚种则是啸声天鹅。不过它的亚种名为比尤伊克天鹅（*Cygnus columbianus bewickii*），英国的观鸟者仍然将这种可爱的鸟类称为比威克的天鹅。

另一种以比威克命名的鸟类生活在远离他的故乡诺森伯兰的地方，是在美洲发现的多种鹪鹩中的一种。除了那种在不列颠群岛上为人所熟知的鹪鹩，也就是被美国人称为冬鹪鹩的小鸟之外，鹪鹩科的79种鸟都只分布于新大陆。比氏苇鹪鹩（*Thryomanes bewickii*）的分布地北至加拿大边境，南至墨西哥，然而诺森伯兰的雕刻师名字为何会与这种异域鸟类相关呢？这是北美著名的鸟类生活画家奥杜邦向比威克献上的敬意。比威克在去世前一年，即75岁时拜访了奥杜邦，他为奥杜邦的皇皇巨著《美国鸟类》一书找到了八位新的资助者。奥杜邦称其"始终是一位极其和蔼可亲、仁慈宽容的朋友"，随后他以比威克的名字命名了上述鹪鹩。

比威克的木版画至今仍常常出现在各种书籍、杂志等印刷品中，尤其是章节开头与末尾的装饰图案。然而他的鸟类书籍本身对鸟类学领域的发展并没有什么重要意义，插画除了其精致和优美外，没有增加新的学识细节，而文本也只是大段大段摘选别人的作品。(《英国鸟类研究》关于陆禽的第一卷是贝尔比撰述的；关于水禽的第二卷是比威克自己撰述的。) 除了在难以把握的物质

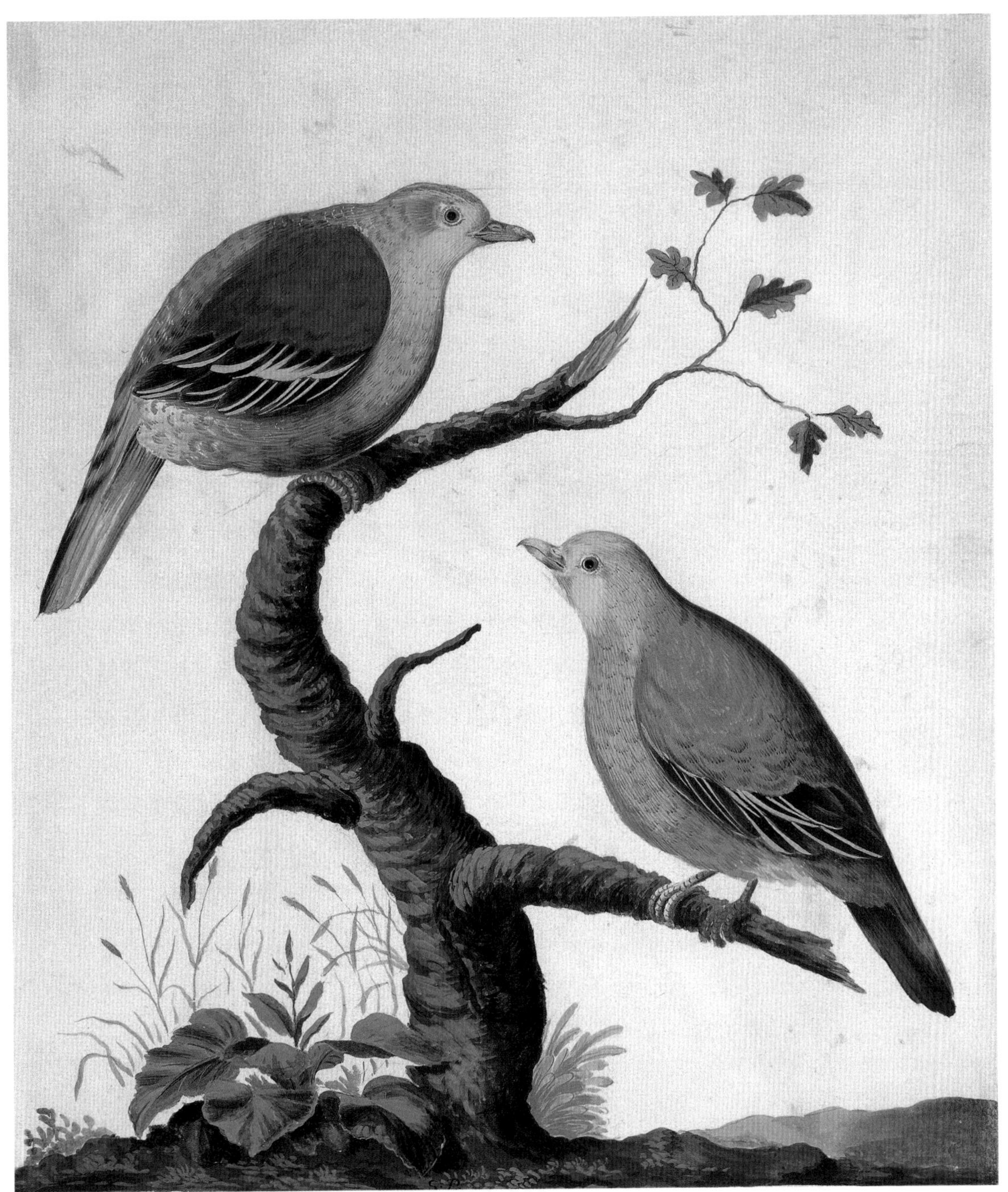

媒介上展现至高艺术境界与设计才华外，他的伟大成就还包括在英国推广了正在发展的鸟类学。

与此同时，在法国也有一些重要的彩色版画鸟类书籍正在出版发行，这个渐渐扩展的领域正在绽放它的光彩。这些作品的作者包括了伟大的法国动物学家乔治-路易·勒克莱尔·德·布封伯爵（1707–1788 年）。他激烈地反对林奈那充满创意且详细复杂的双名命名系统，他认为它是一种无意义的尝试，要勉强将不相干的种类凑成一些虚假的集合。他评论道："自然，超脱于我们所谓定义它的界限之外，比我们的概念更丰饶，比我们的系统更宏大。"

巴黎有一条街道是以布封的名字命名的，世界上只有少数几位博物学家有这样的荣誉，布封的声名由此可见一斑。伏尔泰有一句名言是描述布封的："运动员的身材中蕴蓄着圣人的思想"，据说卢梭极度崇敬他，曾经亲吻过他书房的门槛。布封在博物学领域佳作累出，其巅峰之作是巨著《博物志》（1749–1804 年），本书综述了他在这一领域的所有见闻学识。在这部四十四卷的百科全书中，专门论述鸟类的不少于十卷。数千张彩色版画让这部著作更加广受欢迎，它们单独发表在《装饰版画》（1765–1773 年）中，其中描绘鸟类的有 1939 张。这些画中有许多是由多产的画家弗朗索瓦·马蒂内（约 1731–1790 年）创作的，在这个浩大的工程中，他管理着一支创作队伍，其中包括不下 80 人的画家及助手（其中包括他的家人）。在这些画作中，每一个物种的毛色都描绘得相当准确，不过诸多鸟类看上去都僵硬呆板、死气沉沉。

至此，这个时代所有法国鸟类插图中最优秀的一部分存在于弗朗索瓦·勒瓦扬（1753–1824 年）的著作中，他是活跃的旅行家及多产的作家，并且是布封的信徒。勒瓦扬是首批远航在外亲身体验研究领域的博物学家之一，他们的研究并非间接依据标本、画作、描述或笼鸟。

勒瓦扬书中的插图大部分是由雅克·巴拉邦德（1768–1809 年）创作的，他原本所学习的专业是瓷器及挂毯设计。他的鸟类画作不仅符合当时的科学标准，还总是出现华美的异域物种。不同于多数同代人的作品，他笔下的对象活灵活现：它们在纸面上并不显得平板僵化，而是有着美妙的立体感，它们明亮的眼神仿佛在注视着看客，羽毛的质感与形态极其逼真，精美的雕工与印刷色调更是突显了这些特点。

《非洲鸟类志》以六卷本于1796年至1808年间面世，书中有300张巴拉邦德的手修彩印版画。之后又有一套两卷本专题论著发行，它是18世纪晚期至19世纪早期最精美的鸟类书籍之一——《鹦鹉志》（1801-1805年）有145张版画，内容覆盖了整个鹦鹉族类，不过遗漏了其中十分重要的一部分。在这个时代，来自新几内亚丛林，以及澳洲和新西兰岛屿上的物种还鲜为学界所知。三十多年后，约翰·古尔德等人进入这大片未开发区域，发现了众多新种鸟类，其中包括许多鹦鹉。尽管事隔多年，增补的第三卷还是在勒瓦扬死后于1837年至1838年间出版，填补了一部分缺陷，它由鸟类学家亚历山大·波耶特·圣伊莱尔撰写，与前两卷共享同样的标书名。书中有111张平版印刷插图，创作者是吉恩·查尔斯·沃纳。

在《极乐鸟与佛法僧，以及巨嘴鸟和五色鸟志》（1801-1806年）一书中，齐聚了书名中所述的各种华美鸟类，书中有114张版画，都是根据标本所画。巴拉邦

普通翠鸟
（*Alcedo atthis*）
彼得·科内利斯·德·毕维尔
约1754-1757年，水彩画
350mm × 214mm
（13 ¾ in × 8 ½ in）

彼得·德·毕维尔是锡兰时代的荷兰画家，他创作过许多精美的动物水彩画，大部分是为吉迪恩·罗顿所画的鸟类，后者是1752年至1757年间的荷兰驻锡兰总督，同时也是一位热忱的业余博物学家。幸运的是，自然博物馆中如今保存着毕维尔的144张画作。这张翠鸟图是他的典型风格，结合了精美的艺术性和精确的科学性。更令人赞叹的是，这位画家是完全自学的。

德为勒瓦扬所绘的最后一本书是《食蜜鸟和蜂虎志》，书中论述的除了食蜜鸟和蜂虎外，还有蕉鹃和杜鹃。

为勒瓦扬描绘他所写异域鸟类的画家并不旅行，他们蜗居在法国，但是其他博物画家却开始远行，前往鸟类的原生环境去描绘它们。从描绘新种鸟类的这一变化看来，在漫长的海航过程中防止标本腐烂是很有难度的，而保存技术仍然停滞不前。苏格兰人悉尼·帕金森（1745–1771 年）就是这样一位"博物画家"，在詹姆斯·库克船长于 1768 年至 1771 年间首次乘奋进号穿越太平洋的大航海之行中，他是作为一名博物学家被聘请同行的。

在这次环球航行中，英国海军委派库克代表英国观测金星凌日的过程。库克将从塔希提岛开始观测，此次实验的主要目的是从不同地点精确测量该天文现象，以便天文学家计算出太阳到地球的真实距离。此外，库克的任务还包括为英国搜寻并占领他发现的重要岛屿——尤其是众所周知但尚未现世的"未知的南方大陆"，人们认为它占据了南大洋的大部分面积。当他们终于到达该地时，帕金森是第一位踏上这座巨岛的专业画家，它最初被称为纽荷兰，后来被命名为澳大利亚。

帕金森作为动植物插画家入选这次伟大的航行，是因为著名且富裕的植物学家约瑟夫·班克斯（1743–1820 年）委托他在伦敦为自己作画，最后注意到了他令人惊艳的植物画作。班克斯为登上库克的船支付了大约一万法郎，不过附带条件除了带上帕金森，还有另一位苏格兰画家亚历山大·巴肯，好描绘他们将遇到的风景和人物；另有他的瑞典秘书赫尔曼·斯波尔、丹麦植物学家卡尔·索兰德、四位佣人、两条狗，以及不计其数的行李。这艘小型船舶上除了库克，他的 85 位船员、手下及天文学家外，又挤上了这么些人，舱室顿时拥挤不堪。

和其他人一样，帕金森发现这样的环境很不适合工作，尤其是他住的舱室里堆满了标本，但他显然以令人钦佩的淡定从容克服了这样的困境。航行途中总是会出现各种各样的麻烦。在塔希提岛时，他抱怨说自己不得不时常赶开停在标本上的当地蚊蝇，它们甚至吃他的绘画颜料。库克以他一贯的风格驾船环绕新西兰，而后在沿澳洲东岸北上时继续以令人惊叹的精度绘制地形图，在这个过程中，每天都有无数新标本蜂拥上船，几乎要把帕金森淹没了。难得的是，帕金森在这样的状态下创作了36张鸟类画作，更不必说还有148张鱼类画作和超过400张植物图。在整个航程中，他的作品至少有1300张。这些艺术档案非常重要，因为它们是这次航行中仅存的鸟类目击记录，似乎没有鸟类标本在库克的首趟航行中幸存下来，人们认为其中许多鸟是被吃掉了，其他的则因为落后的保存技术而腐烂了。

可叹的是，帕金森再也没有见到家乡，在奋进号于1771年1月抵达开普敦之前，船上已有30人去世，大多数人死于疟疾和痢疾，他是其中之一。鸟类学的史册以一种海鸟的英文名和学名记住了这位天才画家的名字——黑风鹱（*Procellaria parkinsoni*）[1]，它只在新西兰繁殖。当帕金森看到这些信天翁的小号亲属时，它们的巢大量散布在新西兰北岛和南岛西北部海岸高高的山脊上。和诸多澳洲-新西兰鸟类一样，外来哺乳类捕食者使黑风鹱的数量大幅下降，现在这一物种已濒危。它被正式归入“易危种”，仅靠保护措施防御引进的猫科动物，存活在北岛西北部的两个离岸小岛上，那是它们仅余的繁殖地——小巴里尔岛和大巴里尔岛。延绳钓鱼中所用的带饵鱼钩有时也会造成黑风鹱溺毙，这通常发生在繁殖季的新西兰水域，以及它们移向东太平洋的过程中，后者覆盖了加拉帕戈斯群岛周边的广泛海域。黑风鹱的现代常用名多种多样，比如黑海燕（这个名字并不完美，因为它有好几种亲属也是黑褐色或近于黑褐色的），还有毛利名字“Taiko”，以及帕金森海燕，目前最后一种再度开始流行。

还有一些18世纪的画家为该区域所发现的新种鸟类画了重要插图，其中包括威廉·埃利斯。他是一位英国医生，在1776年至1780年库克船长的第三次航行中，他作为一名外科医生的搭档，登上了查尔斯·克拉克舰长率领的英国皇家军舰发现号。这次航程的目的是在白令海中找到一个出口，探访新西兰以及包括夏威夷在内的各个太平洋岛屿，以打通一条西北通道，他们将发现白令海峡。埃利斯是一位优秀的制图员，他为一些新西兰岛屿鸟类绘制了精美的图像，比如红冠鹦鹉（现在被称为红额鹦鹉）、南岛另一种大得多的鹦鹉——有飞行特技的白顶啄羊鹦鹉以及新西兰隼。但和帕金森一样，埃利斯医生的旅程过早地结束了，在比利时的奥斯

1　黑风鹱：英文常用名为Parkinson’s Petrel。

W: W: Ellis ad viv: delint et
Anas hyemalis

坦德，他从一艘船的主桅上跌了下来，那时他正前往德国，准备开始另一次探索之旅。

乔治·雷珀（1767–1797 年）是皇家海军天狼星号上的一位见习军官，该舰随亚瑟·菲利普的第一支舰队前往澳大利亚，于 1787 年 5 月从英国朴次茅斯出发，运载了一船被判流放新殖民地新南威尔士州的罪犯。在漂洋过海的漫漫长征之后，舰队于 1788 年 1 月抵达新南威尔士州的杰克逊港（今悉尼）。雷珀将他登上新南威尔士州的陆地，以及之后 3 月份登上诺福克岛时所遇见的风景和野生生物都绘入笔下，这些引人入胜的水彩画作技艺精湛——不仅如此，在制图方面，他可能只受过基本的海军学员训练；另外，他完成这些作品时才刚刚 20 岁出头，这些事实使他的作品更加不同寻常。在天狼星号的航程中，雷珀所绘的其中一张画作是关于已灭绝的豪岛鸽，它仅生活于澳洲东面太平洋海域的豪勋爵岛。雷珀的画作显然是该物种唯一一张活体写生，另一张画像几乎可以肯定是前者的复制品。这一灭绝物种的科学描述是以这张重要画作为基础的。

在澳洲鸟类的早期画家中，还有一位是苏格兰画家托马斯·沃特林（约 1762–1806 年）。他于 1792 年 10 月随一支小舰队抵达杰克逊港，与雷珀完全不同的是，他并不是作为一名船员航向澳大利亚的，他是一名罪犯。另一点与雷珀不同的是，他在艺术方面接受过不错的训练，他的作品也更加精致成熟。他利用自己的画技与雕版技术伪造苏格兰纸币，因此于 1789 年在敦夫里斯郡被判处流放新殖民地 14 年的徒刑，这令他在新南威尔士州的生活开端显得很不顺利，但他克服了这一点。幸运的是，基于对其笔下鸟类艺术的欣赏，他在 1796 年被赦免，此时他的刑期刚过去一半。沃特林的作品相当令人印象深刻，它们融合了科学的准确性与高级的设计美感。约翰·莱瑟姆认为它们是顶级的艺术作

长尾鸭
（*Clangula hyemalis*）
威廉·埃利斯
1779 年，水彩画
162mm × 235mm
（6 ¼ in × 9 ¼ in）

在库克旨在搜寻西北通道的第三次航行中，埃利斯博士是两名官方外科医生兼博物学家之一，他的这张图（左页）展现了最典型的北极鸟类之一。这种外形秀丽的鸭子在北美被称为老妇鸭，它在冻原地带的湖中繁殖，但一生中大部分时间却自如地生活在气候恶劣的远洋海面上。它在所有鸭类中潜得最深，冬季的主要食粮是海床上的软体动物和甲壳动物，那短小厚实的喙部有着强劲的肌肉，可以磨碎坚硬的贝壳。

黑冠鹦鹉
（*Psephotus dissimilis*）
费迪南德·卢卡斯·鲍尔
约1801–1805年，水彩画
335mm × 505mm
（13 ¼ in × 20in）

费迪南德·鲍尔更广为人知的身份是世界上最优秀的植物画家之一，不过他同时也是一位出色的动物画家。自然博物馆中保存了他的11张鹦鹉水彩画，右页这张漂亮的画作就是其中之一，图中画的是一种罕见的澳洲鹦鹉，其一丝不苟的精准笔触是鲍尔的典型风格。黑冠鹦鹉原本又被称为黑帽鹦鹉，它的分布地极其狭窄，仅出现在澳洲北领地阿纳姆地的西部。

品，他借鉴了沃特林的许多精准绘图以协助自己描述澳洲鸟类，否则他就只能研究博物馆的剥皮标本。

自然博物馆保存了不少于488张杰克逊港区域的相关水彩画，其中包括动物（主要是鸟类）、植物、风景与当地土著。其中有121张写着沃特林的签名（73张画着鸟类），不过人们认为这些作品中有一部分属于一位或多位更不知名的画家，他们被称为“杰克逊港画家”。

显然在所有澳洲鸟类早期画家中，最有才华的莫过于奥地利画家费迪南德·鲍尔（1760–1826年）。他的父亲是为列支敦士登亲王服务的宫廷画家，他本人最为人所知的身份是植物画家。他创作过一些世上最优美的植物画作，但也画过少许精美的鸟类水彩画。英国探险家马修·福林达斯于1801年至1803年间环绕澳大利亚航行，绘制该大陆的海岸线，在这次航行中，鲍尔作为探险队画家随同搭乘皇家海军研究者号。当福林达斯起航返回英国时，鲍尔留在悉尼，加入了前往新南威尔士州和诺福克岛的探险。

在迅速增多的殖民地中，人们观察并收集到的新种鸟类被画笔记录下来，这当然并不只是发生在澳大利亚。彼得·科内利斯·德·毕维尔（约1722–1781年）是一位欧亚混血画家（他的亲戚大都是锡兰人，不过祖父是荷兰人），1750年代，他为荷兰驻锡兰总督J. G. 罗顿工作，画作主要是鸟类写生，其余还包括植物、昆虫、鱼类及其他海洋生物、哺乳动物。他没有受过艺术教育，在绘画和上色方面完全依靠天分。乔治·爱德华兹在撰述自己的《博物学拾遗》时，曾大量运用毕维尔的画作，悉尼·帕金森也复制过他的作品，用在托马斯·佩南特的《印度动物学》插画中。罗顿收藏的所有毕维尔的水彩画都被完整保存在伦敦的自然博物馆中。

马克·凯茨比（1683–1749年）生于英国的萨福克郡，但常

冠蓝鸦

（*Cyanocitta cristata*）

马克・凯茨比

1731 年，手工上色版画

335mm × 510mm

（13 ¼ in × 20in）

这幅令人惊艳的画作出现在《卡罗来纳、佛罗里达和巴哈马群岛自然志》的第一卷中，是凯茨比开创性作品中的经典范例。图中栩栩如生的冠蓝鸦是美国最知名的鸟类之一，它的姿态极其生动，仿佛正在用尖锐刺耳的叫声斥责观察者。这幅画作体现了凯茨比的典型风格，除了鸟儿外，画中还有某种特别的植物，叶片和果实在构图上优美地与鸟儿达成了平衡。

Smilax lævis Lauri folio non Serrato, baccis nigris.

T. 15.

Pica cristata cærulea.
The crefted Jay.

Great Heron.

常被称为“美国鸟类学之父”。1712 年，他乘船前往北美去拜访他姐姐伊丽莎白及姐夫，他们已移民至繁荣的英属殖民地弗吉尼亚州，定居在了威廉斯堡镇。1722 年至 1726 年间，他再次旅居美国，这一次资助他的是汉斯·斯隆爵士以及其他英国植物学家。

凯茨比的两卷本著作《卡罗来纳、佛罗里达和巴哈马群岛自然志》是第一卷论述美国鸟类的彩色专著。该书于 1741 年至 1743 年间分为 11 个独立单元在伦敦出版，每个单元有 20 张版画，总共是 220 张手工上色雕版插图，其中 109 张画着鸟类。凯茨比没有足够的资金聘请雕版师，便自学为自己的画作进行蚀刻，很少有鸟类画家能够学会这个宝贵的技能。他还独自为第一卷的所有版画上色，不过在第二卷中他启用了助手来协助他完成工作。另外，这份作品还是他自己出版的，教友派植物学家彼得·柯林森为他提供了无息贷款，柯林森是皇家学会的一名成员。

凯茨比首先是一位植物收藏家，但同时也是一位全能型的博物学家，直至 18 世纪末，他的著作都被视为美国鸟类及其他野生生物的标准参考书。由乔治·爱德华兹修订的新版于 1748 年至 1756 年间面世，1771 年又发行了一个新版本，而文本为拉丁文并德文的版本于 1750 年和 1777 年在纽伦堡出版。

和凯茨比相似的是，约翰·阿博特（1751–1840 年）生于伦敦，并在英国度过了他的青少年时期，但他后来成为美国 18 世纪晚期及 19 世纪早期最重要的鸟类画家之一。我们可以从他童年时期精细的昆虫与蜘蛛素描中看出他对博物学的热情，基于这份热情，他接受了雕版及绘画大师雅各布·博诺的艺术课程邀请，借此磨炼自己的技艺。很快他的技能就成长到了足够的境地，在伦敦大不列颠画家学会展出了自己创作的两张蝴蝶水彩画。此时正是 1770 年，3 年后他刚刚 22 岁，但彼时的皇家学会已认为他是足够优秀的博物学家，派遣他前往观察、收集并绘画弗吉尼亚州的

大蓝鹭
（*Ardea herodias*）
约翰·阿博特
约 1775–1840 年，水彩画
305mm × 197mm
（12in × 7 ¾ in）

大蓝鹭站立时大约有 4 英尺高（1.2 米），它是鹭科中最大的一种。左页图中这种令人印象深刻的涉禽长久以来一直是北美鸟类画家钟爱的绘画对象。阿博特的画突出了它弯曲的长颈，它的颈部有特异进化的椎骨，能让这种或久久站立或缓缓漫步的鸟类将脖子缩成弹簧一般的S形，而后突然闪电般弹向前方，以它短剑般强大的喙部捕捉鱼类或其他猎物。大蓝鹭的主要食物是鱼，但它也是机会主义者，能够杀死田鼠等小型哺乳动物。

动植物标本，那是北美第一个永久英属殖民地。没过多久，他就证明了自己的担保人是多么的慧眼独具，并且证明了自己是一位勤勉的收集者：在两个月内，他就累积了不少于 570 个物种。

但世事无常，将于 1775 年爆发的美国独立战争已迫在眉睫。为了避开战争引发的政治骚乱，阿博特于次年初离开了弗吉尼亚，长途跋涉前往佐治亚州。抵达之初，他先定居在了奥古斯塔南方 30 英里（48 公里）远处，该地位于如今的伯克县。1806 年，他搬到了查塔姆县，并留在佐治亚度过了他漫长的余生，在那里研究、收集并绘画生活在毗邻南卡罗来纳边境的萨凡纳河谷区域的昆虫、植物以及鸟类。他总是用雅致的水彩颜料为自己精致感性的铅笔画上色。

阿博特的美术技巧与精准的观察力使他的作品被大西洋两岸的鸟类学家及其他博物学家所欣赏，他将标本和画作出口欧洲以赚取生活所需。他是位多产的画家，已知所创作的动植物水彩画作就超过了五千幅，但是其中只有两百多张出版面世。其中不少于一百零四张画作都收录在一部两卷本专著中，该书论述的是佐治亚州的珍稀蝶类与蛾类，出版于 1797 年。这也是唯一一部署有阿博特名字的书籍，另一名作者是詹姆斯·爱德华·史密斯。约翰·阿博特所描绘的鸟类有很多常见的种类，比如赤肩鵟、叉尾鹰（现称燕尾鸢）、鸻科鸟，或基尔迪鸟（现称双领鸻）、崖燕（现称紫崖燕）、大草地云雀（现称东草地鹨）、红翅鹂（现称红翅黑鹂）和冠蓝鸦，此外还有一些不太知名的种类，如鹏鹛、小鹏鹛或水巫鸟（现称斑嘴巨鹏鹛）。

和 18 世纪大多数观察、描述并绘画美国鸟类的鸟类博物学家一样，亚历山大·威尔逊（1766–1813 年）是一位英国人。他出生于苏格兰格拉斯哥城附近的佩斯利，显然是一位难以理解的人。他有时显得足智多谋且宽宏大量，但人人都说，他也可以变得冷酷无情或暴跳如雷。威尔逊年轻时曾入纺织业当过学徒，不过后来离开了这一行业，作为行贩游走苏格兰各地。他一路发挥自己作为流行诗词作家的才华，抒发对早前离开的纺织业团体中那些雇主的怨恨，他的怨恨无疑是有道理的。据说仅仅几周他就卖出了其中一首诗的十万份副本。这些攻击纺织业雇主的讽刺民谣如此激烈，致使他被逮捕关进了佩斯利监狱。而后，他因以发表诽谤诗作勒

紫朱雀
（*Carpodacus purpureus*）
威廉·巴特拉姆
约 1773 年，水彩画
239mm × 293mm
（9 ½ in × 11 ½ in）

紫朱雀在北美的北部与西部繁殖，它的鸣声迷人婉转。最北部的鸟群栖息于加拿大，到了冬季就迁往美国，而在美国东北及西部繁殖的群体则基本上全年定居。巴特拉姆为鸟儿准备的枝条来自佛罗里达八角树，它是八角茴香的亲缘植物，它的果实在东方式的烹饪中能提供浓烈的香味。

索威胁一名磨坊坊主而被判有罪，不得不逃离苏格兰。他决定到美国碰碰运气，他的侄子威廉·邓肯也加入了这次冒险。

威尔逊于 1786 年抵达新大陆，此时他穷得叮当响，身上只有一点先令、一支长笛和一把枪。作为一名对长途步行毫不陌生的人，他从纽约走到了费城，并在那里从事各种各样低贱的工作，最后终于获得了一个教师的职位。在人生的这个阶段，有两位朋友对他影响深远。他的朋友亚历山大·劳森也是一位苏格兰人，这位资深雕版师为了改善威尔逊低落的心境，劝说他从事绘画，并将自己所知关于蚀刻和上色的一切都教给了他。另一位朋友对威尔逊的影响同样举足轻重：美国博物学家、画家威廉·巴特拉姆（1739–1823 年）是威尔逊的同事，他鼓励威尔逊发展自己对鸟

灰孔雀雉　雄

（*Polyplectron bicalcaratum*）

乔治·爱德华兹

1747 年，手工上色雕版画

287mm × 208mm

（11 ¼ in × 8 ¼ in）

孔雀雉生活在东南亚的森林里，它们的数量正在渐渐减少，正如其名字暗示的一样，七种孔雀雉都是我们更熟悉的孔雀的近亲。雄性孔雀雉（右页图）的羽毛并不如雄性孔雀那般耀眼夺目，不过那褐色与灰色之间仍有一种低调的优美，而且它们也有类似的"眼点"，这些令人惊艳的眼斑闪烁着彩虹般的紫色、蓝色和绿色，点缀在它们宽阔的长尾上，以及它们的背部上端和翅膀上——爱德华兹细致谨慎的画作中完美地展现了这一特征。

类学刚刚萌芽的兴趣。

与威尔逊和阿博特不同的是，巴特拉姆出生于美国，他的父亲是著名的贵格会农场主、苗圃主人、植物收藏家及植物学家约翰·巴特拉姆（1699—1777 年），后者在费城的金瑟星创立了北美第一个真正的植物园。园中无与伦比的本土植物收藏不仅吸引着著名的美国博物学家们，对欧洲的魔力也不相上下。老巴特拉姆建立了一份欣欣向荣的事业，将他培育的植物运往英国园艺界，英国国王乔治三世钦点他为"王之植物学家"。这份产业带来的财富使他能够到处旅行，去搜寻新的植物，在他最主要的一次远征中，他带上了十几岁的威廉，此时威廉已经被训练成了一位雕版师。之后，威廉又多次加入收集植物的旅行，到了 16 岁，他已成为一名细心的观鸟者和熟练的标本剥制者。他将一些标本寄给英国的鸟类学家及画家乔治·爱德华兹，同时寄送的还有他自已的鸟类画作。1791 年，让他声名鹊起的《穿越南北卡罗来纳、佐治亚和佛罗里达东西部》出版了。这本书中列出了 215 种鸟类的清单，在威尔逊后来的作品面世之前，它是最完整的北美鸟类名录。巴特拉姆的插画相对粗糙，并且不怎么写实，但他的文本对鸟类学贡献卓著，其中有一些被凯茨比质疑的部分已在最近的研究中被证明是正确的。在《穿越南北卡罗来纳、佐治亚和佛罗里达东西部》一书中，他对旅途诗情画意的描述大大影响了英国的浪漫主义诗人，其中包括塞缪尔·泰勒·柯尔律治和威廉·华兹华斯。

在巴特拉姆的鼓励下，亚历山大·威尔逊很快开始梦想着能发表自已描绘北美所有鸟类的大作，他长途步行去观察鸟类，并为它们写生，这些画之后由劳森来雕版。1804 年，他和侄子以及另一位朋友步行前往尼亚加拉大瀑布，在短短两个月时间里走了大约 1250 英里（2000 公里），这一年他入了美国国籍。次年，在

Published Decem^r 1745
by G. Edwards

C
B
A
G. Edwards 1746
73

开始撰述他的代表作——他决定把书名起为《美国鸟类学》——第一卷时，他开始实现自己的抱负。这部书将是在美国出版的第一部带有彩色版画的鸟类专著。尽管书中的版画确实很呆板、背景僵化，并且完全不像凯茨比的画作那么吸引人，但威尔逊是一位极其有耐性且善于观察的野外鸟类学家，而且还是位妙笔生花的作家。他得到了应有的荣誉，多种鸟类以他的名字命名，其中包括一种海燕、一种鹬鹬、一种瓣蹼鹬，还有不下于三种不同种类的林柳莺。

在这部书出版三年后，威尔逊再次出发，长途跋涉穿过北美东部，他要去为自己的著作寻找新的资助者，以支付那可观的花销，另外他也将继续研究野外的鸟类。正是在这次漫长又疲累的旅程中，有着锐利眼神和鹰钩鼻、瘦削敏捷的威尔逊碰到了时髦、帅气、派头十足的画家奥杜邦。奥杜邦注定将成为世上最著名的鸟类画家——以及威尔逊的头号敌手。

大鸨　雄
（*Otis tarda*）
乔治·爱德华兹
1747 年，手工上色雕版画
287mm × 208mm
（11 ¼ in × 8 ¼ in）

雄性大鸨（左页图）是世界上最重的飞鸟种类之一。在爱德华兹的时代，英国各地遍布着这种鸟。但是很快它就开始变得稀少，农田开垦和狩猎将它们驱赶出了栖息的丘陵地。到了 1831 年，英国本地种的大鸨已经灭绝了。直至最近，它又从欧洲被重新引进了它过去的栖息据点——索尔斯堡平原。

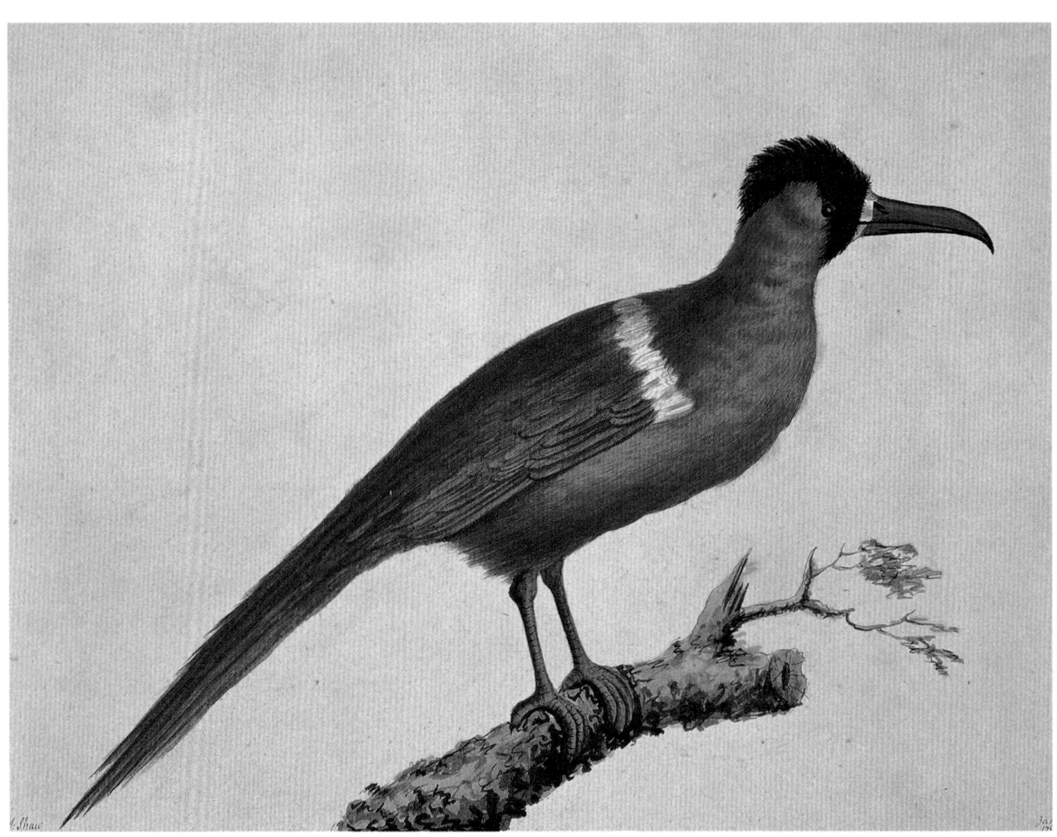

“深红犀鸟”（上图）
（‘*Buceros rubber*’）
无名氏
莱瑟姆收藏
约 1781–1824 年，水彩画
175mm × 240mm
（7in × 9 ½ in）

“黑颈鸫”（右页图）
（‘*Turdus nigricollis*’）
无名氏
莱瑟姆收藏
约 1781–1824 年，水彩画
200mm × 160mm
（7 ¾ in × 6 ¼ in）

和第 44 页的“中国长尾雀”一样，这两图中的鸟类也是莱瑟姆收藏中的假定物种。莱瑟姆在《鸟类通志》中提及它们，称人们只在画作上看到过它们，这两张画作所属的插画收藏系列中画的大都是印度鸟类。莱瑟姆对它们的形态做出了描述，但显然无法说清它们的真实身份，他只能这样评论道：“实在不知道应该把它归类于何处……没遇到过任何见过原始标本的人”。上图中的鸟有一些羽毛特征和锈颊犀鸟（*Anorrhinus tickelli*）一样，而右页图中的鸟则形似于黑领椋鸟（*Gracupica nigricollis*），但是许多识别特征都是错的，或者不存在。

蛇鹫

（*Sagittarius serpentarius*）

约翰·莱瑟姆

约1781–1824年，水彩画

195mm × 125mm

（7 ¾ in × 5in）

这种非同寻常的猛禽是非洲的特有种，它主要出现在草原上。莱瑟姆认为它是一种秃鹫，但如今它被单列为一科，有别于鹰、雕、秃鹫等种类。它的种名“*serpentarius*”指出它喜欢捕食蛇类，不过它的捕食范围包括了各种各样的地表生物。它捕猎的蛇类包括有毒的种类，在战斗中它能用强有力的双足狠狠地踩向那些爬行动物。

非洲企鹅　幼（左页图）

（*Spheniscus demersus*）

约翰·莱瑟姆

约1781–1824年，水彩画

210mm × 200mm

（8 ¼ in × 7 ¾ in）

因其驴一般的响亮叫唤声，这种壮实的海鸟又被称为公驴企鹅，南非海岸线便是它们的繁殖地。当莱瑟姆将这只幼年个体画在以教堂为背景的奇怪地点时，这种不会飞行的鸟类正在大批被射击或殴打至死，以提供食物和油脂。如今它们依然濒危，主要的原因是鱼类食物短缺、天敌捕食以及油污染。

黑头美洲鹫

（*Coragyps atratus*）

约翰·莱瑟姆

约 1781–1824 年，水彩画

196mm × 155mm

（7 ¾ in × 5in）

莱瑟姆在他的分类表中将所有秃鹫都堆到了一块儿，而如今，新大陆秃鹫（包括两种秃鹫）被视为独立的一科，比起包括旧大陆秃鹫在内的各种猛禽，它们与鹳鸟的亲缘关系更近。旧大陆秃鹫进化出了与新大陆秃鹫极其相似的外形和适应性，并且选择了相同的生活方式。

白鹈鹕（右页图）

（*Pelecanus onocrotalus*）

约翰·莱瑟姆

约 1781–1824 年，水彩画

140mm × 185mm

（5 ½ in × 7 ¼ in）

这种鸟的某些个体全身都泛着淡玫瑰色，这是因为它们用喙部将尾巴根部排泄腺所分泌的物质涂到了羽毛上，不过画家夸大了这种效果。很多人以为鹈鹕的皮囊是用来储存鱼类的，但事实并非如此，它们仅仅只是用这皮囊作为捕鱼的工具，很快就会把猎物吞下去，而和鱼一起进入口中的大量水分则会被排出去。

鸵鸟

（*Struthio camelus*）

萨拉·斯通

约 1788 年，水彩画

350mm × 248mm

（13 ¾ in × 9 ¾ in）

比起同代人的画作，萨拉·斯通这张画中的幼年鸵鸟更加准确，且活灵活现得多。萨拉的作品可谓出类拔萃，考虑到她鲜少有机会能看到活体，只能根据标本来作画，其画作就显得更加优秀。

流苏鹬　雄（右页图）

（*Philomachus pugnax*）

萨拉·斯通

约 1788 年，水彩画

350mm × 248mm

（13 ¾ in × 9 ¾ in）

这种涉禽的英文名为“Ruff”，意为颈毛，该名称只能用来称呼雄性，身形小得多的雌性被称为“Reeve”。雄性的名字暗指其繁殖羽中引人注意的张开的颈羽，它们蓬松地簇拥着头部，几乎将其淹没。每只雄性的颈羽花纹都不完全一样，这一点很重要，在雌鸟面前表演的集体求偶舞蹈中，这个重要特征是属于个体的独特“取悦”方式。它们使用约定俗成的配对场地，其称为“求偶场”。

锡嘴雀（左上图）
（*Coccothraustes coccothraustes*）
萨拉・斯通
约 1788 年，水彩画
248mm × 350mm
（9 ¾ in × 13 ¾ in）

斑水霸鹟（右上图）
（*Fluvicola pica*）
萨拉・斯通
约 1788 年，水彩画
248mm × 350mm
（9 ¾ in × 13 ¾ in）

上方：[疑]橙翅斑腹雀　雄
（*Fringilla afra*）
下方：[疑]橙胸花蜜鸟　雄
（*Nectarinia violacea*）
萨拉・斯通
约 1788 年，水彩画
350mm × 248mm
（13 ¾ in × 9 ¾ in）

百灵属物种

（*Alaudidae* sp.）

萨拉·斯通

约 1788 年，水彩画

350mm × 248mm

（13 ¾ in × 9 ¾ in）

萨拉·斯通为她的鸟儿所画的这些栖木别具特色，研究者能通过它们来鉴定识别她的画作。就像此处所展现的，这些树干的末端通常都是断裂的。左页左上图的锡嘴雀是雀科中最大的一种，它们广泛分布于欧亚大陆各地。强壮的肌肉支撑着它宽厚的喙部，这使它可以啄开非常坚硬的樱桃核和橄榄核。其喙部可以输出超过 50 公斤（110 磅）的力量，相当于一个人类使出 60 吨的力量。左页右上图中漂亮的斑水霸鹟在南美最北端的沼泽地中很常见，它们也出现在特立尼达拉岛上，甚至深入巴拿马东部。和其他早期鸟类画家的作品一样，我们往往无法对萨拉·斯通画作中的某些生物做出明确的鉴定。左页下图中下方的鸟是被称为太阳鸟的鸟类之一，这些彩色的热带小鸟以花蜜为食，它们在许多方面都像是旧大陆的蜂鸟。许多种太阳鸟都拥有这只雄性食蜜鸟的羽毛花色。上方停栖的鸟儿则确定是梅花雀科的一种，它看上去最像一种非洲种——橙翅斑腹雀（*Pytilia afra*）。上图的百灵鸟也不能确定种类。在这张图中，画家熟练地运用阴影，为她的画中主角赋予了极其漂亮的立体效果，同时代的其他画家极少使用这种技巧。她极其细致地描绘它的羽毛，用极细的画笔精心勾勒。

栗腹鹃（上图）
（*Hyetornis pluvialis*）
萨拉·斯通
约1788年，水彩画
248mm × 350mm
（9 ¾ in × 13 ¾ in）

红嘴巨嘴鸟（右页图）
（*Ramphastos tucanus*）
萨拉·斯通
约1788年，水彩画
248mm × 350mm
（9 ¾ in × 13 ¾ in）

上图是牙买加岛两种本地杜鹃中的一种。萨拉·斯通将它称为“雨鹃”，牙买加人至今仍记得这个名字，因为它沙哑的咯咯声和胸部银灰色的“胡须”，他们还将它称为“老人鸟”。另一种本地杜鹃是牙买加蜥鹃，又被称为“老妇鸟”，因为它的喙部更长更尖，咯咯的叫声也更尖锐。

利弗瑞安博物馆中收藏有该鸟的标本，它是史坦利勋爵为自己位于英国利物浦附近诺斯利厅的博物馆收集的。这是一种较常见的巨嘴鸟，广泛分布于南美北部，是一种重要的“指示种”——其数量减少能向环保人士警示生境恶化及碎片化。

蓝凤冠鸠

（*Goura cristata*）

萨拉·斯通

约1788年，水彩画

474mm × 360mm

（16 ¾ in × 14 ¼ in）

它是三种冠鸠之一，仅存于新几内亚大岛及一些近海岛屿上。这种漂亮的鸟类是鸽鸠类中体型最大的，大小如同火鸡。在利弗瑞安博物馆被拍卖后，大英博物馆的乔治·肖在1818年永久购得了该种类的展示品之一。据说，该标本还在生时，曾为乔治四世的妻子夏洛特皇后所有，她将其赠给了利弗瑞安博物馆。

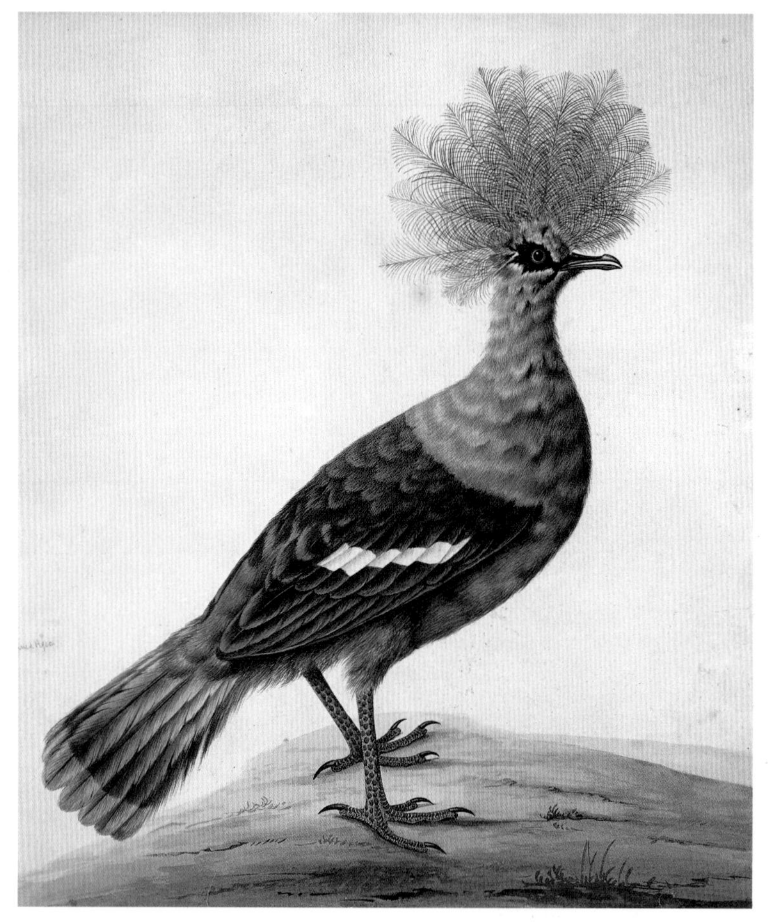

圭亚那冠伞鸟　雄

（右页图）

（*Rupicola rupicola*）

萨拉·斯通

约1788年，水彩画

474mm × 360mm

（16 ¾ in × 14 ¼ in）

这种鸟的分布地局限于南美东北部的部分地区。许多画家都力图展现其雄鸟的华美夺目，在那个时代，萨拉·斯通的尝试是令人印象深刻的，她很好地展现了亮橙色羽毛与显眼的半月形冠羽之美。和第73页的流苏鹬一样，冠伞鸟这种华丽的羽毛特征是用来在公共“求偶场”吸引雌性的。

Stone

小山椒鸟　雄

（*Pericrocotus cinnamomeus*）

悉尼·帕金森

1767 年，水彩画

323mm × 257mm

（12 ¾ in × 10in）

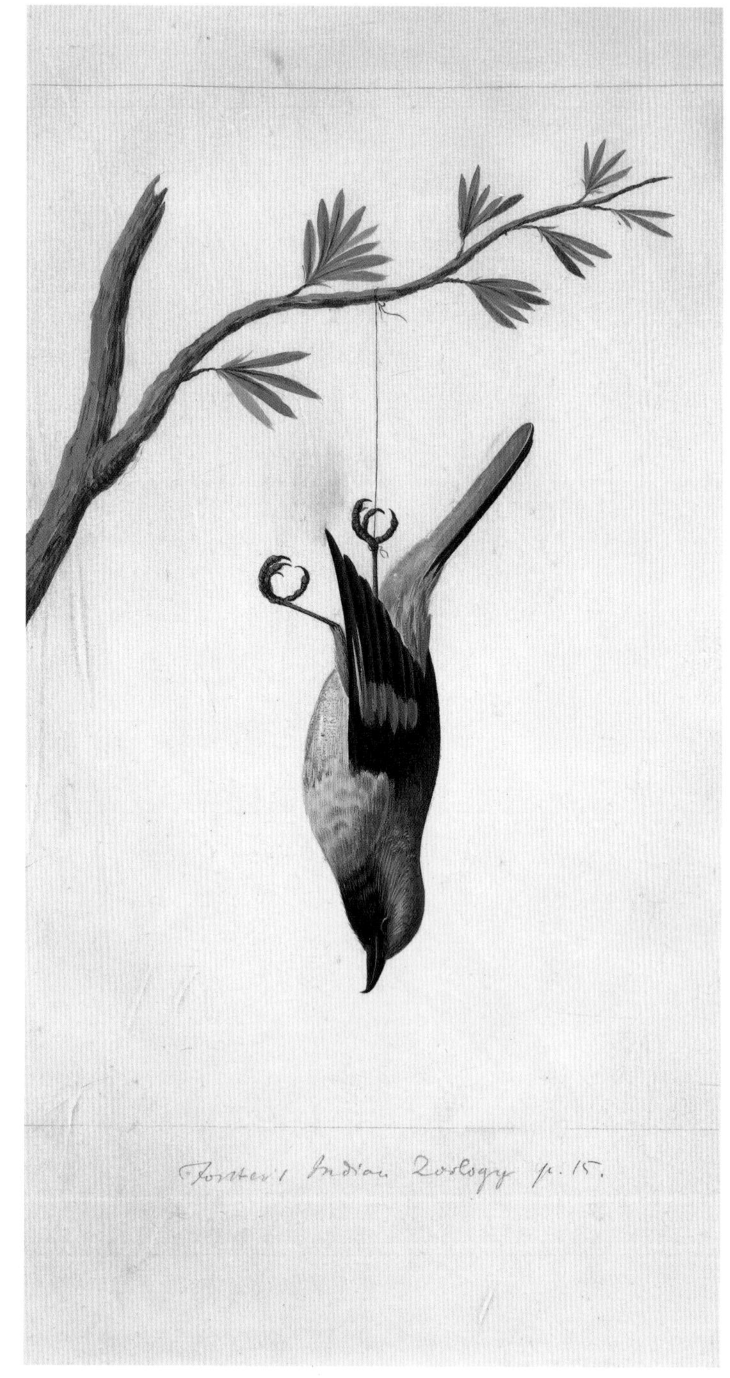

绯喉拟啄木鸟（右页图）

（*Megalaima rubricapillus*）

悉尼·帕金森

1767 年，水彩画

327mm × 262mm

（12 ¾ in × 10 ¼ in）

这两页中的画作是由帕金森在 1767 年所绘。它们属于自然博物馆收藏的一个专辑系列，该系列包括 40 张斯里兰卡鸟类与哺乳动物画作，其中大多数（甚至全部）都是这位天才年轻画家的作品，他在库克船长首次环球航行后的次年加入了这位探险家的航程。这些画作的模特似乎是锡兰总督J. G. 罗顿从东方返回时带回去的画作或标本。画中吊着小山椒鸟的细绳可能是一个陷阱，画作可能展现的是帕金森仔细观察过的当地捕鸟技术。

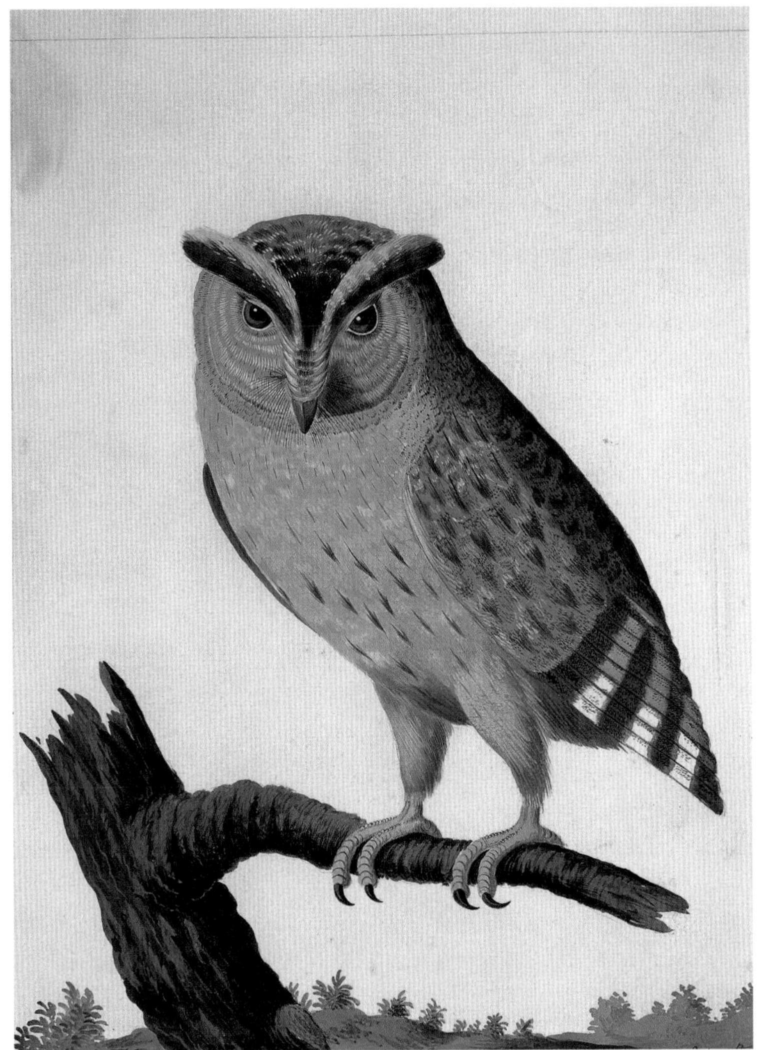

印度领角鸮

（*Otus bakkamoena*）

悉尼·帕金森

1767 年，水彩画

325mm × 258mm

（12 ¾ in × 10 ¼ in）

这种迷人的小猫头鹰分布广泛，在印度次大陆随处可见。和其他许多猫头鹰一样，它有多种色型。帕金森在此选择展示这种鸟的灰褐色型。簇生在眼部上方的羽毛被称为“耳羽”，不过它们和听力毫不相关，反而可能是用于求偶及其他炫耀行为。

镶红绿啄木鸟（左页图）

（*Picus miniaceus*）

悉尼·帕金森

1767 年，水彩画

324mm × 257mm

（14in × 12 ¾ in）

这种画眉般大小的啄木鸟分布于泰国、缅甸、苏门答腊岛、婆罗洲及爪哇岛。帕金森让这只鸟儿停在了一截颓坏的树干上——这种相当低调的鸟类常常停在这样的地方。它在森林的各个高度觅食，从倒落的原木到爬满附生植物的高高树冠。成鸟会向彼此展示其羽毛浓密的黄色胸部。

三趾翠鸟

（*Ceyx erithacus*）

悉尼·帕金森

1767 年，水彩画

324mm × 254mm

（12 ¾ in × 10in）

这种小鸟俯冲着飞向丛林中的溪流，捕猎小鱼、青蛙和无脊椎动物。它也能从地上或是半空中抓取猎物。

印度冠斑犀鸟（左图）

（*Anthracoceros coronatus*）

悉尼·帕金森

1767 年，水彩画

468mm × 325mm

（18 ½ in × 12¾ in）

对这种鸟的一项引人注目的研究表明：雌鸟会使用泥土、它的排泄物以及食物残渣将自己封在巢洞之中。

缝叶莺属物种（右图）

（*Orthotomus* sp.）

悉尼·帕金森

约 1768–1771 年，水彩画

411mm × 293mm

（16 ¼ in × 11 ½in）

15 种缝叶莺都是热带鸣禽，它们有着非同寻常的筑巢习性。它们能将两片叶子，或一片叶子的一部分折叠起来，用植物纤维作线缝起叶边。而后，它们往这个漏斗中塞满植物绒毛和其他柔软的物质，从而筑成一个杯状的鸟巢。在这张图中，幼鸟们满怀希望地向巢外探头看着。

棉凫 雌

（*Nettapus coromandelianus*）

悉尼·帕金森

1767 年，水彩画

257mm × 322mm

（10in × 12 ¾ in）

它的英文名称直译为“小棉鹅”，但三种棉凫都被归为鸭类，而不是鹅类或其他水禽类。一般说来，非洲的棉凫是所有鸭类中（实际上是所有水禽类中）体型最小的，不过帕金森此图中的这种棉凫稍微大一些。它过去被称为棉鸭，广泛分布于亚洲热带地区，也常出现在澳大利亚东北部的一些区域。

长嘴导颚雀

（*Hemignathus obscurus*）

威廉·埃利斯

1779 年，水彩画

203mm × 177mm

（8in × 7in）

和分布极其广泛的游隼不同，夏威夷蜜旋木雀家族中的这种小型成员现在已经灭绝了，它们最后的记录出现在 1940 年。和这个家族中的许多其他成员一样，它的消失可能来源于三重打击：森林采伐、如猪和山羊等引进哺乳动物造成的破坏，以及引进蚊虫带来的疾病。

游隼 亚成体（右页图）

（*Falco peregrinus*）

威廉·埃利斯

1779 年，水彩画

258mm × 195mm

（10 ¼ in × 7 ¾ in）

和第 52 页的长尾鸭，以及之后四页中他的画作一样，埃利斯在绘制这张栩栩如生的游隼（亚成体）画作时，正是库克第三次大航行中的官方画家，也是一位外科医生的搭档。A. M. 莱萨特博士将库克三次环球航行中所有的鸟类画作都进行了编目分类，据他所说游隼显然“是离开日本后飞到船上”的。

W: W: Ellis ad viv: delin: et p

白臀蜜雀　雄

（*Himatione sanguinea*）

威廉·埃利斯

1779 年，水彩画

252mm × 182mm

（10in × 7 ¼ in）

这种夏威夷蜜旋木雀比它的大多数亲属更幸运，它目前依然幸存，而这个家族中大半的种族都已消失在历史之中，其中许多种类是从埃利斯等人在库克的第三次航行中遇见它们起便开始消亡了。事实上，白臀蜜雀是这个不同寻常的家族中数量最丰富的种类，只不过它的栖息地几乎完全局限于山地森林中。

绿背玫瑰鹦鹉（右页图）

（*Platycercus caledonicus*）

威廉·埃利斯

1779 年，水彩画

238mm × 187mm

（9 ½ in × 7 ½ in）

埃利斯不仅在绘画鸟类羽毛时有着惊人的准确度，他对它们的解剖结构也同样把握精准，这从图中右上方所示的细致的头部草稿图中可以看出来。与其他七种名为玫瑰鹦鹉的澳洲小鹦鹉不同，绿背玫瑰鹦鹉仅存于塔斯马尼亚岛。

flaviventris,
W: Ellis ad vivum delin

红颈瓣蹼鹬　左雄右雌
（下图）
（*Phalaropus lobatus*）
威廉・埃利斯
约 1779 年，水彩画
155mm × 270mm
（6in × 10 ½ in）

下图中这些可爱的小涉禽凭借脚蹼在气候恶劣的海面上自在畅游。它们的觅食方式别具特色，是通过不停地旋转将小型无脊椎动物搅到海面上，而后灵敏地啄食。这些在极北方繁殖的鸟类还有一个不同寻常的特点——雌性的羽毛比雄性的更加亮丽，并且在求偶中占尽风头，最后离开雄性，让他独自孵化她的蛋并抚养后代。

凤头海雀（右页图）
（*Aethia cristatella*）
威廉・埃利斯
约 1779 年，水彩画
155mm × 260mm
（6in × 10 ¼ in）

右页图中这种外形奇特的鸟类是海鹦和已灭绝的大海雀的小型亲属，它生活在北太平洋的白令海域。埃利斯画作中的侧面图与俯视图都清晰地展现了那得意扬扬往前倾斜的冠羽，以及橙红色的鸟喙，后者在冬季会变成暗黄色。它的喙部非常适合舀取微小的浮游生物，它将把它们储存在一个特殊的喉囊中，带回去给它的孩子们。

W Ellis ad vivum
Alca cristatella

燕隼

（*Falco subbuteo*）

威廉·勒温

约 1789–1794 年，水粉画

218mm × 178mm

（8 ½ in × 7in）

威廉·勒温的父亲是一名英国博物学画家，他有三个儿子都是鸟类画家，威廉·勒温便是其中之一。勒温的作画风格大胆自信，这从两幅图中的发育未全的金雕和燕隼便可以看出来。燕隼是隼科中最优雅的成员之一，这种顶级飞行家能够在半空中用爪子捉住迅捷又警觉的蜻蜓、家燕、褐雨燕和其他飞行技能高超的猎物；它还常常在飞行途中敏捷地捕捉昆虫为食。图中的燕隼是一只亚成体，它没有覆盖腿部上方的红色羽毛（“羽裤”），这是成年燕隼的标志性特征。

金雕（左页图）

（*Aquila chrysaetos*）

威廉·勒温

约 1789–1794 年，水粉画

213mm × 175mm

（8 ½ in × 7in）

辉凤头鹦鹉
（*Calyptorhynchus lathami*）
乔治・雷珀
1789年，水彩画
495mm × 315mm
（19 ½ in × 12 ½ in）

这是黑凤头鹦鹉中最小的一种，并没有黑凤头鹦鹉那么常见。雷珀所绘的这只辉凤头鹦鹉是雌性，因为她头上有黄色斑点，且带暗纹的红色尾部嵌有黄色内羽。

黑凤头鹦鹉（左页图）
（*Calyptorhynchus funereus*）
乔治・雷珀
1789年，水彩画
480mm × 320mm
（19in × 12 ½ in）

乔治・雷珀的一张典型画作，他是皇家海军天狼星号上的一名船员，该舰搭载着罪犯和补给品，随舰队于1787年从英国前往澳大利亚，去寻找杰克逊港（今悉尼）的新流放殖民地。自然博物馆中保存着最大型的雷珀作品收藏系列，其中包括72张画作，除了其中10张外，其余画作都签有该画家的名字。图中的大型凤头鹦鹉是五种黑凤头鹦鹉之一，如今在悉尼仍能见到它们。

BIRD and FLOWER of PORT JACKSON Natural Size 1789

笑翠鸟

（*Dacelo novaeguineae*）

乔治・雷珀

1789 年，水彩画

495mm × 330mm

（19 ½ in × 13in）

它是翠鸟科最大型的成员之一，同时也是许多种杂食翠鸟之一——它很少吃鱼，种类丰富的食物清单中大多数是陆生猎物，从大型昆虫和小型蜥蜴到蛇类和幼鸟无所不包。和它的拉丁文种名无关，它并不出现在新几内亚，那是另外三种更小的笑翠鸟的家乡。

澳洲鹈鹕（左页图）

（*Pelecanus conspicillatus*）

乔治・雷珀

1789 年，水彩画

480mm × 330mm

（19in × 13in）

这张构图别致的画作向我们展现了澳大利亚唯一一种鹈鹕。在繁殖季节，它巨大的喉囊会暂时变成粉色、鲜红和暗蓝的求偶色。日光炎热的岛屿是这种鸟类钟爱的繁殖地，它会鼓动喉囊通过蒸发作用来降温。

豪岛秧鸡
（*Gallirallus sylvestris*）
乔治·雷珀
1790年，水彩画
495mm × 322mm
（19 ½ in × 12 ¾ in）

和豪勋爵岛上发现的另一种秧鸡——已灭绝的新不列颠紫水鸡（见第102页）一样，豪岛秧鸡并不会飞，因此易受人类及引进动物的伤害。这些动物破坏了秧鸡的栖息地，或是食用其成鸟、幼鸟或鸟卵。当雷珀造访这座岛屿时，它们还随处可见，但1853年它们已经退居至山顶，到了1930年，只有大约三十只豪岛秧鸡存活。目前，有效的管理及圈养繁殖使它们的种群数量超过了一百只。

鸸鹋（右页图）
（*Dromaius novaehollandiae*）
乔治·雷珀
1791年，水彩画
480mm × 318mm
（19in × 12 ½ in）

这种不会飞的大型鸟类对澳大利亚的早期移民者来说相当重要，他们捕杀它们以获取营养、牛肉般的美味鸟肉以及油脂，用鸸鹋的油脂点灯。他们还热切地收集它们巨大的鸟蛋，一个鸟巢里也许能找到十五个以上的卵。

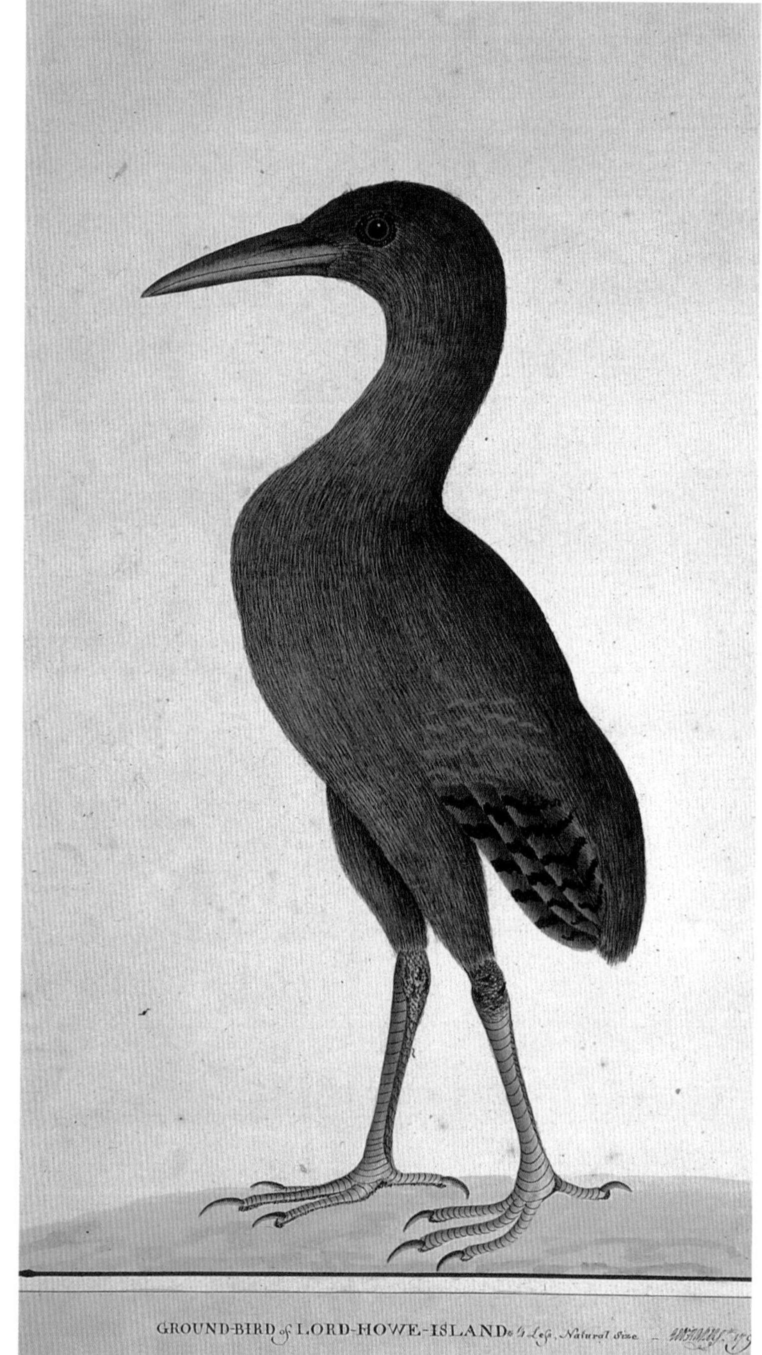

1
2

新不列颠紫水鸡

（*Porphyrio albus*）

杰克逊港画家

1797 年，水彩画

199mm × 175mm

（7 ¾ in × 7in）

这幅图别有趣味，它展现了一种现在已灭绝的鸟。秧鸡科的这种大型成员又被称为“豪岛紫水鸡”，它生活在离澳洲大陆东面 298 英里（480 公里）的豪勋爵岛上。在第一个人类访客踏上该岛后，它们便迅速消亡了。它们可能是从紫青水鸡进化而来的，后者有变异的白色种，或是部分羽毛为白色。

BRITISH MUSEUM
Z D
NATURAL HISTORY
Three stages of this Bird taken at Lord Howes Island
before it arrives to maturity
Three changes of the white Gallinule Latham Syn Supp^t 2. p. 327.

黑天鹅（右页图）

（*Cygnus atratus*）

杰克逊港画家

约 1792 年，水彩画

242mm × 192mm

（9 ½ in × 7 ½ in）

自然博物馆收藏有许多早期澳大利亚殖民地的画作，其中有许多签名为托马斯·沃特林的画作实际上是一名或多名（可能是三名）不知名画家所作，他们被统称为“杰克逊港画家”。图中是世界上唯一一种近乎全黑的天鹅，它只有飞羽是白色的。

Lambert Drawing I.68.
BRITISH MUSEUM
Z D
NATURAL HISTORY
Great headed Goatsucker
Latham Syn Supp^t ii.p. 262.

茶色蟆口鸱（左页图）
（*Podargus strigoides*）
杰克逊港画家
约 1788–1797 年，水彩画
275mm × 246mm
（10 ¾ in × 9 ¾ in）

鬃林鸭　雄
（上图）
（*Chenonetta jubata*）
杰克逊港画家
约 1788–1797 年，水彩画
203mm × 234mm
（8in × 9 ¼ in）

澳洲各种不同寻常的鸟类让早期殖民者惊奇不已，其中包括黑色的天鹅和鹦鹉，以及左页图中这只样貌奇异的“夜鹰”。他们自己家乡的欧夜鹰也有相同的名字。作为南亚及澳洲的蟆口鸱科一员，茶色蟆口鸱的喙部比夜鹰的更宽大，以便从地面或枝条上啄取小动物。上图中的鬃林鸭又名澳洲林鸭，它进化出了在开阔的林地、湿地及农田中食草的生活方式。殖民伊始，水坝的建立和农业耕作便使这种鸟受益匪浅。画中是一只雄性，雌性头部的褐色较浅，双眼上下方都有淡色的条纹。

绿喉蜂虎（上图）
（*Merops orientalis*）
彼得·科内利斯·德·毕维尔
约 1754–1757 年，水彩画
246mm × 382mm
（9 ¾ in × 15in）

许多早期鸟类画家都试图描绘鸟类飞行的姿态，但他们的成果往往非常不自然，图中这只美丽的鸟儿就是一个典型范例。忽略这一点，毕维尔的这张图依然拥有他惯常的细腻感性。

寿带　雄（右页图）
（*Terpsiphone paradisi*）
彼得·科内利斯·德·毕维尔
约 1752–1757 年，水彩画
382mm × 251mm
（15in × 10in）

这幅图的细致与和谐是毕维尔作品的一贯风格。寿带的雌性和幼鸟并没有雄性这令人惊艳的长尾羽，它们的背部和翅膀是栗色的。斯里兰卡的雄性寿带则从未出现过其他种类寿带那近乎全白的羽毛。

棕胸佛法僧（上图）
（*Coracias benghalensis*）
彼得·科内利斯·德·毕维尔
约 1754–1757 年，水彩画
248mm × 385mm
（9 ¾ in × 15 ¼ in）

图中的鸟儿是又一种色彩艳丽的亚洲鸟类，它这样优美地躺在一个树桩上，表明毕维尔见过它刚刚被杀死的样子。比起根据剥皮标本或填充标本来重现鸟类活着的样子，凭借这样的标本描绘要更有优势，不过为这样的作画对象注入生气依然需要想象力——而毕维尔在这方面常常能取得骄人的成绩。

戴胜（左页图）
（*Upupa epops*）
彼得·科内利斯·德·毕维尔
约 1754–1757 年，水彩画
246mm × 381mm
（9 ¾ in × 15in）

戴胜被归为独立的一科，这种与众不同的鸟类极其广泛地分布在旧大陆的温暖区域，不过它从未出现在东南亚岛屿或澳大利亚。它的俗名和属名“*Upupa*”指的是雄性可爱柔和又悠远的“呼呼”声，在春季繁殖季节的初期，它将长时间如此鸣叫。

噪鹃 雌

（*Eudynamys scolopacea*）

彼得·科内利斯·德·毕维尔

约 1754−1757 年，水彩画

214mm × 350mm

（8 ½ in × 13 ¾ in）

毕维尔看见这种斯里兰卡常见鸟类的频繁程度，应该等同于他听见它鸣声的频繁程度，因为它是该地区所有鸟类在繁殖季节中最吵的一种。雄鸟的鸣声总是单调地重复着尖锐的“扣尔”，音高渐增，直至令人牙颤，如此循环往复整日都不间断，而且常常持续到夜里。杜鹃科有一些种类将自己的卵产在其他鸟类的巢中，让后者为它们抚养后代，噪鹃便是其中之一。雌噪鹃选择冠鸦或丛林鸦为其代育。

褐渔鸮

（*Ketupa zeylonensis*）

彼得·科内利斯·德·毕维尔

约 1754–1757 年，水彩画

350mm × 214mm

（13 ¾ in × 8 ½ in）

这只看上去十分阴郁的鸟是几种专食鱼类的猫头鹰之一。和另外几种不同的是，褐渔鸮的腿上没有羽毛——该适应性是为了避免沾染鱼鳞和黏液。除了鱼类，这种鸟的猎物还包括青蛙、螃蟹、小型哺乳动物、鸟类和爬行类。它的种名“*zeylonensis*”意指孤独，但它的分布地遍及从以色列至中国东南部的广大地区。

绯红背啄木鸟（左页图）

（*Chrysocolaptes stricklandi*）

彼得·科内利斯·德·毕维尔

约 1754–1757 年，水彩画

350mm × 214mm

（13 ¾ in × 8 ½ in）

这只令人惊艳的南亚啄木鸟是斯里兰卡物种，毕维尔在此描绘的是一只雌性。它名字的由来主要是因为那深红色的双翼。绯红背啄木鸟广泛分布于各种较为开阔的林地，有时极其温驯亲人。

绿喉蜂虎（上图）
（*Merops orientalis*）
无名氏
易恩培收藏
约 1780 年，水彩画
297mm × 483mm
（11 ¾ in × 19in）

黑头黄鹂　雄
（右页图）
（*Oriolus xanthornus*）
谢赫・宰恩尔丁
约 1780 年，水彩画
345mm × 486mm
（13 ½ in × 19 ½ in）

易恩培女士收藏的这两幅画作明显地展示了莫卧儿帝国传统微型画的风格，她所雇佣的画家都是在那里受训的。在她带着这些画作从孟加拉返回英国后，约翰・莱瑟姆曾检验过它们，并根据其中一些作品来描述新种鸟类。莱瑟姆的这一举动使这些画作拥有了重要的科学意义，它们胜过该种鸟类的普通剥皮标本，由此成为相关物种的模式标本（首次科学描述所凭借的标本）。

燕鸥属物种（上图）
（*Sternidae* sp.）
谢赫·宰恩尔丁
1781 年，水彩画
614mm × 845mm
（24 ¼ in × 33 ¼ in）

1777 年，玛丽·易恩培女士前往印度和她丈夫以利亚·易恩培爵士会合，后者从 1774 年至 1783 年担任加尔各答最高法院的首席法官。她在这里建立了一个亚洲鸟类与哺乳动物的大型动物园，当时的西方学界对其中许多物种还一无所知。幸运的是，易恩培女士聘请印度画家为这些生物绘制水彩写生。燕鸥类有蹼足，图中这只鸟类可能在被囚过程中因病失去了脚蹼。

美洲绿鹭（右页图）
（*Butorides virescens*）
威廉·巴特拉姆
1774 年，钢笔、墨水及水彩
377mm × 245mm
（14 ¾ in × 9 ¾ in）

巴特拉姆的画作总是生气勃勃，就如图中这只美洲绿鹭，它正耐心地等待着，准备用它的长颈向猎物发动雷霆一击。如果耐心的站立或潜行失败，这只美国大部分地区常见的湿地鸟类将会搅动泥泞或水生植物，意图赶出藏在其中的猎物。

Fig 1.
2.

刺歌雀

（*Dolichonyx oryzivorus*）

威廉・巴特拉姆

1774/1775 年，钢笔、墨水及水彩

256mm × 202mm

（10in × 8in）

这种小鸟的英文名是“Bobolink”，这个古怪的名字是取音于其雄性响亮叠连的鸣声中的某一段。过去，在它南迁并长期停留在南美，尤其是停留在阿根廷的期间，农夫们因这种鸟类掠夺稻米等谷物而将它们大量杀灭。它还有一个名字是食米鸟，而种名“*oryzivorus*”也指的是“食用稻米”。巴特拉姆也在图中暗示了这一习性：他让鸟儿停在了稻秆上。他时常在画作中加入其他动物，比如此图中的树娃和鼠蛇。

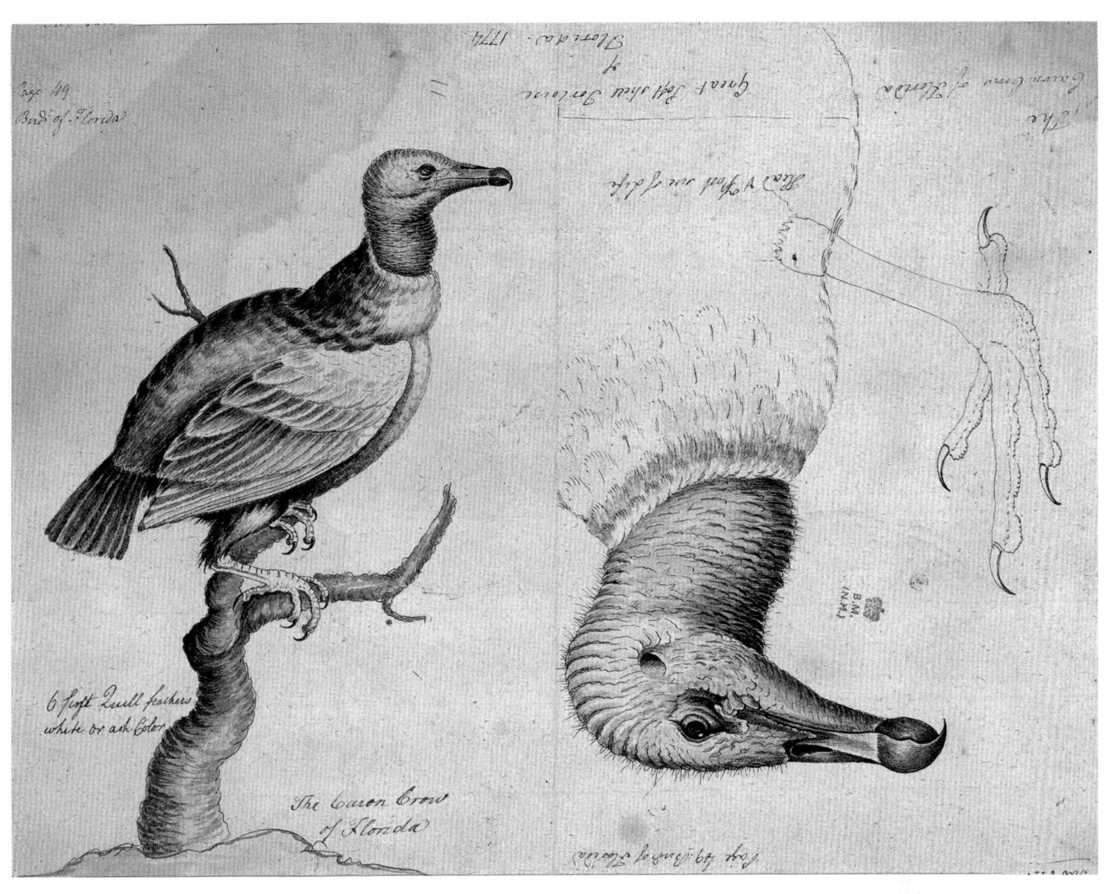

黑头美洲鹫

（*Coragyps atratus*）

威廉·巴特拉姆

1774年，钢笔、墨水及水彩

242mm × 319mm

（10in × 12 ½ in）

巴特拉姆曾提及它的美国名字“腐食鸦”，但这种新大陆秃鹫和鸦类没有任何关系。将此图与约翰·莱瑟姆所绘的画作（见第70页）相比较，是件有趣的事。

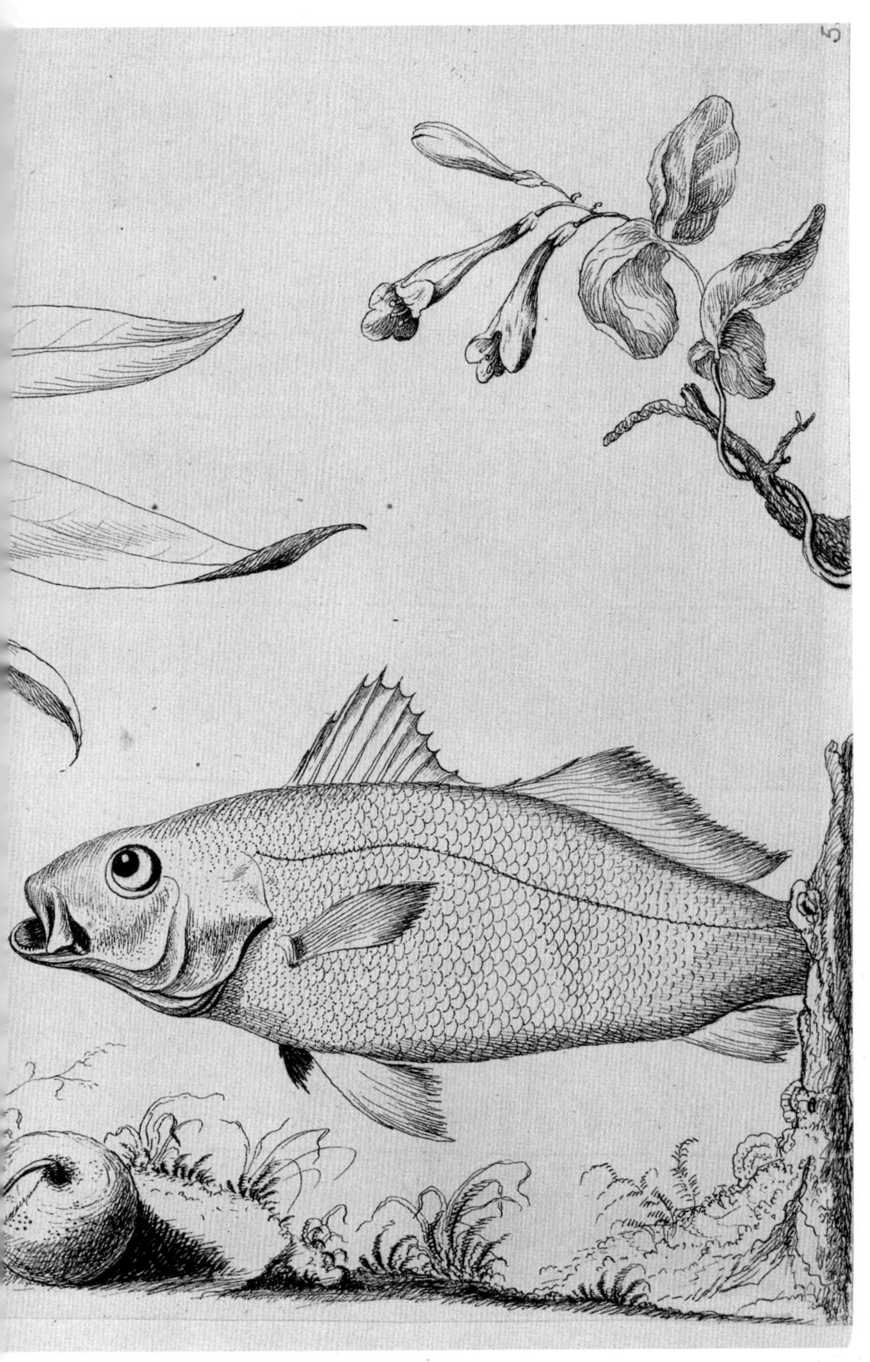

主红雀

（*Cardinalis cardinalis*）

威廉·巴特拉姆

1772 年，钢笔墨水画

181mm × 304mm

（7 ¼ in × 12in）

这张画作中的组合很古怪：一只鸟、一种灌木和一只鱼，最后这只鱼仿佛是在空气中畅游。北美东部的殖民者应该和现代人一样熟悉这种鸟，它在该地是喂鸟器的常客。巴特拉姆提及它时称之为“北美红鸟”或“红麻雀”，它当时还有一个更广为人知的名字——“弗吉尼亚夜莺”。但它既不是麻雀也不是夜莺，作为主红雀属的一员，它与唐纳雀和鹀类的亲缘关系最近。图中的灌木是美洲木樨（*Osmanthus americanus*），它的花朵芳香浓郁；那条在空中游泳的鱼是细须石首鱼（*Micropogonias undulatus*）。

Chapter Two

1800-1850

第二章
从奥杜邦到初代平版印刷匠

1800-1850

1810年初，亚历山大·威尔逊动身前去为他的《美国鸟类学》收集新种鸟类并寻找资助者，这只是他人生中多次旅程之一。他造访过许多地方推销他的作品，其中一处就是路易斯维尔。他于3月份抵达此处，很快就听说附近住着一位开绘画课的零售商。威尔逊觉得自己很有可能使此人对订购他的作品产生兴趣，便决定要去拜访对方，但他不知道，这位零售商——约翰·詹姆斯·奥杜邦（1785–1851年）——本人就是一位在技巧上远胜威尔逊的鸟类画家，并且他注定将成为史上最著名的鸟类画家。

奥杜邦审阅了这位访客在他面前展开的两卷作品，并表达了对它们的认可。根据奥杜邦的日记，他当时差点就同意了访客的请求，已经拿起钢笔准备签署订购，但就在此时，一位在场的朋友兼合作伙伴

PLATE I
Drawn by J.J. Audubon F.R.S.E. F.L.S. M.W.S.
Great American Cock Male
Engraved by W.H.Lizars Edin'
Retouched by R.Havell Jun' London 1829

费迪南德·罗齐尔用法语询问奥杜邦他为什么要签字，还说他的作品以及对鸟类的认识远远优于威尔逊。奥杜邦后来在他的日记中写道：“虚荣心与我朋友的赞美阻止了我的签字。”这突然的逆转让威尔逊大受打击，他问奥杜邦是否有自己关于美国鸟类的作品，而当奥杜邦将挑选出来的华美画作拿给他看时，他因为画作的主人居然没打算过要出版它们而感到十分惊讶。

从新奥尔良回到费城后，威尔逊为已出版的两卷本《美国鸟类学》又增添了四卷，他在短短两年里完成了这份工作。他原本希望这部著作由十卷构成，不过最后还是决定把这个数字减到九，他还减少了自己搜罗标本的旅行，夜以继日地加快出版过程。值得赞赏的是，威尔逊在因痢疾去世前尽力完成了除最后一卷外的全部内容。1813 年，47 岁的他英年早逝。这位苏格兰人将著作留在身后，由他的朋友——富裕的博物学家乔治·奥德（1781–1866 年）来校订第八卷并编写第九卷。作为威尔逊的遗稿保管人兼崇拜者，乔治·奥德无时无刻地在寻找机会用文字攻击奥杜邦，以拥护威尔逊的事业。奥德终生都致力于刺激奥杜邦，他还拥有古怪的约克郡博物学家斯奎尔·乔治·沃特顿（1782–1865 年）的支持，沃特顿从大西洋对岸的英国发声指责，但是奥杜邦明智地拒绝予以回应。

1785 年 4 月 26 日，约翰·詹姆斯·奥杜邦在伊斯帕尼奥拉岛出生，法国殖民者将它称为圣多明戈（如今的海地）。他是法国人让·奥杜邦的私生子，让是一位前海军上校，因为糖酒贸易、种植和奴隶交易而变得非常富有，也早已与一位克里奥尔女人生了两个私生女。他的母亲让娜·拉宾是为该岛一个法国家庭工作的法国女仆，在他刚刚六个月大时，她便因热病去世了，此时他的名字是让·拉宾。1788 年 8 月，他父亲带着 3 岁大的他一起返回法国同住，同行的还有他的一位同父异母姐姐罗斯。奥杜邦与他

火鸡　雄
（*Meleagris gallopavo*）
约翰·詹姆斯·奥杜邦
1829 年，手工上色凹版腐蚀版画
970mm × 656mm
（38 ¼ in × 25 ¾ in）

左页图是奥杜邦为他的著作《美国鸟类》开篇选用的首张版画，它很适合这位移居美国的人，要知道火鸡是美国国家象征的主要竞争者，只不过它最终还是输给了白头海雕。作为奥杜邦最知名的插画之一，图中这只漂亮的雄火鸡正停步回头望向空中，搜寻危险的迹象。鉴于画中背景是一丛甘蔗，作者可能是在路易斯安那州的西费利西那教区创作了原画。在《鸟类生活史》附文的卷首语中，奥杜邦提及这只威风凛凛的鸟，称它“大且美”。

们，以及他父亲富裕且显然极其善解人意的妻子安妮·莫伊内特一起住在库埃龙的家中，此处位于布列塔尼省南斯市的西边几英里。

第二年，就在他4周岁生日之前，他的父母正式领养了他。如今他名为让·雅克·富吉尔·奥杜邦，他的父亲加入了法国海军，成为一名中尉，此后便大多数时候不在家。那时大都是他的养母在照顾他，把他宠坏了。他逃避上学，更乐意在田野里游荡，观察自然界、收集鸟蛋、鸟巢和花朵。他也接受不同科目的家教，其中包括剑术、舞蹈和绘画。1796年，11岁的他被送到罗什福尔的一个海军训练机构，那里位于南斯市南边约一百英里处，他在那里度过了四年时光。

到了1803年夏季，他18岁了，他的父亲把他送往美国去学习英语并管理农场，那个农场是他父亲14年前未经考察就投资买下的，位于费城附近的米尔格罗夫。此时他又有了一个将伴随他终生的新名字——约翰·詹姆斯·拉佛雷斯·奥杜邦。他对英国人持保留意见——养大他的父亲是一位支持拿破仑的狂热分子，他学会了轻视并怀疑英国人——尽管如此，奥杜邦还是与露西·贝克韦尔订婚了，她的父母是英国人，拥有的产业就在米尔格罗夫隔壁。

1805年，奥杜邦决定返回法国，他希望能说服父亲不要反对他与露西结婚。他在法国停留了一年，并在那里完成了自己最早一批依然存世的鸟类学画作：典型欧洲鸟类的铅笔与粉蜡画作，例如银喉长尾山雀和欧金翅雀。从这些作品中，我们几乎无法预见奥杜邦将来的绘画技艺：它们是呆板的模式图，更类似于当代大多数其他鸟类画家的作品。1806年4月，奥杜邦乘船回到美国，同行的还有费迪南德·罗齐尔，这是他父亲为他选择的合作伙伴。

两个年轻人并没有定下心来管理农场的事务，反而开始过上了无忧无虑的生活。他们打猎、钓鱼、探险，奥杜邦大部分时间里都在观察并收集鸟类，在纸上填满素描和笔记。在农场经营失败之后，他们分批卖掉了土地，而后从事文书的职业，直至决定去肯塔基州碰碰运气。1807年9月，他们抵达俄亥俄州的路易斯维尔，买下了这家即将与威尔逊碰面的杂货店。1808年春，奥杜邦返回费城，于4月5日迎娶了露西，而后这对夫妇一起回到了路易斯维尔。

奥杜邦的心思依然不在他的生意上，过了两年出头的时间，他和罗齐尔决定再次出发，去别处碰运气。他们在小殖民点亨德森开了另一家店，那里位于路易斯维尔西面约 120 英里（193 公里）。1810 年 12 月，奥杜邦在罗齐尔的陪同下离开了店铺，带着一船火药和威士忌沿俄亥俄河和密西西比河南下，前往圣吉纳维夫殖民点。罗齐尔发现这个到处都是法国人的边防站很合他的意，便决定留在此地。1811 年 4 月，他和奥杜邦决定解除两人之间毫无价值的合作关系。

奥杜邦的坏运气不仅仅表现在他的商业冒险上。1812 年，美国向英国宣战，奥杜邦在这一年成为了美国公民，他的艺术生涯频繁遭受暂时性的挫折，这简直就成了他跌宕人生的一大特色。在他的某次旅行中，他将他累积的所有鸟类画作装在一个木盒子里，托付给了一名亲戚，那里面至少有 200 张画。他回来时惊骇地发现，近乎 1000 只鸟类的画像全都被老鼠撕碎，筑了一个舒适的窝。他对此的反应体现出了性格中的坚强，以及看待事物的乐观。他在日记中写道："我的脑海中瞬间燃烧成了一片，那灼热令人无法忍受……我没睡几个晚上……后来我就拿起了我的枪、笔记本和铅笔，走进了森林里，就好像什么也没有发生过一样愉快。我现在大概能画得比以前更好了，这让我很高兴……"

1819 年，奥杜邦因欠债被捕，并被短暂拘留，他宣告破产后才被放了出来。这是他职业生涯的一个重要转折点：他放弃了商业上无谓的尝试，决定一门心思投入到创作关于所有美国鸟类的最优秀书籍的雄图伟业中。1820 年他来到辛辛那提，作为标本剥制师和布景画师在西方博物馆工作，露西和两个儿子也很快来到他身边。

1820 年 10 月，他为了增加美国鸟类的收藏再次远征，乘坐一艘平底船沿俄亥俄河顺流而下，同行的有他的狗戴什和他的天才弟子约瑟夫·曼森，后者是一位 18 岁的植物学家兼画家。两人在船上工作以支付船资，这是他首次专程寻找鸟类的旅行。这个时候的美国国境就是密西西比河，向西去的区域实质上尚未标志，且往往遍地是充满敌意的印第安部落，道路很少，到处都覆盖着大片的原始森林。奥杜邦靠河运和双脚丈量了成千上万英里的土地。

艰苦与厄运总是尾随着他，但他以令人钦佩的坚毅克服了这些挫折。不过值得怀疑的是，如果没有他妻子露西坚持不懈的帮助，他是否还能够获得这样的成就。

在他长期离家的状态下，她是家中的中流砥柱，她担任教师以持续不断地支持他，并供养了两个儿子——1809年出生的维克多·吉福德和三年后出生的约翰·伍德豪斯。她还负责处理信件，辛辛苦苦地手抄奥杜邦的作品，并数次加入他的搜寻之旅，有时还帮他收集用以绘画的鸟类与植物。甚至两个孩子都在幼小的年龄便学会协助父母，好达成他们创作全世界历史上最漂亮鸟类书籍的目标。

1824年，奥杜邦前往费城，去寻找并游说可以帮助他出版作品的显赫人物。但是其中存在许多不利因素：这项事业的花销太大；年轻又有才华的查尔斯·波拿巴（拿破仑皇帝的侄子）正在筹备威尔逊《美国鸟类学》的续篇；学界给予一位新人的普遍冷遇，包括乔治·奥德彻头彻尾的敌意。结果，奥杜邦没能找到任何一位资助人，而波拿巴等人则劝说他去英国或法国试试运气。

为了攒出前往欧洲的旅费，奥杜邦努力工作了一年多，他教授法语、音乐、舞蹈和绘画，而露西将她担任教师和家教所积攒下来的钱都给了他，这是一大笔资金。1826年，41岁的奥杜邦乘船前往利物浦，身上带着几封面向英国学会重要人士的推荐信。他在利物浦遇到了史坦利勋爵，这位国会议员也是一名热忱的业余博物学家，拥有鸟类等动物的大型收藏，之后他将成为奥杜邦未来作品的资助者之一。

奥杜邦一路前往爱丁堡，去寻找一位能够完美呈现他无数精美画作的印刷商，以及可以为他带来知名度的显贵。在与本城著名博物学家的会晤中，奥杜邦被引见给了威廉·霍姆·利扎斯（1788–1859年），后者是当时爱丁堡首屈一指的雕版师。两人一见如故，利扎斯对这位美国人的画作满腔赞赏，同意加工他呕心沥血的杰作。幸运的是，奥杜邦是一个很懂得展示并推销自己的人，他充分利用了自己的天然资源。这包括他不凡的相貌、栗色的齐肩长发（他用熊脂将它们抹得闪闪发亮），还有不同寻常的装束——黑色的长大衣，或流苏鹿皮夹克和布袋裤。一位聪明人评价他的装束，说制作它的一定是一位蛮荒西部的裁缝，而非伦敦西区的裁缝。所有这一切都促使他成为所到之处的议论焦点。为了让自己的形象更富戏剧性，奥杜邦用一个巨大沉重的公文包装上自己的画作，扛在肩膀上。

他在利物浦、曼彻斯特、爱丁堡，后来又在伦敦展出他的画作，除此之外，他

卵：

1. 欧歌鸫（*Turdus Philomelos*）
2. 戴菊（*Regulus regulus*）
3. 家燕（*Hirundo rustica*）
4. 鹪鹩（*Troglodytes troglodytes*）
5. 松鸦（*Garrulus glandarius*）
6. 普通翠鸟（*Alcedo atthis*）

詹姆斯·霍普·斯图尔特

约 1835 年，水彩画

106mm × 172mm

（4 ½ in × 6 ¾ in）

这位才华横溢的苏格兰博物画家创作过许多鸟类、哺乳动物、鱼类和昆虫的水彩插画。他的邻居威廉·贾丁爵士出版过一系列迷人的小册子，题为《博物学家的图书馆》，其中许多鸟类画作都来自斯图尔特。他还有一些鸟类画作用在了贾丁和塞尔比的《鸟类学插画》中。该图展示了一些英国常见鸟类的卵。斯图尔特是一位业余爱好者，他是一座 2000 英亩庄园的管理者和农场主，只在空闲时间进行艺术创作。

紫崖燕

（*Progne subis*）

约翰·詹姆斯·奥杜邦

约 1827–1830 年，手工上色凹版腐蚀版画

658mm × 525mm

（26in × 20 ¾ in）

右页图中是两对在美国最受欢迎的鸟类，它们栖息在自己的巢边，这两个空心葫芦挂在树上便是为了吸引它们筑巢。这种习性由来已久，最早的记录来自印第安土著以及南方种植园的奴隶。北美东部地区的少数紫崖燕使用树上或悬崖等地的天然巢洞，西部地区的紫崖燕则截然不同。如今，大多数紫崖燕都居住在人类提供的“紫崖燕屋”里，这些特别的鸟巢往往是混居的。奥杜邦和许多现代人一样，在每个春天都会迎接这些候鸟的回归。

酒宴不断，并受邀在科学界和其他社交界的聚会上演讲。人们很快就知道了这位“美国樵夫”，他画在纸面上的穿越美国荒野搜寻鸟类的冒险记录令他们震撼不已。奥杜邦对热情的听众们叙述的许多丰功伟绩都是真实的，比如遭遇美国印第安土著的故事，又或是从地震中险死还生的事迹。但是他总是忍不住要修饰其中一部分，有时则完全是在瞎编。和所有倾向于夸大其词的人一样，很难说他是在故意重复谎言，还是逐渐相信了自己编的美梦。这些故事从他出生的细节开始，他有时称自己父亲在海地的第一任妻子实际上是他的母亲，那是一位美丽的西班牙克里奥尔女人；他还将父亲的形象从中尉拔高到了法国海军上将。还有一次，他拒绝平息一个谣言，谣言暗示他实际上是传说中的法国皇太子，路易十六和玛丽·安托瓦内特丢失的儿子。

1826 年 11 月，奥杜邦签署了一份与利扎斯合作的合同，在次年 4 月初离开了爱丁堡，于 5 月抵达伦敦。与此同时，爱丁堡的利扎斯仅仅只完成了十张版画，1827 年 6 月，奥杜邦接到他的来信，称他的着色师们都罢工了，因此他无法加工已完成的版画，他建议奥杜邦在伦敦再找一家印刷公司来完成上色工作。非常幸运的是，奥杜邦在仅仅三天后便找到了哈弗尔公司——罗伯特·哈弗尔（1769–1832 年）和他的儿子小罗伯特（1793–1878 年）的合作企业。他们同意重新加工利扎斯的十张版画，并接手剩下的工作。

和利扎斯一样，哈弗尔公司使用腐蚀凹版来印刷版画。这种印刷方法能确保完工的版画和奥杜邦的原画一样精美，罗伯特·哈弗尔对某些部分的改进甚至使它们变得更出色。细致的最终上色是由老哈弗尔精心负责的，但是负责冲洗的助手们对待工作却并非始终如一。一些订购了次品的客户开始抱怨，有人甚至在版画间发现了一片牛肉，那估计是某人的餐点。当订阅者将这

样的版画退还回来，好洗掉颜色重新加工时，奥杜邦必然要付出高昂的代价。在老哈弗尔退休，他的儿子罗伯特完全继承这项工作之后，事情终于有了显著的改善。他是位顶级手艺人，并且周密地监督着助手们的工作，不仅如此，当计划不可避免地受挫时，他冷静沉着的个性总是能压住奥杜邦的暴脾气。他的技艺，以及对奥杜邦希望达成工作质量的理解，还有他对计划可行性的坚信不疑，都在将奥杜邦的梦想转为现实的过程中起到了主要的推动作用。

随着时间的推移与工作压力的累积，奥杜邦将越来越多的细致画作安稳地留在哈弗尔灵巧的手中。这位画家常常给他的鸟儿配备粗糙的铅笔背景草图，让哈弗尔去为它们解译，并将它们加工成美妙的成品。生产压力还促成他们使用了拼贴画，在这个时代的鸟类画作中，这种手法非常罕见。比如说：奥杜邦或他的助手们会将一张改进的画作贴在较早的版本上，又或是贴上一只漏掉的雄鸟或雌鸟。在一个少见的妥协范例中，奥杜邦意识到他的订阅客户将无法为他发现的新鸟类负担更多的版画花费，于是他被迫将许多种鸟类挤在同一张画中。

最终，每本《美国鸟类》中都有435张巨大的彩色版画，从开篇的一只巨大且高傲的雄性野火鸡，到最后一对小巧圆胖的美洲河乌，总共有代表491个种类的1065只鸟类画像。哈弗尔公司总计为175–200本完整的，以及120本左右不完整的《美国鸟类》加工了约有10万张手工着色版画。他们动用了50位着色师手工完成这些版画，这份浩大的工程耗费了11年的时间，最后一张版画于1838年6月20日印刷出品。在这漫长的印刷过程中，奥杜邦三次返回美国以获得更多的鸟类标本、创作新的画作，并在名单上继续增加订阅客户。

奥杜邦的画作从艺术上说是无与伦比的，但从鸟类学而言，它们有一些严重的局限性。这在一定程度上和他惯常的非写生画法有关——他常常标榜这一点，他描绘的总是他刚刚杀死的鸟类。他将标本钉在一块准备好的木板上，这块木板上放了格栅，形成了许多小方块的网格状。而他的画纸上也有相似的方块，这样他就能准确地描绘那只动物的正确比例。比起原来使用填充不善的标本，这种方法可以算是一种改进。它使奥杜邦能将这只鸟摆出夸张的造型，这在艺术层面上很令人兴奋，但有时完全不符合真实。无论如何，说句公道话，通过调整颈部角度或抬高头部、提起或扭转翅膀或尾部，奥杜邦能展现出鸟儿全身的羽毛区域，及其标志性特征。

后来的鸟类学家在观看奥杜邦的作品时，常常指责他缺少科学素养，认为他是位失准的观察家，并指出他画作中的错误以支持他们的观点。批评他的人曾抓住的一个错误是他的“华盛顿之鸟”。他以为他发现了猛禽的一个新物种，骄傲地用美国首任总统的名字为它命名，但事实证明那只是一只白头海雕的亚成体。他还犯了其他一些错误，其中包括将沙丘鹤错认成美洲鹤的幼鸟，后者比前者珍稀许多。

不管怎样，尽管奥杜邦对鸟类学科没有做出很大的贡献，但他对野生鸟类行为的观察往往很敏锐，并将他的大部分观察结果都画进了画纸。他发明了早期版本的鸟类环志，是首批进行关于动物归巢能力实验的美国博物学家之一。他选了一窝东绿霸鹟，将“一圈细银丝”戴在每只雏鸟的腿上，“不会紧到伤害身体，但也足够紧到它们完全无法移除它”。第二年，他找到两只被环志的鸟，现在它们是成鸟了，在出生地的附近筑了巢。他还长期仔细地观察这种鸟类，推断它只在夜里迁徙。

评论家们在奥杜邦去世很久后常常指责他乐于杀死他声称热爱的鸟类。事实上，他给某位朋友写信时说过的一句话常常被引用："你得明白，如果我每天射杀的鸟不到一百只，那我就得说鸟儿真少。"美国博物学家艾温·威·蒂尔是奥杜邦的传记作者之一，他拿这事直愣愣地开了个玩笑，说："鸟儿眼中最恐怖的事可能就是看到约翰·詹姆斯·奥杜邦正在走近。"但是，在双筒望远镜——更不用说照相机和长焦镜头——面世之前，这是所有鸟类学家都得面对的事实。奥杜邦不像许多更富裕的收藏家，他时常缺钱缺食物，他杀死的许多鸟都被他吃掉了。不过，随着时间的推移，他作为猎人及画家对猎杀的兴趣慢慢减退，他开始关心对鸟类和其他野生生物的恣意杀害，他的作品中也开始批评对林地等栖息地的采伐，以及对鸟类及鸟卵的侵害。

奥杜邦精心描绘了许多种类，其中有一些如今已经令人遗憾地灭绝了：他对它们羽毛的准确绘制为它们昔日的荣光留下了令人心酸的记录，它们同时也很有科学价值。一个著名的例子是他常常被复制并设计构图华丽的画作：一群总共七只的卡罗来纳长尾鹦鹉，可能是他于 1825 年在路易斯安那所画。这种漂亮的小鸟是在北美繁殖的唯一一种本土鹦鹉，它们曾经很常见，但是到了 19 世纪中期，大规模的屠杀使这种鸟儿变得极其罕见，这主要是因为它们钟爱果园的果实。1918 年 2 月 21 日，最后一只笼养的卡罗来纳长尾鹦鹉死于俄亥俄州辛辛那提动物园，而 1920 年之后再无野生记录。

奥杜邦的作品里还有另一种在不到一个世纪里就被抹杀殆尽的迷人鸟类，它是美国鸟类纯因人类贪欲灭亡之种类的终极象征。北美旅鸽也许曾是全世界鸟类中数量最多的，它们曾经成群徘徊在美国东部地区，搜寻食物或繁殖区，数量之多以至于真正达到了铺天盖地的程度。据可靠的观察记录称，有一些鸟群每群的数量都不下于二十亿只。当这些庞大的群体停歇在树上时，树枝都因它们的重量而折断。奥杜邦在他的日记中记录了 1813 年他在俄亥俄河谷所见到的一群旅鸽："空中真的到处都是鸽子，午时的天光就仿佛被日食遮蔽……鸽子们仍然在源源不断地飞过，这种状况一直持续了三天。"

在超过五十年的时间里，成千上万的旅鸽被职业及业余的猎手屠杀，还有许多被火车运往各大城市的食品市场。和其他一些珍稀鸟类一样，人们认为北美旅鸽的

No 6 PLATE 26

Carolina Parrot, Males 1 F 2 Young 3

PSITACUS CAROLINENSIS,

Plant Vulgo. Cuckle Burr.

Drawn from Nature & Published by John J. Audubon, F.R.S.E. M.W.S.

Engraved, Printed, & Coloured by R. Havell & Son, London

厄运也许早已注定，哪怕它们当时依然数量不少。大规模的屠杀导致那些庞大的群体变得稀稀落落，而残余的鸟群数量太少，以至于无法成功繁殖。1910 年夏末，仅剩一只旅鸽被笼养于辛辛那提动物园，它的名字叫玛莎。1914 年 9 月 1 日它死了，这是世上最后一只旅鸽。

还有一种因奥杜邦而知名，但如今大概已永远消失的鸟类，它是奥杜邦绘于 1833 年秋季的黑胸虫森莺。当时，它在本地可能还很常有，不过这种鸟很胆怯，并且难寻踪迹，它们总是生活在季节性涨潮沼泽森林的浓密竹丛中——后者是美国东南部本土的一种巨型竹子。事实上奥杜邦从未见过这种可爱小鸣禽的活体，他的画作模特是一位密友所收集的剥皮标本。这位密友是路德教会牧师及天才业余博物学家约翰·巴赫曼博士，他在奥杜邦为之作画的前一年发现并科学性地描述了这种鸟类。这种鸟的雌雄性在奥杜邦笔下都比他画的大多数鸟要更僵硬呆板，这说明除了根据死尸作画外，观察在生的鸟类和速写刚刚死去的标本对奥杜邦来说是多么重要的补充。20 世纪初森林栖息地的消失很快就严重影响了黑胸虫森莺。1920 年它在大部分栖息地中已变得极其罕见，十年之后它在记录上仅存少量个数，最后一次无可争议的目击报告来记录了 1962 年一只鸣唱中的雄性。

奥杜邦描绘鸟类的方法代表着一个重大的飞跃。相比于之前的鸟类画家所画的许多静态影像，奥杜邦笔下的鸟儿充满了生命力：他的鹰、鹗、雕朝猎物呼啸而下，或将猎物撕成碎片；鸣禽伸着脖子采摘莓果或抓取蝴蝶；其他鸟儿也总是在展翅、整羽、战斗或鸣唱。奥杜邦天赋的主要表现不仅在于能让绘画主体成为醒目的焦点，同时他的画中还包括植物和鸟儿的猎物，它们和鸟类主体一样被刻画得优美动人，这就使得整个构图成为一个令人惊艳的整体。画作的背景同样是精心设计的，它们往往具体地体

卡罗来纳长尾鹦鹉
（*Conuropsis carolinensis*）
约翰·詹姆斯·奥杜邦
约 1827–1830 年，手工上色凹版腐蚀版画
853mm × 600mm
（33 ½ in × 23 ½ in）

左页这张色彩明丽的画作是奥杜邦最精彩的作品之一，在这生命力焕发的图景中，鸟儿们正在食用苍耳长刺果实中的种子。这些美丽的小鹦鹉是美国唯一一种本土鹦鹉，它们在美国东部曾数量繁多，但因为各种原因遭到人类的大肆加害，比如它们的食用性、羽毛、它们对农业的害处，以及笼养用途。使它们受到冲击的原因还包括森林开采，以及引进蜂群在巢穴选址上的竞争。它们的最后一只野生标本于 1904 年被射杀，最后一只笼养个体于 1918 年死亡。

现了图中鸟儿的典型生境，比如他笔下雪鹭的背景，那是卡罗来纳州的水稻田；还有王秧鸡的沼泽地，或正游泳的刀嘴海雀背后多岩的海岸。

在奥杜邦的一张金雕图中，它从一处山巅飞向空中，爪中牢牢地抓着它的猎物——一只北美野兔，而不同寻常的是，画中有一个人像。在这张生动的画作的左下角，画家以相当浪漫主义的风格画了一位猎人——很可能是想让他代表画家本人。一株落木横倒在一处险要的峡谷上，猎人跨坐在树上，一边小心翼翼地往前挪，一边用手斧砍掉挡路的枝条。还有一只巨鹰的尸体横挂在这个猎人的背上。

由于某些未知的原因，在这幅图的雕版过程中，哈弗尔从最终的印刷成品上移除了那个小人像，只留下了那株横倒的落木。不知奥杜邦自己是否参与了这个决定，这个问题想想就十分有趣。如果他也同意了，那在很大程度上可能是由于他对待那只不幸生物的方式，相对于这张风格强劲的画作来说，这位模特相当地不情愿。1833 年 2 月 24 日，奥杜邦从一位捕兽者手中买下了一只活的金雕，他已经非常习惯照着死鸟来素描，结果发现自己无法根据这只金雕创作出高水平的画作。他痛苦地犹豫不决，不知是否该放这只高贵的鸟儿自由，但最后他还是带着顾虑，决定要用一种“对它造成最小伤害”的方法杀死它。

在他的记录中，他将雕囚禁在一个小空间里，在上面笼罩了数层毯子，并在其中放了一盘燃烧的木炭以产生浓烟，试图以这种方式让它窒息。第二天他在木炭上加了硫黄，结果产生的令人窒息的二氧化硫只是把奥杜邦和他儿子约翰都赶出了家门，而那只金雕依然活蹦乱跳。最后他选择了一种“常用于应急，并最为有效的”方式，那就是“将一根尖头长钢条插进他的心脏，当这位高傲的囚犯死去时，他甚至一根羽毛也不会弄乱”。

金雕

（*Aquila chrysaetos*）

约翰·詹姆斯·奥杜邦

1833 年，手工上色凹版腐蚀版画

970mm × 656mm

（38 ¼ in × 25 ¾ in）

左页这张戏剧性的画像中，一只强大的金雕用它的锐爪抓着一只北美野兔，就如《美国鸟类》中的版画一样，这张图的右下角也没有那个在横跨峡谷的巨大落木上挪动的猎人的小小身影——这个细节只存在于画家的原作中。那个形象很可能象征着画家自己，代表着一个勇敢无畏的猎鸟者。这个奇怪的遗漏可能是由于奥杜邦出于不安或内疚而对雕版师罗伯特·哈弗尔做出的指示。

黑翅长脚鹬

（*Himantopus himantopus*）

无名氏

约1822—1829年，水彩画

590mm × 477mm

（23 ¼ in × 18 ¾ in）

右页这张图细致又准确地画出了一只刚刚被杀死的涉禽，它有着全世界鸟类中相对于身体比例而言最长的腿。但我们不知这幅画的作者是谁，只知道他是一位为约翰·里夫斯（1774—1856年）工作的中国画家。约翰·里夫斯是英国东印度公司驻中国的茶叶督察员，在居住于中国的19年的时间里，他大都待在葡萄牙殖民点以及临近香港的澳门港中，只有在英国商贸舰队驻扎的时候，他才被允许访问广州。作为科学界著名的伦敦皇家学会的成员，里夫斯将自己收集的画作、鸟类和植物（有活体也有标本）寄给东印度总公司、伦敦园艺学会，以及英国的其他联络人。

这只可怜的鸟儿所经受的折磨已经结束了，但奥杜邦所受的折磨刚刚开始。他为这幅画作投入了如此狂热的感情，以及如此长的时间（他有时称时间过了两周，有时称是六十个小时），以至于他体验了某种他自称差点害死他的惊厥之症，并叫了三个医生来为他治疗。美术史家卡罗尔·安妮·斯拉特金揣摩道："当时他是否怀疑有某种更高层的力量抓住了他，就如同他抓住了这只雕，而雕抓住了兔子？"奥杜邦的确常常写到自己有类似于笔下猛禽的感觉：它们和他共享那种强大的狩猎冲动，这种冲动引领他杀死了金雕，并将它永远留在了画中。我们并不惊奇于他是如此沉浸在内疚和羞耻之中，以至于对自己在画中以一个猎鹰英雄的形象出现而感到不安——而且他甚至恐高！

奥杜邦作为画家的杰出成就之一是，为了达到他想要的效果，为了尽可能准确地描绘鸟羽和皮肤的色彩及质感，他愿意尝试各种方法。《美国鸟类》中的画作远不是一般意义上的简单水彩画，它们是使用了各种材料的复杂造物，这些材料包括石墨铅笔、蜡笔、油画颜料、白色水粉、粉笔、墨水、上釉和拼贴，以及水彩。他创造了杰出的技巧，在干水彩画上用铅笔以数百条短线描绘出羽毛的效果，利用石墨铅笔的金属光泽捕捉反光以达到虹色效果。水彩颜料常常被大量使用，以产生栩栩如生的艳丽毛色；表达黑色羽毛不仅仅用了黑色，还常常用上蓝色、绿色、褐色和紫色。水彩色常常因暴露在光线中而褪色，但这些作品却完好地保存了下来。

奥杜邦以好几种方式使用不透明的白色水粉颜料：描绘浓密的白色羽毛、为眼睛增添亮光，偶尔也用来修正错误。有许多水彩画的某些部分加上了薄薄的油画颜料，透明的树胶或胶状的釉被用来强化色彩及为羽毛增添光泽。其他微妙的羽毛效果还包括在釉层和无釉的黑色水彩上使用黑色蜡笔或粉笔，以形成一系列从黯淡到明亮的不同黑色。拼贴手法主要用于将奥杜邦早期描绘的鸟儿加到新的画作上，不过有时也用来修正或改进。

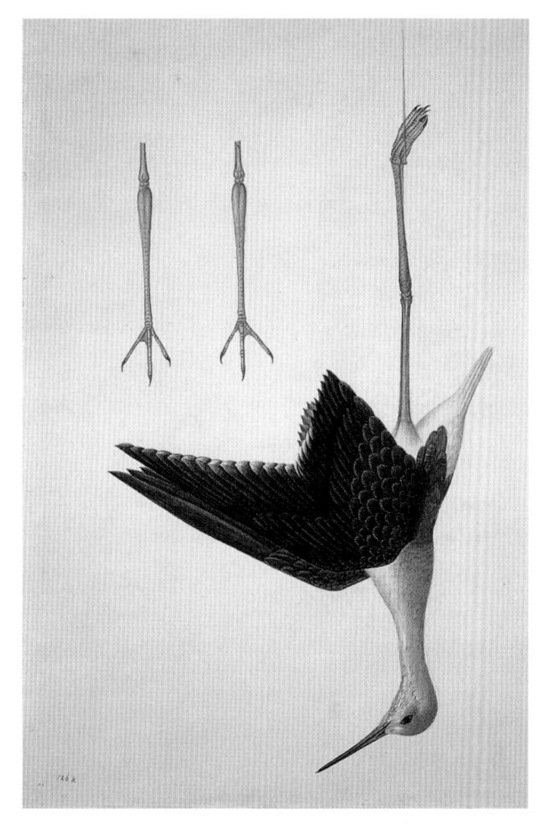

奥杜邦也使用金属漆，它们可能是用青铜而非金箔制造的，《美国鸟类》中有三张画作用到金属漆，描绘的是雄火鸡、红喉蜂鸟和绿头鸭，它们都是于1825年创作的。在后两张画作上，涂料已经褪色了，但是在火鸡的画作上仍然能发现细微的痕迹。

马克·凯茨比是第一位在书中使用对开页以展现鸟类最佳尺寸的人，但奥杜邦的杰作更加巨大。它们是史上最大型的鸟类书籍：他选择了最大的对开本尺寸——39 ½ in × 26 ½ in——这个尺寸等于他原画的纸张尺寸，这样他就能以实物大小描绘出最大的物种野火鸡，以及最高的美洲鹤。这些大鸟给人以惊人的冲击力，但小型鸟类画作却难以在这样的纸张大小上设计构图。奥杜邦在图中加入植物以填充空间，它们以最精妙的方式缠绕在鸟儿们周围，但并不能解决这个问题。

奥杜邦慎重地将《美国鸟类》设计成只有版画的书籍：利扎斯曾警告过他，英国的版权法规定，在这个国家出版的每部含文本的书籍都必须向九个图书馆分别捐赠一本副本，而他难以负担这多余的费用。然而他很清楚，这部书若是含有优良精细的附文，将会远比现在更成就辉煌。尽管他在日记里总是留存有丰富

N° 44.

白翅斑海鸽

（*Cepphus grylle*）

约翰·詹姆斯·奥杜邦

1834 年，手工上色凹版腐蚀版画

445mm × 518mm

（17 ½ in × 20 ½ in）

这张组合图展示了海雀科最有魅力的成员之一的不同羽毛形态，简洁地提炼出了这种鸟类的成长轨迹——岩石上浑身绒毛的是黑色幼鸟，在海中游泳的繁殖季成鸟身披夏日盛装，冬季成鸟羽毛的黑白花纹则完全反转了。就像大多数同代画家以及众多追随者一样，奥杜邦笔下飞翔的鸟类都不怎么自然：上方那只成鸟更像是被扔过了海面一样。

的笔记，也抽空匆匆给露西写过几千字的信，但坐下来写作一本书的想法却让他慌张不已，而且他的英语真的不够好。另外，他还明白自己在鸟类学领域缺少正统的训练，他无法为自己笔下鸟类的亲缘关系和解剖结构做出权威的论断，其中许多鸟类在学界还是全新的物种。很显然，他必须找到另一位在这些领域更专业的人士，寻求对方的帮助。

这一次奥杜邦的运气又很不错，正当他不顾一切地想找到一位合适的代笔作家时，爱丁堡的一位熟人詹姆斯·威尔逊教授建议他去找找备受推崇的苏格兰鸟类学家威廉·麦吉利夫雷（1796–1852年）。让奥杜邦高兴的是，麦吉利夫雷爽快地接受了这份工作，因为他正以担任教师、编辑、翻译及报人的微薄工资努力维持妻子及六个孩子的生活。

两人一拍即合，麦吉利夫雷从此成为奥杜邦坚定的支持者之一，并且大幅度地改善了他的文本。很快他们便开始几乎是夜以继日地在爱丁堡工作，以期追上奥杜邦自己设定的最后出版期限，露西是他们的抄写员。五卷本的《鸟类生活史》于1831年至1839年面世，由亚当·布莱克在爱丁堡出版发行。麦吉利夫雷的任务是修正奥杜邦常常出现的英文错误，补充或增添科学事实，并协助整理科学命名。他非常富有技巧地完成这份工作，并没有太过削弱奥杜邦生动的文字风格。作品中糅合了对鸟类及其野外行为的描述、技术细节、奥杜邦的冒险故事，以及对种种事物的思考。

在美国和英国间往返了四次，奥杜邦最终完成了这部巨著，于1839年秋季带着哈弗尔的凹版腐蚀铜版画回到美国定居。尽管他在这花销高昂的冒险中所做的所有努力都是针对固定订阅客户，但只有151位客户承诺将购买这部分开销售的作品的每一期。整套书的价格是182.14英镑（在美国是1000美元），远远高于当时的平均年收入。（相比之下，亚历山大·威尔逊则成功找到了超过450位订阅者，只不过他的九卷本著作只需120美元订阅金。）结果，华美的初版《美国鸟类》利润微薄，而出版成本则膨胀到已超过当时的10万美元（18 000英镑）。

《美国鸟类》对奥杜邦而言并不是一次成功的商业投资，但他许久前就已经发现，他可以使用它的内容，用另一种方式来创造一部价格更实惠的作品。就如现代出版家经常做的一样，他利用自己珍贵的艺术图库，出版了一部小得多的七卷本版本，并给插图都附上了文字。这部八开本，即10in × 6 ¼ in大小的作品还不到双象裁对开本的笨重原版的十六分之一，且只卖100美元（18.2英镑）。书中还包括了17种新物种，它们是在初版完结后被发现的。

他从1839年开始在美国编撰这一小型版本，他的儿子约翰用一台投影描绘器缩小大开本的原版。印刷工作不是通过雕版和凹版蚀刻来完成的，而使用了新的平版印刷术。这些平版印刷版画明显要差于原版精美华丽的彩色凹版腐蚀版画，但是这种印刷术促使书本的价格更为低廉，吸引了更多订阅者。最后一卷于1844年完成并出版，而且立刻获得了成功。第一版的300本书在数周内就卖完了，仅仅一年后又卖出了大约1200本，到了19世纪末，

凹嘴巨嘴鸟
（*Ramphastos vitellinus*）
尼古拉斯·艾尔沃德·维格斯
1831年，布面油画
340mm × 460mm
（13 ½ in × 18in）

创作左页这张相当古雅简洁的油画的爱尔兰人是一位著名的动物学家，但和他的朋友奥杜邦不同，他不是一位专业的鸟类画家。在中断于牛津大学三一学院的学业后，他加入了半岛战争（在战争中身受重伤），后于1826年成为伦敦动物学会的创始人之一及首任会长。两年后，他回到爱尔兰接收家族产业，并成为卡洛郡的议员之一。他是鸟类五元分类系统的发起人之一，这种分类法备受争议，且之后名誉扫地，不过威廉·斯文森对之极其推崇（见第168页）。同时，维格斯还任命年轻的约翰·古尔德为动物学会的动物标本剥制师，帮助他一路走向辉煌。

游隼

（*Falco peregrinus*）

威廉·麦吉利夫雷

1839 年，水彩画

750mm × 545mm

（29 ½ in × 21 ½ in）

麦吉利夫雷大胆的混合风格和奥杜邦有很多相似之处，他也非常欣赏后者的作品。他得到了广泛的赞誉，并且可谓是实至名归。右页这张漂亮的作品中有两只游隼，它们是世界上速度最快的鸟类，常常从空中呼啸着俯冲而下，或是像一支活箭头一般，近乎收拢双翅地“屈就”于每小时 150 多英里（250 公里）的速度。它们用强劲的双足之一杀死猎物，以巨大的力量袭击对方，这种力量有时能干脆利落地击断牺牲者的头部。

它有了更便宜的版本，此时的中产阶级家庭也买得起了。

这次生意仍然没有给奥杜邦带来巨大的财富，但他如今的生活也已经十分宽裕了，他终于可以履行他对露西的承诺：总有一天能让他们衣食无忧，并承担起大家庭的生活费用。不久，因为渴望离开城市回到他热爱的乡间，奥杜邦在哈德逊河边的卡曼斯维尔（后来称为华盛顿高地）买了 25 英亩（10 公顷）土地，在当时，那里还是纽约北边的一块空旷野地。他搭建的漂亮木房子名叫“明妮之乡”，这是为了纪念他忠诚又勤勉的妻子，露西的名字在苏格兰语里就叫明妮。

在儿子的帮助下，奥杜邦仍然以惯常的疯狂劲头工作着，为了出版之前计划的关于哺乳动物的三卷本作品《美国胎生四足动物》，他每天的作画时间超过十四小时。1842 年 9 月，他前往加拿大和新英格兰寻找订阅客户，事实上这是他最后一部主要作品。这本作品的头两卷在 1845 年和 1846 年出版，它们是皇家对开本，尺寸为 22in × 15in，总共有 150 张平版印刷版画。奥杜邦的儿子约翰承担了大部分工作，他描绘了书中超过半数的动物，并完美地勾勒了大多数背景。

奥杜邦一直过着如此充满活力与刺激的户外生活，因此他晚年急剧下滑的健康状况就尤其显得辛酸。1846 年，刚刚 61 岁的他视力严重恶化，从此再也无法准确地绘画。他曾经英俊的脸庞因为失去了大部分牙齿而完全走了样，但是更严重的问题是，无法探索鸟类和艺术让他了无生趣。他缓慢却又真切地衰老下去，1847 年的一次中风更是雪上加霜。

1849 年，他赚的钱渐渐花完了，儿子约翰加入了加州淘金潮去碰碰运气。不幸的是，约翰的冒险是一场财政上的灾难，这个家庭再次走入了困苦的境况。两年后，65 岁的奥杜邦在 1851 年 1 月 27 日耗尽了最后一点生命，他的哺乳动物著作关于文字的最后

一卷在他去世之后才出版。它由约翰·巴赫曼牧师撰写，于 1854 年面世。

1869 年，露西的财政状况已岌岌可危，她不得不出售她丈夫著作中剩下的印刷铜版。在一位波士顿印刷商拒绝她之后，她将它们卖给了一位金属废料经销商：当时的铜能卖出好价钱，而这些铜版总重达数吨。幸运的是，当一位 14 岁的工人发现它们的价值时，才刚有一部分铜版被送进了熔炉制成铜条，不过我们认为只有 78 张铜版幸存了下来。其中有不少被捐赠给了美国各大博物馆。如今，只有 120 本完整的《美国鸟类》被完好地保存下来，其中近半在欧洲，其余的在美国。仿佛是要证明它们的珍贵及名望的确为人所需，2000 年 3 月 10 日，一套完整的《美国鸟类》在纽约克里斯蒂拍卖行卖出了令人咋舌的 8 802 500 美元（约 550 万英镑），这使之成为史上所拍卖的最昂贵书籍之一。如今，哪怕是从书上拆下来的散页也能达到 10 万美元（56 000 英镑）的价位。

作为苏格兰鸟类学家兼画家，威廉·麦吉利夫雷也因自己的作品获得过不少的赞誉，但他对奥杜邦著作中附文的大幅度改善更值得人们交口称颂。作为一个意见鲜明且不吝宣之于口的人，他并不乐意容忍傻瓜，而奥杜邦则拥有一种自然的魅力，并对自我推销和奉承别具天赋，麦吉利夫雷与他形成了鲜明的对比，常常显得死板又固执。他的直率很容易会被误解为傲慢，他的迟钝则被解释成无礼。但另一方面，他对自己青眼相待的人则亲切又大方，比如对奥杜邦。他所教导的许多学生也都很尊敬他。

和奥杜邦一样，1796 年生于阿伯丁老城区的麦吉利夫雷也是个私生子。他的父亲是一名军医，在半岛战争期间，他于 1809 年在西班牙西北部的科伦纳战役中死于拿破仑占领军和英军的混战。3 岁时，年轻的威廉被送去和他叔叔罗德里克·麦吉利夫雷全家一起生活，他们的农场在外赫布里底群岛的哈里斯岛上，那里常年刮风。他在奥比的教区学校上学，同时也经常在野外游荡。他用枪很熟练，在 11 岁之前就射下了第一只鹰，那是一只被指控袭击羊羔的金雕。之后，在他的第一本作品中，他以一种混合了精准的观察力与戏剧性的文字风格描述了这件事，那是 1836 年出版的《大不列颠猛禽述录》。

1807 年，这个少年告别了他的叔叔，前往亚伯丁的一个寄宿学校去继续他的

渡鸦
（*Corvus corax*）
威廉・麦吉利夫雷
1832 年，水彩画
478mm × 683mm
（18 ¾ in × 27in）

和图中这种生物一样，麦吉利夫雷喜欢野外的高地。当他穿过丘陵长途步行时，他常常只能听到这种鸦科最大型成员低沉的呱呱叫声，在悬崖上空高飞的它们正在呼唤自己的伴侣。在麦吉利夫雷的时代，牧羊人和猎区主人总是对渡鸦赶尽杀绝，在画中他也选择让这只鸟站在绵羊的尸体上。实际上，渡鸦有时会猎杀弱病的羊羔，但大多时候都以腐肉为生。

学业。一年后，优秀的学业和天生的聪明为仅仅 12 岁的麦吉利夫雷确定了亚伯丁大学的一个位置。他常常穿过崎岖多山的乡间高地回到哈里斯岛度长假，途中要走大约 180 英里（290 公里），还要从大陆上划船回家。

1814 年，麦吉利夫雷获得普通文学硕士学位，之后继续学习医学近五年，但最后放弃了这一专业，决定将余生都投入博物学研究中。

1819 年 9 月 7 日，他开始了自己最重要的一次徒步旅行。他想去大英博物馆和其他机构中亲眼看看那些著名的鸟类收藏，并决定完全依靠步行从亚伯丁前往伦敦。他选择了一条迂回的路线，以便在路上尽可能多地欣赏乡间风景，并观察这些地方的自然状况。他总共跋涉了超过 800 英里（1288 公里），整个旅程在六周内结束，平均每周超过 133 英里（214 公里），或者说每天 19 英里（30 公里）。他热切地想抵达目的地，某天一次性走了 51 英里（82 公里），另一次则走了 58 英里。他在首都只待了一周，以一贯活跃的方式在不同的博物馆中观察收藏品并同时观光游览，最后奢侈地放纵自己经海路回到亚伯丁。

这次冒险让麦吉利夫雷确定了自己成为专业鸟类学家的愿望。关于这次马拉松之旅，他还在日记里透露了自己对描绘自然界的坚定看法，他观察道："如果我要成为一名职业画家，那么我的目标将是一丝不苟地复制自然，是的，甚至是卑躬屈膝地；而不是那种通过技艺精湛的速成品来炫耀一种藐视控制力的所谓天才，这种天才只会创造出不伦不类的东西。"

不久后，麦吉利夫雷搬到了爱丁堡，在娶了哈里斯岛婶婶家的小堂妹后，他在那里从 1820 年年底一直住到 1841 年。他在大学里找到了一个职位，给博物学钦定教授罗伯特·詹姆森做助理，但不得不依靠写作和编辑来添补他那点可怜的薪水。1830 年他遇

苍鹭

（*Ardea cinerea*）

威廉·麦吉利夫雷

约 1835 年，水彩画

965mm × 735mm

（38in × 29in）

在麦吉利夫雷的鸟类水彩画中，他将营造戏剧性构图的艺术美感和细节上的科学准确性结合在一起，左页这只精神饱满的苍鹭就是一个优秀的范例。它警戒的姿态完全占据了前景，而后面小岛上还有另一只个体，后者微小的身型与它相互呼应，作为孤独的猎手，它们保持着距离。这是所有英国大水鸟中最引人注目的一种，至今依然如此：在他常常被遗憾忽略的著作《英国鸟类研究》中，麦吉利夫雷于第四卷中写道："……随意走动，无论夏冬，是在海岸还是在遥远的内陆湖泊……到处都能找到独居的苍鹭。"

罗氏花蜜鸟　幼（上）和雄
（*Cinnyris lotenius*）
克胡利卢丁
约1830–1840年，水粉画
126mm × 122mm
（5in × 4 ¾ in）

在右页这张图中，画家选择描绘的是羽毛颜色不太明艳的幼鸟和一只非繁殖期的雄鸟。这种优雅的小太阳鸟在印度和斯里兰卡南部地区相当常见。它的常用名和种名*lotenius*都是为了纪念吉迪恩·罗顿，他是荷兰驻锡兰（今斯里兰卡）总督（亦可见第49页图注）。罗氏花蜜鸟又有栗胸花蜜鸟的别名，这是因为雄鸟极其特别的繁殖羽，它的上半身是亮绿色和紫黑色，而下半身则是暗淡的黑色，两个区域在前胸由一道栗色条纹分开——这道条纹至少在阳光下很清晰，光线模糊时看上去是黑色的。

见了奥杜邦，并和他共事以改进及增补《鸟类生活史》。次年，在加入这份诱人的工作时，他又被任命为爱丁堡外科学院博物馆的管理人，他在那里以卓越的能力和勤勉履行自己的职责。

他的第一项任务是将收藏品从三栋分散的建筑移到一栋新楼里，他本着一贯的热忱和仔细完成了这项繁重的任务。他发现许多藏品都境况堪忧或是陈列失当，因此他将它们清理干净，便着手重新整理所有藏品。这项艰苦的任务还包括用他自己整洁的笔迹重新标明大约4000个标本。麦吉利夫雷别具个性地评论说，他不得不几乎完全靠自己完成了这份工作，“就好像别人的干涉对我毫无益处一样”。仅仅在1830年至1840年十年间，他撰写了十三本书，并与奥杜邦一起为《鸟类生活史》编撰了概要和五卷本内容（单单第二卷就有超过三十万字），并编撰了一个缩略版本。

麦吉利夫雷于1841年从爱丁堡的博物馆辞职，回到亚伯丁的马里斯克学院，担任博物学教授及植物学讲师。在处理伴随新工作而来的许多任务的同时，他还找出时间创作了大量文字——其中至少有一部分是为了供养他越来越庞大的家庭，他总共有11个孩子，只不过有几个夭折了。然而，尽管他如此勤勉，又有副牧师和教学工作的薪水，但他在人生的大部分时间里依然处于相对贫困的状态。

在博物学方面，麦吉利夫雷实际上是自学成才的，他鄙视那些从不敢踏出博物馆去观察鲜活自然的人。他是位仔细的观察者，并且总是一丝不苟地准确记录自己的观察所得，无论是他在一只银喉长尾山雀漂亮的小钱袋型鸟巢中费力细数出的2379根羽毛；还是他解剖一只绿啄木鸟尸体，从它胃中取出的六百多只昆虫；又或是云雀在不同天气下鸣唱音节的长度。这种准确度反映在了他那优美的水彩画作中，画中不只有鸟类，还有哺乳动物和鱼类。麦吉利夫雷无疑是受了奥杜邦著作的启发——以及本人的

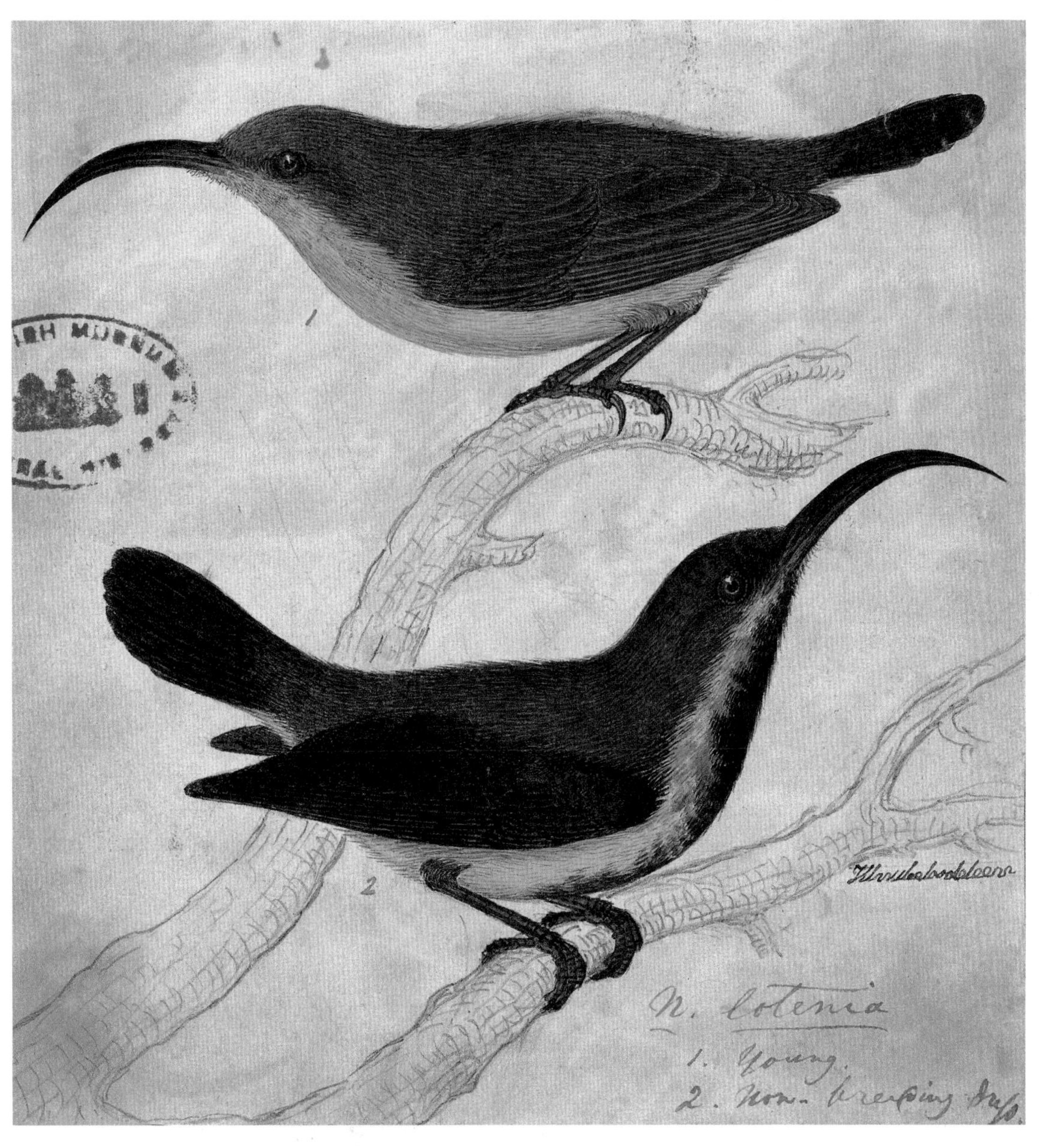
1
2
N. lotenia
1. Young.
2. Non-breeding dress.

220

14

鼓励，他创作了那时最优美的一些博物水彩画。和奥杜邦的作品一样，这些鸟儿所处的背景都是它们的典型栖息地，图中还有同样描绘细致，并且符合境况的植物等自然特征。

两人对彼此的作品都非常钦佩。奥杜邦不厌其烦地赞美他的苏格兰合作者兼朋友，响应麦吉利夫雷的要求对其鸟类插画提出坦率的意见，他断言道：“简言之，我认为它们绝对是我见过的最棒的鸟类图。”他还以两种美国鸟类的名字纪念麦吉利夫雷。而麦吉利夫雷纪念这位美国人的方式则是为自己的某个儿子命名奥杜邦，并将《大不列颠猛禽述录》题献给他，“以赞美他作为鸟类学家的天赋，并感激他发自友情的众多善举。”

麦吉利夫雷希望能将这些鸟类画作制成版画，用在他的《英国鸟类研究》中，但令人遗憾的是这个愿望没能实现，因为他负担不起雕版的费用。这本书在那时远称不上成功，上述问题只是原因之一。另外，他对自己认为不适当的事物总是过于敏感并发动攻击，无论它们多么杰出都一样，这无助于他同鸟类学界建立亲密关系。学界的成员大都是英国人，这位傲慢自负的苏格兰人挑战、搅乱并威胁到了他们整齐的课题分区，因此他们对他并不友好。对他们来说，值得称道的鸟类学家要么是博物馆的分类研究员，要么是研究解剖结构的研究员；野外博物学家被看得一文不值，因为他们的工作毫不科学。麦吉利夫雷不止将他的解剖工作和野外鸟类研究有效地融合在一起，而且他作为解剖学家的学术地位使他的新方法明确地威胁到了他们的现有模式。

最糟糕的是，他的书被威廉·亚雷尔的同名作品抢去了风头，后者第一卷的面世时间也和他相同。本书亲切的风格和迷人的彩色插图与麦吉利夫雷严肃的学术内容形成了鲜明对比，哪怕麦吉利夫雷的书中还包括了他自己对鸟类行为习性卓越的观察成果，还有他那具有争议的、基于消化系统构造的特别分类系统，

丽色花蜜鸟　雄
（*Cinnyris pulchellus*）
威廉·斯文森
约 1835 年，水彩画
164mm × 115mm
（6 ½ in × 4 ½ in）

左页这只可爱的非洲小食蜜鸟身后是典型的空白背景，它使斯文森娴熟的制图术更加一览无余。描绘羽毛所用的清晰边缘和短线条是雕版的典型手法，而非画家正在试验的平版印刷。这只鸟儿的美丽，以及 19 世纪众多鸟类插图之美都源于手工着色师的技巧，但他们常常默默无闻。

蓝腹佛法僧

（*Coracias cyanogaster*）

威廉·斯文森

约 1835 年，水彩画

170mm × 125mm

（6 ¾ in × 5in）

斯文森的作品除了拥有科学准确性外，还令人观之愉悦。尽管他根据剥皮标本作画，但他通常都能为他的模特注入生命力，就如右页这只佛法僧科的西非成员。这种鸟生活在热带草原密林中，以昆虫为食，尤其是蝗虫、大甲虫，有翅蚁类和白蚁。它从地面上捕捉大多数食物，不过有时也在空中捕食，这个过程通常迅捷又精彩。它的长尾羽为它增添了飞行的机动性，这一点和燕子、燕鸥等鸟类一样。

书中另有 29 张黑白解剖插图和 378 张图表支持这一分类法。就像麦吉利夫雷以独特的简练风格自我调侃一般，他的书"全是肠子和砂囊"。此外，亚雷尔作品的全部三卷都在 1843 年出版，而麦吉利夫雷作品的前三卷和后两卷出版间隔了十二年的时间，在这漫长的光阴里，博物馆人士对它的侮辱咒骂几乎使它湮灭无名。

1850 年秋，麦吉利夫雷花了六周时间艰苦探索苏格兰东北部迪赛德的自然状况和地质情况，并将自己惯常的详细笔记整理成一部手稿，以待出版。也许是他的不遗余力最终导致了他的衰弱：在迪赛德探险之后，他病重以至于无法回到大学任教。他才 54 岁，常年因薪资不足而拼命工作的压力大概也同样导致他的身体状况下滑。1851 年秋，他决定和大女儿搬到德文郡的托基，希望那里温暖的气候有益于他的健康。1852 年 2 月，当他身处托基时，他的妻子突然去世了。

就在他悼念亡妻时，他伟大的鸟类学著作终于出版了第四卷，而第五卷也于 7 月末面世，此时他刚刚返回亚伯丁。9 月 8 日，麦吉利夫雷在亚伯丁的家中去世。此时，他的著作几乎无人问津，实际上直到它的最后一卷出版六十多年后，鸟类学家们才领悟到它有多么杰出。他的最后一本书《迪赛德和布雷马的自然志》于他身后出版，维多利亚女王从他家人手中得到了原稿。女王是他的《英国鸟类研究》的主顾之一，并且尤其喜欢在迪赛德区的巴尔莫勒尔堡度假，她下令印刷此书以供内部传阅。

盖过麦吉利夫雷风头的那位作者威廉·亚雷尔（1784—1853 年）是 19 世纪上半叶所有鸟类插图书籍作者中最成功的一位。就像维多利亚女王时代的其他许多博物学家一样，他不是一位专业科学家，却是一名最优秀的业余爱好者，不过他大器晚成，直到 40 岁出头才开始认真研究鸟类学。

Psittacus Erithacus
Grey Parrot with white naked Orbits
and bright red Tail

亚雷尔生于伦敦，年轻时曾短暂地在银行工作，接着加入了他父亲的报纸批发公司。他把自己大部分的闲暇时间都用在了钓鱼和猎鸟上。很快，他于1825年被选入林奈学会，成为伦敦动物学会的创始人之一。

由于对钓鱼运动的热爱，除鸟类外，亚雷尔渐渐在鱼类方面也成为一位权威，并因为他的《英国鱼类研究》（1836年）而声名鹊起。次年，他开始出版一本三卷本著作，它的书名和麦吉利夫雷的书名一样——《英国鸟类研究》（1837–1843年）。和那位苏格兰人严谨但不受欢迎的系列不同，亚雷尔的作品做到了既学术又通俗，结果它很快成为了畅销书。这部著作的优势不仅在于深刻又准确的文本，其魅力大都来自那些迷人又精确的木刻版画，其中许多版画是由约翰·汤普森（1785–1866年）创作的。《英国鸟类研究》出版了许多不同的修订版，并且在六十多年的时间里都是该领域的标准参考资料，其受欢迎程度由此可见一斑。

还有一位博物学家在不知情的状态下推波助澜，使麦吉利夫雷杰出的英国鸟类著作受到了不公正的待遇，几乎被遗忘，他就是威廉·贾丁爵士（1800–1874年）。和麦吉利夫雷以及亚雷尔一样，他是位优秀的鸟类学家，但与他们不同的是，他是衔着金汤勺出生的。在21岁时，他便继承了家族资产——贾丁堂，它位于苏格兰西南部，离集镇敦夫里斯约10英里（16公里）远。

这位英俊的年轻乡绅在爱丁堡和巴黎学习医学，之后回到贾丁堂，在那里，他的特权地位使他可以将大部分时间都用于研究博物学，以及绘画鸟类。在1826年至1843年间，他与普里多·约翰·塞尔比共同出版了《鸟类学插画》。他的另一本关键著作是1833年至1843年间出版的《博物学家的图书馆》，它的版画由威廉·霍姆·利扎斯创作，他是贾丁的内兄弟，也是那位未能满足奥杜邦的雕版师。这部成功的商业作品是贾丁和利扎斯共同提出

非洲灰鹦鹉
（*Psittacus erithacus*）
无名氏
哈德威克/坎贝尔收藏
1822年，水彩画
435mm × 560mm
（19 ¼ in × 22in）

在自然博物馆的哈德威克收藏中，大多数鸟类都来自印度。哈德威克少将在那里与尊贵的东印度公司的孟加拉军团共事，他是一位资深业余博物学家，并且是印度鸟类学的先驱之一。由于当时的动物剥制术十分原始，像哈德威克这样的收藏家通常会将标本画下来，而不是试图保存它们。左页这张图与众不同，图中的鸟类是著名的非洲物种，它可能是由马戏团带至印度的，又或是一只宠物。

美洲红鹮

（*Eudocimus ruber*）

约翰·詹姆斯·奥杜邦

1837 年，手工上色凹版腐蚀版画

534mm × 740mm

（21in × 29 ¼ in）

奥杜邦书中出现了这些美洲红鹮（左为成鸟，右为亚成体）倒是件别有趣味的事，因为它们并不是北美物种，它们的栖息地是南美北部的红树林沼泽、泥泞的河口以及其他湿地生境。它们非常美丽，尤其是如红云般大群在栖息地起飞或落下之时。1954 年在佛罗里达观察到的几只可能是从动物园逃走的，另外据称还有九只来自得克萨斯的“标本”（其中一些还是来自酒吧和客栈）。奥杜邦称在路易斯安那州曾见到一只，这种说法值得怀疑。

PLATE CCCXC

的计划。这个系列雄心勃勃，包括不下四十卷口袋型书册，其中十四卷专述鸟类。每一卷都包括一章前言，妙笔生花地阐述某位著名博物学家的传记，并且整个系列最后都被题献给了科学分类系统之父——林奈。关于鹦鹉的那一卷是最后一部包括金属版画的英国鸟类重要作品，其文本都优美地搭配着赏心悦目且准确的雕版插画，画中鸟类所栖息的背景都是它们的典型生境。版画尺寸较小造成了一定的麻烦，不过这些问题也通过特别的方式被解决了：图中只有鸟类由手工绘色，植物或风景则没有上色。其中许多画作的作者都是苏格兰插画师詹姆斯·霍普·斯图尔特（1789–1856 年），还有一些由塞尔比、贾丁及利尔创作。

这一套系列书最与众不同之处在于，它针对的客户群明显是受过教育的非专业人士以及越来越多的业余博物学家，每卷精炼的作品都卖六先令，这是个相当实惠的价格。这个特点与奥杜邦、古尔德等画家（包括塞尔比和贾丁）迥然不同，后者出版的都是巨大的书本，只有富人买得起。事实上，它是现代大量相对便宜且受欢迎的博物学书籍的先驱之一。

经由多年，贾丁积累了一个重要的大型收藏，其包括来自世界各地的大约 9000 个鸟类标本，共有约 6000 个种类。其中不少都是模式标本。不幸的是，这一珍贵的收藏大都流失于学界，贾丁的继承人不明白它的价值，在贾丁死后 12 年，于 1886 年下令在伦敦拍卖了这个收藏。

和他的朋友贾丁一样，普里多·约翰·塞尔比（1788–1867 年）是一位富裕的地主。他在诺森伯兰郡继承了一个大庄园，在海边城镇班堡的内陆方向。他在特威泽尔庄园过着一种尊贵的乡绅生活，并身任名誉郡长及诺森伯兰郡副官，他经常招待当代重要的博物学家及野生生物画家，他们去参加科学会议或参观博物馆时常常在爱丁堡、纽卡斯尔及伦敦间往返，这里是他为他们提供的一个宾至如归的休息处所。

塞尔比最优秀的作品《英国鸟类学插画》在 1821 年至 1834 年间分批面世，书中总共有 218 张等身大小的英国鸟类画作，通常包括在大对开尺寸的两卷本中——第一卷有 89 张陆禽图，第二卷有 129 张水禽图。几乎所有画作都由塞尔比创作，只有一部分是由贾丁以及塞尔比的内兄弟罗伯特·米特福德所画，后者是位海军舰长，之后晋升为上将。塞尔比为自己的画作加工铜版蚀刻版画，上色则由苏格兰爱丁堡的威廉·霍姆·利扎斯完成。这些画作呈现出了不同才华碰撞的灿烂结晶，它们是所有鸟类金属版画中最优秀的一部分。虽然画作的模特都是固定标本，但画中的鸟儿却显得栩栩如生。这些版画拥有一种独特的经典美感，这在很大程度上要归功于塞尔比精湛的绘画技巧与蚀刻技术。它们不仅有着鲜明的轮廓，而且其细致且独具特色的线条勾勒出了鸟羽微妙的细节。

然而，塞尔比的作品出现在了错误的时机，奥杜邦更加大型的《美国鸟类》盖过了他的光芒。他和贾丁遇见了奥杜邦，被他戏剧性的作品深深震撼，并向奥杜邦学习绘画，不过他们最终和这个美国人吵翻了，并隐晦地批评他已出版的作品。由于大多数副本都散乱了，而铜版也都被卖成了废品，塞尔比的重要作品如今只剩下极其稀少的完整副本，它们都相当昂贵。

有一个人引进了一种印刷鸟类插图的新方法，它最终取代了塞尔比等人钟爱的雕版与蚀刻印刷，这位迈出最重要的试验性第一步的人就是威廉·斯文森（1789–1855 年）。这位 19 世纪典型的全能型博物学家兼画家对鸟类学特别感兴趣，他出生于利物浦，是一位海关官员的儿子。他成为了一名优秀的鸟类插画师，但他同时研究并创作了许多关于海贝、鱼类、昆虫及植物的画作。

从很小的时候开始，斯文森就痴迷于博物学，并梦想着能踏上探索之旅。他先是在家乡担任初级报关员的工作，之后在他 18 岁时，父亲安排他在反拿破仑战争期间加入了地中海军需部，这帮助他认识到了自己的志向。在马耳他短暂停留之后，他被派往西西里岛驻守了八年，并且他还拜访了意大利和希腊。他利用这机会建立起了一个动物和鸟类标本的收藏。

1815 年他回到家乡，并在次年秋入选林奈学会，他加入了探险家亨利·科斯特前往巴西的第二次远征。这个团队于 1816 年 12 月末抵达伯南布哥港（今累西腓）。没过多久，就在他准备前往内陆冒险时，一场反对葡萄牙统治的革命打响了，直到五年后才以巴西独立为结束。因此，旅行没有了安全的保障，而斯文森也无法如愿深入内地去寻找标本。尽管他没能享受到探索未知地域的兴奋感，但

2
1

他很高兴地发现，哪怕是累西腓的周边地域也没有被博物学家探索过。他得以收集了不少鸟类以及其他动植物的新物种。1817 年 6 月，他终于可以向内地前进去往里约圣弗朗西斯科，并一路抵达里约热内卢的海岸区域，他的收藏在这个过程中越来越多。

两年后，斯文森带着不可计数的标本返程——其中包括超过 750 张蜂鸟、巨嘴鸟等鸟类的剥皮标本，以及超过 20 000 只昆虫标本、1200 株植物标本、120 只浸在酒精中的鱼类标本。不仅如此，他还以画作的形式带回了更多的记录。检查、描述并绘画这些收藏让他忙碌了许多年。

在 1818 年 8 月抵达利物浦后不久，斯文森为巴西之旅写下了一份简短的报告。它被刊登在 1819 年面世的《爱丁堡哲学期刊》第一卷，这本智慧刊物部分出自苏格兰哲学家大卫·布鲁斯特爵士之手。这份声名卓著的出版物还有另一位联合创始人兼唯一的编辑，即极有声望的爱丁堡大学教授罗伯特·詹姆森。六年之后，奥杜邦将期望他来协助自己宣传《美国鸟类》。1820 年，斯文森在约瑟夫·班克斯爵士的推荐下，加入了皇家学会。

尽管斯文森最初在复制自己的画作时，仍然是使用了当时流行的钢版、铜版及木刻印刷，但他是首位选用新平版印刷术的著名鸟类插画家，这一举动为后来的插画家铺平了道路。这种印刷术有一个极大的优势，就是画家可以直接在石板上作画，而不是依靠雕版师将他的构图转换到金属版上，许多印刷品可以从每张石版上直接“揭”下来，却不需要牺牲清晰度，这是雕版或蚀刻都做不到的。威廉·埃尔福德·利奇鼓励斯文森为自己尝试一下这种新技术，他的这位朋友是大英博物馆动物区的助理保管员。于是从 1820 年至 1823 年，斯文森度过了三年密集的学习生涯，他形容自己在这段时间里活得像个隐士。

斯文森完全不能确定他预备实验的新方法是否有效，所以

稀树草鹀
（*Passerculus sandwichensis*）
约翰·詹姆斯·奥杜邦
1831 年，手工上色凹版腐蚀版画
496mm × 313mm
（19 ½ in × 12 ¼ in）

和美国所有的雀类一样，这些鸟属于鹀科，而非真正的文鸟——比如满世界都有的家麻雀。北美各地有许多种稀树草鹀，从阿拉斯加和加拿大北部，直至南美的危地马拉，到处都有它们的身影。在左页这张图中，奥杜邦别具特色地为鸟儿严谨的细节搭配了大胆的构图设计，垂直的草茎与横向的枝条产生了鲜明的对比。

家燕
（*Hirundo rustica*）
约翰·詹姆斯·奥杜邦
1833 年，手工上色凹版腐蚀版画
493mm × 310mm
（19 ½ in × 12 ¼ in）

右页图是奥杜邦最漂亮的构图之一，他使用了空白的背景，以鲜明地突出这对深情依偎的筑巢鸟类。优雅流畅的轮廓从左边的鸟儿伸展的翅尖，一直延伸至蹲伏的同伴的尾巴尖，再配上杯巢的曲线，巧妙地让人回想起这些鸟儿的俯冲飞行。

他继续使用惯常在雕版中使用的笔直线条，而不是充分开拓新技术，用更柔和的手法来创造一种更流畅圆润的效果。令人沮丧的是，他常常要在石板上试画很多次，印刷商才能用它在纸面上印出足够好的成品。而且，由于他的模特是死去的标本而非活鸟，他的画作就显然透出僵硬的感觉。事实上，斯文森的平版印刷作品大部分的魅力都来源于它们灿烂华美的手工着色，这部分工作是由伦敦沃尔沃思的加布里埃尔·贝菲尔德监督的，他还负责审查，并且自己也为其他著名画家及博物学家的书籍绘制版画，后者包括贾丁、古尔德和达尔文。

斯文森最早的平版印刷版画出现于他的《动物插图》的首批系列中，它于 1820 年面世，按月出版。这些画上描绘了鸟类及其他动物，许多都是新物种或珍稀物种，图中没有任何背景，但附有科学描述。数年之后，他创作了 182 张这样的平版印刷图，其中包括 70 张鸟类图；从 1829 年至 1833 年，他又添上了另一批作品，一共 136 张图，其中有 47 张鸟类图。

斯文森还为《北美动物》第二卷绘画鸟类，并撰写它们的分类信息，这部著作对研究美国北纬 48 度以北的北极动物意义重大。它有幸成为第一部由英国政府赞助的博物学作品，政府为其版画部分支付了可观的 1000 英镑。这部重要著作于 1829 年至 1837 年间出版，鸟类部分于 1831 年面世，其中有 49 张斯文森的手工上色平版印刷图。直到 1834 年，在他年轻时的那次探险之后又过去了 16 年，斯文森才最终出版了 78 张巴西鸟类平版印刷图，它们的标本模特都是他从巴西带回来的。

除了平版印刷的使用外，斯文森还有另一项重要的创新，他热情地收集鸟类剥皮标本，将它们储存在抽屉中，而不是将它们填充后放在玻璃橱里。后一种方法在 19 世纪初仍然被用在几乎所有博物馆及其他收藏的鸟类储存上，它有两大缺点。第一，几乎

毛脚鵟

（*Buteo lagopus*）

约翰·詹姆斯·奥杜邦

1838年，手工上色凹版腐蚀版画

725mm × 645mm

（28 ½ in × 25 ½ in）

奥杜邦在《美国鸟类》中为这种猛禽创作了两幅画，另一张只画了一只毛脚鵟。右页这张图很有他的个人风格，两只鸟张开了尾部和一只翅膀，以展示它们与众不同的羽毛。英国人将这种长翼鸟称为毛腿秃鹰，它们在北欧、亚洲及北美的冻土地带和开阔高地繁殖，种群数量随主要猎物田鼠的数量而起伏不定。

所有的玻璃橱都是密封的，这样画家只能透过玻璃观察标本并试图捕捉它的神韵。第二，笨重的橱子要占据很大的空间。而这一重要的改进完美地体现了这位天才博物学家杰出的实践能力，考虑到他缺乏科学训练，这种能力就更加让人刮目相看。

斯文森采纳了古怪的五元分类系统，对它展现出了传教士般的热忱，但就学界对他的接受度而言，这一举措毫无益处。“五元”这一名称指的是将鸟类分成五个代表主要自然群或自然秩序的五个圆，而每个圆又分为代表五个宗族的五个圆，以此类推。它和现代所用的林奈分类法或树状分类法截然不同。当两个圆有所接触时，这些群体便具有亲密关系，还可以由一个圆的镜像反应得出某种类比。斯文森的版本甚至更加复杂，因为他认为这些圆圈是三维的。

1835年，斯文森的妻子去世了，留下了五个孩子由他照管。两年后，他在墨西哥的两个矿山投资失败，失去了父亲留给他的钱财的一半。他被迫接下越来越多的工作以弥补亏空，并将大多数时间都花在写作并编辑他人的畅销书上，比如拉德纳的《收藏陈列百科全书》的十一卷博物学部分，以及贾丁的《博物学家的图书馆》的某几卷。

至此，因为斯文森对声名败坏的五元分类体系的顽固推崇，学界拒绝接纳他；他的朋友威廉·利奇因健康问题辞去了大英博物馆的动物区助理保管员一职，而他没能获得这一职位，这又令他十分恼怒。再次结婚之后，他便移民至新西兰去寻找新生活。他在那里完全放弃了绘画并描述鸟类，在艰难的环境中开始务农，并常年处于憎恨欧洲殖民者的毛利人的袭击威胁之下。他死于1855年。

PLATE CCCC

Rough-legged Falcon.

BUTEO LAGOPUS.

1. Old Male 2. Young first Winter

鸥嘴噪鸥

（*Sterna nilotica*）

约翰·詹姆斯·奥杜邦

1838 年，手工上色凹版腐蚀版画

495mm × 402mm

（19 ¼ in × 15 ¾ in）

奥杜邦画过几种优雅的叉尾燕鸥，这便是其中一种，它强壮的喙比大多数燕鸥更像海鸥，主要飞翔在盐沼和泻湖上空，而少在开阔的海域。它们的食物主要是昆虫而非鱼类，这张图呈现得就很准确。和黑嘴天鹅一样，因为鸟卵被采集，并因羽毛被猎杀，它们受到了严峻的生存威胁。

毛发啄木鸟（*Picoides villosus*）

三趾啄木鸟（*Picoides tridactylus*）

（右页图）

约翰·詹姆斯·奥杜邦

1838 年，手工上色凹版腐蚀版画

770mm × 575mm

（30 ¼ in × 22 ¾ in）

在鸟类学的专业领域，奥杜邦非常依赖他人来协助完成自己的作品，尤其是他的朋友兼偶尔的雇员威廉·麦吉利夫雷。奥杜邦以为自己在这张繁忙的图中画了六种不同的啄木鸟，但事实上，在这棵反常拥挤的树上只有两种鸟，包括两种性别的成鸟和亚成体。

黑嘴天鹅

（*Cygnus buccinator*）

约翰·詹姆斯·奥杜邦

1838 年，手工上色凹版腐蚀版画

656mm × 970mm

（25 ¾ in × 38 ¼ in）

奥杜邦为这种鸟画了两张图，它是世界上最大的天鹅，翼展长达 8 英尺（2.5 米）。另一张图是幼鸟，而这一张的模特之一是他在肯塔基州亨德森圈养了两年多的成鸟。在那个时代，这种华美的鸟类早已因为它的肉、皮肤和羽毛被大量屠杀，它的卵也在掠夺之列。到了 1932 年，已知存活的个体只剩下 69 只，不过从那时以来，有效的保护令它们的数量增加到了约 16 000 只。

华丽军舰鸟

（*Fregata magnificens*）

约翰·詹姆斯·奥杜邦

1835 年，手工上色凹版腐蚀版画

970mm × 656mm

（38 ¼ in × 25 ¾ in）

这张画有着不同寻常的构图，画中的海鸟侵略性地张开带钩的鸟喙，几乎要冲破画框边缘。华丽军舰鸟以其空中霸权和海盗行径著称，它大部分时间都在空中，灵巧地弯下长喙将鱼扯离海面，却并不弄湿自己的羽毛，要知道这些羽毛并不防水。它威严地巡视天空，很少振翅，常常从别的海鸟那里盗取食物，抓住对方的翅膀或尾部迫使受害者交出猎物。脚部的细节强调了其几乎无蹼的脆弱构造，它们无法被用于游泳。

燕尾鸢

（*Elanoides forficatus*）

约翰・詹姆斯・奥杜邦

1829 年，手工上色凹版腐蚀版画

524mm × 696mm

（20 ¾ in × 27 ½ in）

奥杜邦在美国东部漫游期间，最想找到的鸟类之一就是这种极其优雅且飞行技艺高超的猛禽。这张令人惊艳的图画显示这只漂亮的鸟儿能在飞行过程中杀死并吞吃一条蛇，它的灵感来源于奥杜邦在前往新奥尔良时找到的这种鸟。

白腰叉尾海燕

（*Oceanodroma leucorhoa*）

约翰·詹姆斯·奥杜邦

1835 年，手工上色凹版腐蚀版画

313mm × 492mm

（12 ¼ in × 19 ¼ in）

这张戏剧性的图画展现了一对乘风飞翔的小海鸟，它们离波涛汹涌的海面仅有数英寸，就像奥杜邦的许多构图一样，该图将曲线和角度运用得出神入化——不仅如此，两只互相凝视的鸟儿间还具有一种对称美。白腰叉尾海燕只有椋鸟那么大，而体重只有椋鸟的一半，和海燕科的其他成员一样，它们大多数时间都在外海度过。它们的飞行轨迹中充满了突兀古怪的转弯，常常猛地大幅度变换速度，有时用双脚轻快地拍击波峰。它们食用浮游生物和漂浮的内脏碎片。它们在北大西洋一些偏远的岛屿上繁殖，只在夜间回到巢穴，以避开捕食者。

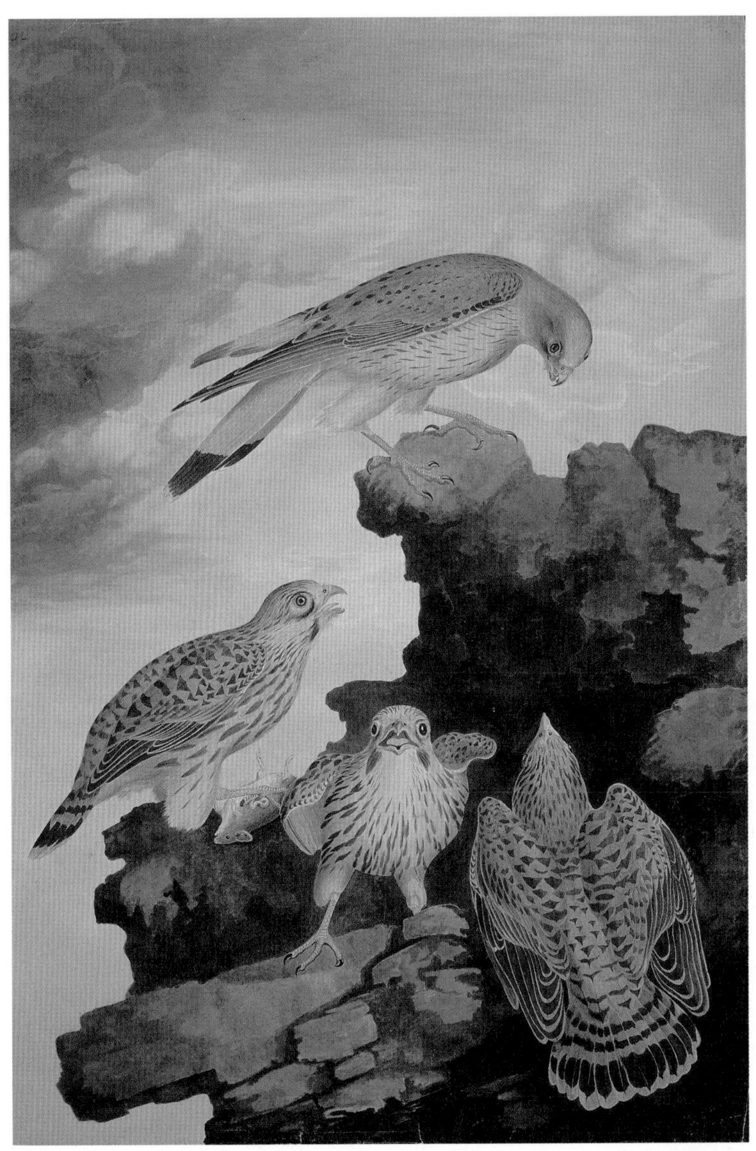

红隼 雄和幼

(*Falco tinnunculus*)

威廉・麦吉利夫雷

1835 年，水彩画

760mm × 545mm

(30in × 21 ½ in)

红隼是一种常见的猛禽，在画中，一只雄鸟显眼地站在悬崖边缘，守护着他家中的三只幼鸟。作为作家、教师及博物馆生物学家，麦吉利夫雷一生中有大量时间都在室内，但他同时也常常是一位谨慎又热情的野外博物学家，户外的经验必然为他积累了可靠的自然观察能力，使他能凭借标本画出如此生气勃勃的作品，一如眼前这张画。

北鲣鸟 亚成体（左页图）

(*Morus bassanus*)

威廉・麦吉利夫雷

1831 年，水彩画

810mm × 550mm

(32in × 21 ¾ in)

在这张图中，麦吉利夫雷以他一贯的精准细致，展现了一只未成熟的鲣鸟，它可能 3 岁大。这些有着短剑般鸟喙的海鸟需要四年的时间长满成鸟的羽毛，从全身带漂亮白斑的灰褐色，渐渐变得越来越白。

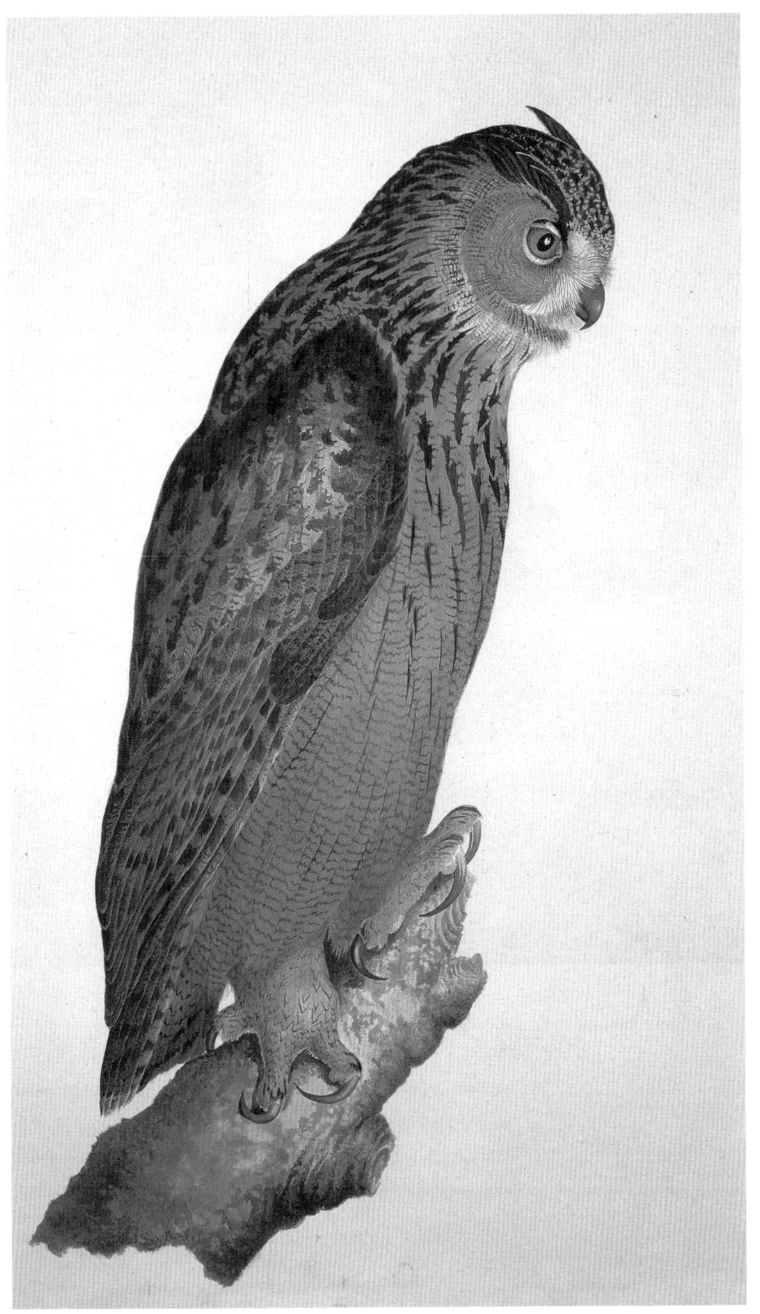

雕鸮

（*Bubo bubo*）

威廉·麦吉利夫雷

约 1831–1841 年，水彩画

983mm × 668mm

（38 ¾ in × 26 ¼ in）

一般画作都是从正面描绘猫头鹰，画家在此采用了一个新鲜的角度。这只威风的鸟是世界上最大的猫头鹰之一，尽管英国还有许多旧日记录和化石，但它已不再自然分布于此处。无论如何，它逃离笼养的记录数不胜数，有许多对成鸟已开始繁殖，有一对已在英国北部生活了好几年。

埃及雁（左页图）

（*Alopochen aegyptiacus*）

威廉·麦吉利夫雷

约 1831–1841 年，水彩画

745mm × 550mm

（29 ¼ in × 21 ¾ in）

就在麦吉利夫雷创作这张画时，原产自非洲的埃及雁早已开始逃离那些被剪去飞羽来到英国的鸟类队伍，加入了野生水禽及大公园放养鸟类的行列。当时的博物学家等人士满怀兴趣地注意到了类似的逃逸，直至今日，目击不常见的物种仍能引起人们的纷纷议论。它们看上去像是鸭子和鹅的古怪混合体，被分类为单独的子群体——埃及雁属。

黑琴鸡　雄

（*Tetrao tetrix*）

威廉·麦吉利夫雷

1836 年，水彩画

755mm × 546mm

（29 ¾ in × 21 ½ in）

和奥杜邦一样，麦吉利夫雷按实体大小绘画他的主题，使用剥皮标本或填充标本的画家往往作品显得僵硬，为了避免这一点，他常常使用刚刚杀死的鸟类作模特。它们要么是他自己射杀的，要么是从猎鸟商家等人手中所得。在画中，这只漂亮的雄性黑琴鸡趾高气扬地站在岩石上，原画的模特是“个人从卡福瑞先生处所得，爱丁堡，1836 年 4 月”。

鹗（右页图）

（*Pandion haliaetus*）

威廉·麦吉利夫雷

约 1831−1841 年，水彩画

563mm × 686mm

（22 ¼ in × 27in）

在这张精彩的画作中，麦吉利夫雷没有画完被捕猎的鱼，不过画作其余的部分展现了活灵活现的细节，这是这位卓越的苏格兰博物学家作品的典型特点——包括了鸟足底部的齿状物（小突起），在它投入水中并抓着猎物升上空中之时，它们帮助它牢牢抓住那不断挣扎的滑溜溜的鱼。

小黑背鸥（上图）
（*Larus fuscus*）
威廉·麦吉利夫雷
1836年，水彩画
764mm × 550mm
（30in × 21 ¾ in）

小黑背鸥是麦吉利夫雷在苏格兰常常能见到的海鸟之一，至少在他与叔叔一起在外赫布里底群岛的哈里斯岛上度过的童年时期是如此。实际上在19世纪，苏格兰西海岸是这种海鸥的繁殖大本营。相比之下，由于牧羊人和猎鸟者的捕杀过度，它们在爱丁堡和亚伯丁十分罕见，甚至渺无踪迹，而画家成年后的大部分人生都在这两处度过。如今它们的分布已比过去广泛许多。

大海雀（右页图）
（*Pinguinus impennis*）
威廉·麦吉利夫雷
1839年，水彩画
770mm × 557mm
（30 ¼ in × 23in）

麦吉利夫雷创作此画仅五年后，最后一只大海雀活体的目击记录标示于1844年的冰岛，随后它被渔夫用棍棒打死了。他从未见过这一物种活着的样子，只是研究了两只保存的标本，一只在大英博物馆，另一只属于奥杜邦。他是根据后者描绘了这张令人沉痛的画作。

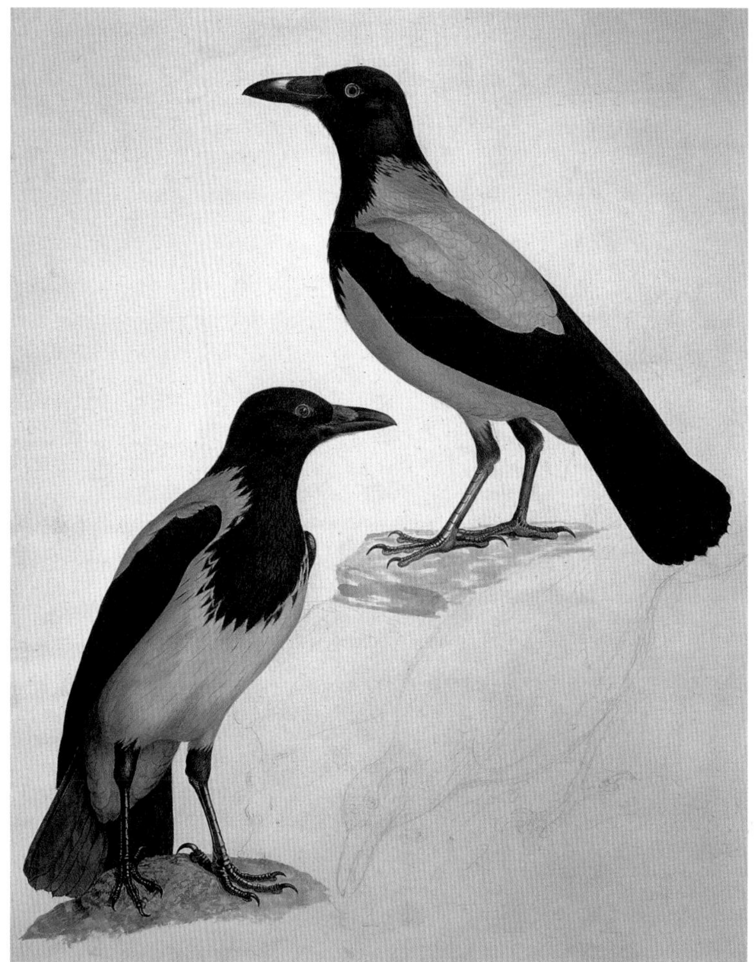

冠小嘴乌鸦

(*Corvus cornix*)

威廉·麦吉利夫雷

约 1831–1841 年，水彩画

755mm × 550mm

(29 ¾ in × 21 ¾ in)

图中的这两只冠小嘴乌鸦应该是麦吉利夫雷经常在苏格兰远东北地区常见的乌鸦种类。在更东和更南的地区，它被全黑的小嘴乌鸦取代。这两种乌鸦沿一个狭长的地带混种交配，至今都被视为同一物种的两个亚种。不过，最近的研究表明，这两种鸟实际上也许可以被视为两个不同的物种。

黑啄木鸟（左页图）

左雌，其余雄

(*Dryocopus martius*)

威廉·麦吉利夫雷

1839 年，水彩画

760mm × 542mm

(30in × 21 ¼ in)

尽管麦吉利夫雷意图让这一群欧洲最大的啄木鸟加入他的《英国鸟类研究》，但实际上，不列颠群岛从未有过这一物种的明确记录。这个事实令人吃惊，因为这种乌鸦般大小的鸟类就在邻近的法国北部繁殖。根据麦吉利夫雷的记录，他购买的两个标本据称是在诺丁汉附近射杀的——然而这个地点本身就说明，它们不可能如声称般是在英国所得。

原鸽（上图和右页图）
（*Columba livia*）
无名氏
约 1850 年，水彩画
263mm × 360mm
（10 ¼ in × 14 ¼ in）

在日本以及世界许多地区，人们通过仔细选择不同的血统并杂交育种，得到了各种各样不同的家鸽品种。这两张画里的鸟仅是数百只鸽子中的两只，它们都画在一部由自然博物馆从未知来源处购得的五卷本书籍中。从画作的品质看，它们可能是为某位日本显贵的藏书室绘制的。

赤颈鹤的卵

（*Grus antigone*）

无名氏

贾丁收藏

约 1830–1840 年，水粉画

191mm × 162mm

（7 ½ in × 6 ½ in）

彩鹬的卵和幼鸟

（*Rostratula benghalensis*）

无名氏

贾丁收藏

约 1830–1840 年，水粉画

105mm × 143mm

（4 ½ in × 5 ¾ in）

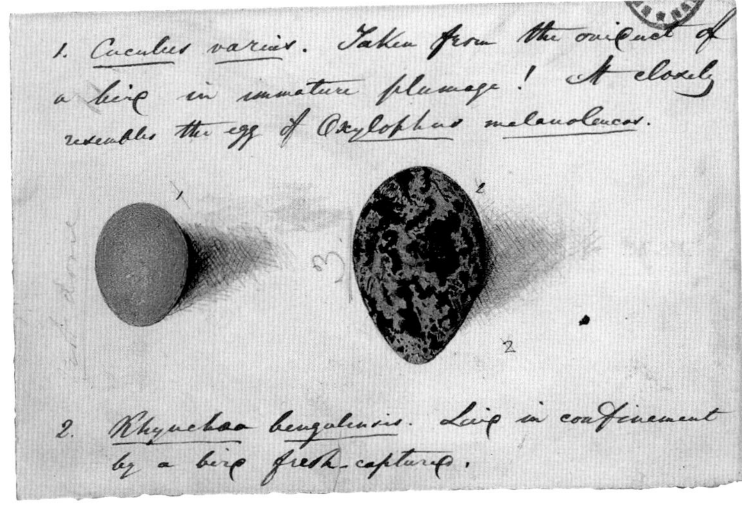

普通鹰鹃和彩鹬的卵

（*Cuculus varius*）

（*Rostratula benghalensis*）

无名氏

贾丁收藏

约 1830–1840 年，水粉画

94mm × 145mm

（3 ¾ in × 5 ¾ in）

将鸟卵作为绘画目标的博物画家相对较少。它们有着光滑或毛糙的细致表面，底色上常常覆盖着复杂的斑点、线条，又或是两者皆有，描绘它们需要特别的耐心。第 190 页和第 191 页中的许多艺术作品来自属于贾丁的一本剪贴簿，它来自 19 世纪的动物学家爱德华·布莱思（1810–1860 年），这是印度鸟类学历史中最伟大的名字之一。

普通翠鸟（上）
（*Alcedo atthis*）
蓝耳翠鸟（下）
（*Alcedo meninting*）
无名氏
贾丁收藏
约 1830–1840 年，水粉画
390mm × 320mm
（15 ½ in × 12 ½ in）

贾丁收集了许多艺术作品，第 192 页和第 193 页中收集自印度的三种翠鸟便是其中的一部分。图中的普通翠鸟是孟加拉种，在印度次大陆北部很常见。蓝耳翠鸟则有一个古怪的种名“*meninting*”，它源自爪哇的马来语。

斑头大翠鸟（右页图）
（*Alcedo hercules*）
无名氏
贾丁收藏
约 1830–1840 年，水粉画
179mm × 175mm
（7in × 7in）

它是翠鸟属中最大的一种，比对页的普通翠鸟大三分之一。它还有一个别名叫“布莱思翠鸟”，这是为了纪念著名的英国鸟类学家爱德华·布莱思，他是 1841 年至 1862 年间加尔各答孟加拉博物馆的亚洲学会会长。他增加了博物馆的鸟类藏品，使之成为除欧洲和北美外世界最大的鸟类收藏。

Alcedo grandis, Blyth
from Darjeeling

红交嘴雀　雄

（*Loxia curvirostra*）

詹姆斯·霍普·斯图尔特

约 1825–1835 年，水粉画

170mm × 150mm

（6 ¾ in × 6in）

这张图是詹姆斯·霍普·斯图尔特为威廉·贾丁爵士流行的大型小图书系列《博物学家的图书馆》所绘，它展现了书中所绘最与众不同的欧洲鸟类之一，并且优美地呈现了斯图尔特细腻的风格。红交嘴雀相交的鸟喙形状奇异，但它绝不是一个劣势因素，相反，它使这种鸟类可以食用各种各样的针叶树种子，只要将喙部插入果实，便可以将种子拧出来。

食蝠鸢（右页图）

（*Macheiramphus alcinus*）

约瑟夫·沃尔夫

约 1860 年，手工上色平版印刷版画

303mm × 245mm

（12in × 9 ¾ in）

这是一种生活在非洲、东南亚以及新几内亚的罕见鸟类，它在猛禽中也显得与众不同：它在黄昏甚至入夜后捕猎。它主要食用小蝙蝠，猎杀时能跟随猎物的每一次扭动或转弯，直至用尖锐的爪子抓住它们。它的喙部看上去很小，但张开口却很大，这让它可以在飞行途中将爪子上的猎物衔至嘴中并吞下。它像猫头鹰一样在日间休息，眼圈周围白色的大条纹可能让它闭上眼时都像是醒着一般，从而拦阻捕食者。

C himalayana

高山旋木雀（左页图）
（*Certhia himalayana*）
克胡利卢丁
约 1830–1840 年，水粉画
138mm × 118mm
（5 ½ in × 4 ¾ in）

灰奇鹛（上图）
（*Heterophasia gracilis*）
克胡利卢丁
约 1830–1840 年，水粉画
137mm × 211mm
（5 ½ in × 8 ¼ in）

这是东半球一个小家族的喜马拉雅地区代表物种。这些种间极其相似的小鸟在树干间搜寻昆虫。它们以像老鼠一样迅速突进的脚步，以螺旋路线一点点爬上树干，而后俯冲到另一棵树的底部再次开始。

在由殖民者雇佣以创作动植物插画的亚洲本土画家中，只有少数几位的名字留存至今，描绘了这只喋喋不休的山林鸟类的画家便是其中之一。他的签名“Khuleelooddeen”出现在他为爱德华·布莱思所画的图中，后者是加尔各答孟加拉博物馆亚洲学会的会长。布莱思将这位画家的一百多张画作都寄给了苏格兰的威廉·贾丁爵士。贾丁将它们用在布莱思的印度鸟类论文中，这些文章出现在贾丁 1853 年出版的期刊《对鸟类学的贡献》最终卷中。

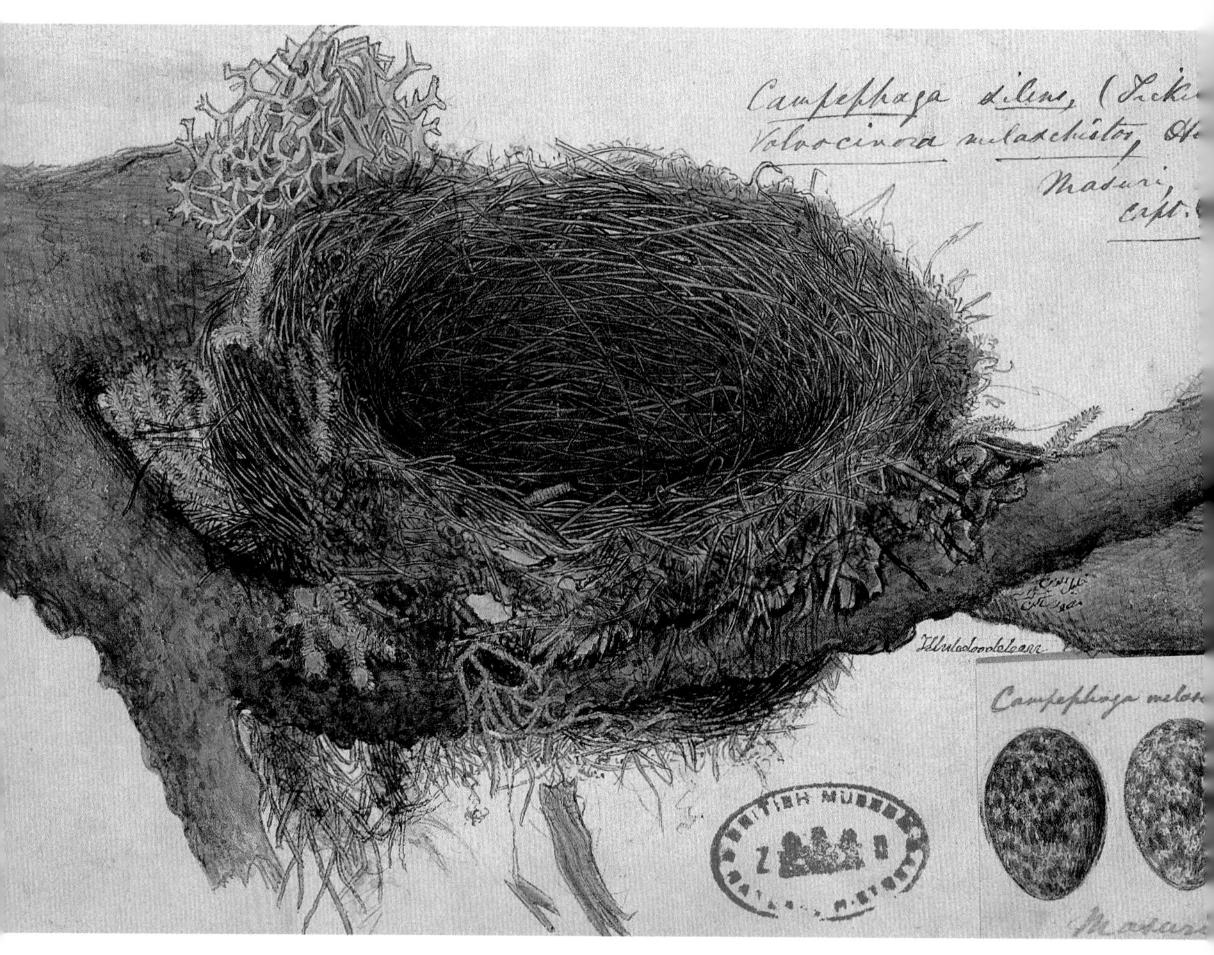

暗灰鹃鵙的巢与卵

（上图）

（*Coracina melaschistos*）

克胡利卢丁

约 1830–1840 年，水粉画

131mm × 200mm

（5 ¼ in × 7 ¾ in）

在这张图中，我们可以看到鸟巢旁有手写的学名"*Campephaga silens*"，经调查，它是这种喜马拉雅鸟类的一个非常古老的名字。鸟卵旁则写着更近代的种名"*melaschistos*"，不过这种鸟类现在已经被归类到与鹃（*Campephaga*）不同的另一个属了。

白喉扇尾鹟的巢与卵

（右页图）

（*Rhipidura albicollis*）

克胡利卢丁

约 1830–1840 年，水粉画

220mm × 137mm

（8 ¾ in × 5 ½ in）

这是印度本土画家克胡利卢丁的又一张精彩作品，同样地，画中鸟类的属名和种名都完全改变了。画中所写的名字是"*Leucocirca fuscoventris*"。样式漂亮的草制鸟巢以蜘蛛网牢牢地固定，这是扇尾鹟的典型作法，巢的锥形底部还拖曳着原料的碎条。

Leucocerca fuscoventris, (Franklin)

金黄鹂　雄

（*Oriolus oriolus*）

詹姆斯·霍普·斯图尔特

约 1825–1835 年，水彩画

171mm × 106mm

（6 ¾ in × 4 ¼ in）

这张美丽的图中画着一只美丽的鸟，对于难寻踪迹的雄性金黄鹂来说，它令人惊艳的羽毛也被描绘得非常准确。画家为它设置了典型的落脚处——树冠高处，日影斑驳的植物背景与之搭配得恰到好处，使之显得栩栩如生。斯图尔特为威廉·贾丁爵士创作了许多如这张画般的插画，每张画收费一基尼（英国旧时金币）。另外，他还为其他画家的水彩画进行最后的润色，并填补背景，以此赚取额外的薪资。

红额金翅雀（左页图）

（*Carduelis carduelis*）

詹姆斯·霍普·斯图尔特

约 1825–1835 年，水彩画

172mm × 106mm

（6 ¾ in × 4 ¼ in）

作为文鸟科最迷人的成员之一，欧亚大陆上这种艳丽的金翅雀有着比许多“亲属”更出色的喙部。其敏捷的镊子状喙尖非常适合从大蓟顶部拧出多绒毛的小种子，斯图尔特的图展示了这种自然适应现象。

白鹭

（*Egretta garzetta*）

詹姆斯·霍普·斯图尔特

约 1825–1835 年，水彩画

108mm × 171mm

（4 ¼ in × 6 ¾ in）

白鹭是鹭科最优雅的成员之一，也是旧大陆分布最广泛的鸟类之一，它的分布领域从欧洲至澳洲，遍布四个大陆。而且，目前这种鸟类的欧洲栖息地边缘正在向北扩张，在英国和爱尔兰已有小群个体出现，并且数量还在增加。斯图尔特画中的这只鸟儿相当夸张，几乎是奥杜邦式的风格，尤其是它美丽飘逸的繁殖羽，在河岸灰暗的背景衬托下极为显眼。这些精美的羽毛几乎让它们消亡殆尽，就如它们的北美近亲一样，在 19 世纪女帽行业使它们被大量屠杀。

短趾雕
（*Circaetus gallicus*）
无名氏
阿什顿勋爵收藏
约 1840 年，水彩画
642mm × 490mm
（25 ¼ in × 19 ¼ in）

这种猛禽无愧于它们食蛇鹰的名头，其主要食物就是蛇类。它常常在空中盘旋以锁定猎物，然后几乎完全收拢翅膀，向地面俯冲，用强有力的双足抓取蛇类。它们的脚和腿都覆盖着又厚又粗糙的鳞片，以保护自己不被毒蛇咬伤。

乌雕鸮（左页图）
（*Bubo coromandus*）
无名氏
阿什顿勋爵收藏
约 1840 年，水彩画
560mm × 433mm
（22in × 17in）

这种稀有猫头鹰从巴基斯坦和印度东部，直至泰国甚至中国都有分布。它喜欢生活在滨水森林、浓密的小树林或公路沿线的树林中，它在其中捕食乌鸦、水禽和其他猎物，包括哺乳动物、青蛙和鱼。它常常日夜都很活跃，而且叫声很特别，是一串渐渐加速但音阶下降的呼呼声，就像是弹力球的声音。

黑鹇 雄

（*Lophura leucomelana*）

玛丽·本廷克女士

约 1833 年，水彩画

210mm × 307mm

（8 ¼ in × 12in）

本廷克女士于 1803 年嫁给了一位军官，14 年后他成为印度总督，一直任职至 1835 年。在印度时，她为一个收藏系列创作绘画，这个系列有 57 只来自喜马拉雅地区的鸟类。她的画作从未被雕版或印刷，但自然博物馆得到了它们。她对色彩的运用很娴熟，鸟儿的羽毛也画得非常细致——就如这只雄性黑鹇所示，但她笔下的生物显得僵硬且死气沉沉。

环颈山鹧鸪　雄
（*Arborophila torqueola*）
玛丽·本廷克女士
约 1833 年，水彩画
127mm × 207mm
（5in × 8 ¼ in）

这种圆滚滚的小猎禽栖息于印度北部东部和中国南部山区的常绿丛林中。它们生活在低矮的浓密灌木中，总是成双成对，或是以小群体群居，主要出现在 5000–9000 英尺（1500–2700 米）海拔范围内。本廷克女士的画作展现了雄鸟喉部独特的花纹，但雌鸟的花纹要比这不显眼得多。

棕胸佛法僧（上图）
（*Coracias benghalensis*）
玛丽·本廷克女士
约 1833 年，水彩画
175mm × 261mm
（7in × 10 ¼ in）

它的英文名字"roller"意为滚筒，这是因为佛法僧属的鸟类在其华丽的求偶飞行中，常常在半空中从一侧翻滚至另一侧。除此之外，它还表演大角度俯冲、翻筋斗和翻圈飞行，这个过程还伴随着它刺耳的尖叫声，而双翅上暗蓝与亮蓝的斑点在阳光中闪耀（在此图中未曾显现）。

红翅旋壁雀（右页图）
（*Tichodroma muraria*）
玛丽·本廷克女士
约 1833 年，水彩画
113mm × 120mm
（4 ½ in × 4 ¾ in）

和自然博物馆收藏的所有本廷克女士的画作一样，这张画中的鸟儿相当僵硬地站在岩堆上，展现着一成不变的古老插画风格。红翅旋壁雀有着低调的美丽，很难被发现。它是旧大陆鸟类中最诱人追寻的种类之一。它栖息于西班牙至喜马拉雅山区的高山之中，借助翅膀攀登高处，在最陡峭的悬崖上来去自如。

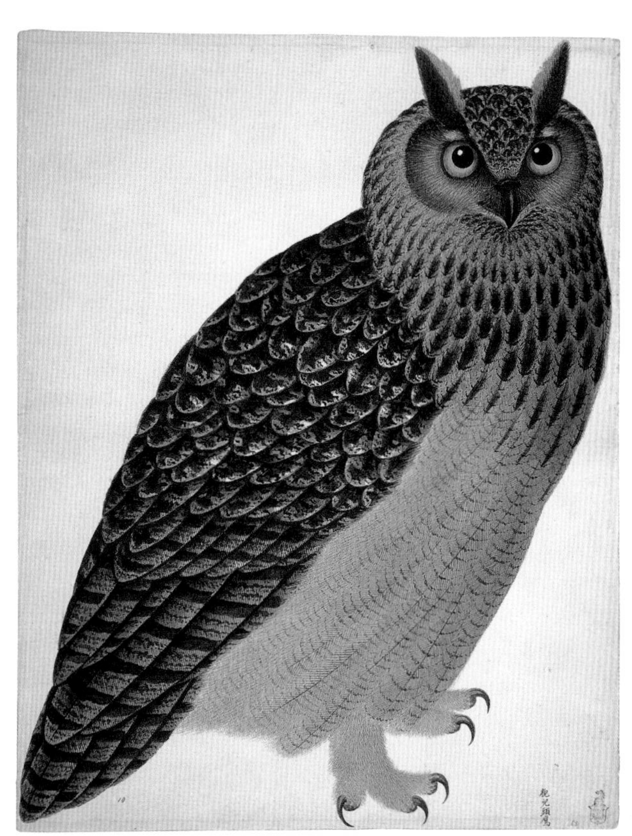

印度雕鸮
（*Bubo bengalensis*）
无名氏
里夫斯收藏
约 1822–1829 年，水彩画和水粉色
494mm × 387mm
（19 ½ in × 15 ¼ in）

为里夫斯创作此画的画家以精美的笔法成功再现了鸟儿细致的美丽，让这只威风凛凛的大猫头鹰跃然纸上。褐渔鸮的外观与它极其相似，并且分布区域也和它相同，不过我们可以从印度雕鸮满是羽毛的双足将它分辨出来（见第 113 页）。

红腹角雉　雄（左页图）
（*Tragopan temminckii*）
无名氏
里夫斯收藏
约 1822–1829 年，水彩画和水粉色
420mm × 495mm
（16 ½ in × 19 ½ in）

被称为角雉的亚洲高山雉是世界上最具魅力的鸟类之一，鸟类学家总是抱着疯狂的热情寻找它们。红腹角雉存在于喜马拉雅地区东部和中国华中地区东部。“*Tragopan*”这个属名可以被意译为“长角的木神”。雄鸟的角是可直立的蓝色肉质突起，这一处的皮肤是裸露的，通常平置藏在羽毛里。雄鸟在求偶表演中会夸张地竖起这对角，此外还有一处同样隐蔽的区域有着蓝色和红色的皮肤，此时也会扩张垂下胸部，形成一个巨大的垂盖。

棕腹树鹊

（*Dendrocitta vagabunda*）

无名氏

哈德威克/坎贝尔收藏

1822年，水彩画

251mm × 382mm

（10in × 15in）

这是印度鸟类中最常见的一种，除了在野外，也时常在城市公园、大花园、村庄等处的树上觅食并筑巢。它响亮粗嘎的叫声和更像长笛声的尖锐三音“鸣唱”是印度乡间的典型存在。它的英文名“treepie”第一音节指的是它和它近亲的树栖习性；第二音节更倾向于发“pye（派）”而非“pee（批）”的音，就如鸦科另一位长尾成员喜鹊（magpies）一样。

短尾鹦鹉属物种

（*Loriculus* sp.）

无名氏

里夫斯收藏

约 1822–1829 年，水彩画

414mm × 496mm

（16 ¼ in × 19 ½ in）

这些麻雀大小的可爱小鹦鹉属于一个分布于南亚的小群体，它们一共有 13 个属，从印度一直分布至中国南部和印度尼西亚，有一个属存在于新几内亚，而另一个属在俾斯麦群岛。它们的英文常用名为“Hanging-Parrots”，意思是悬挂的鹦鹉，还有一个别名叫蝙蝠鹦鹉，这是因为它们在停歇、整装和休息时有一个古怪的习惯，就是用一只或两只脚抓住叶片繁茂的枝条，头朝下悬挂在那里。

红嘴蓝鹊（右页图）

（*Urocissa erythrorhyncha*）

无名氏

里夫斯收藏

约 1822–1829 年，水彩画

380mm × 492mm

（15in × 19 ¼ in）

它是前两页所绘的棕腹树鹊的近亲，栖息于中国以及南亚其他地区的常绿森林、空旷地带和小片种植园中。在这张图中，它展现着可爱的颜色和优雅的形态，长尾与树枝的曲线相互呼应，所有的一切都以中国艺术典型的细腻风格融入到整个构图中。

16
山鵲

Glandarius Germanicus, Brehm. Mas.

红梅花雀　雄

（*Amandava amandava*）

弗雷德里克·迪马斯

约 1840 年，水彩画

230mm × 186mm

（9in × 7 ¼ in）

这些简洁的画作描绘的是印度最常见且分布最广的鸟类之一，画家是英国军队中的一名少校，服役于皇家（驻马德拉斯）工兵部队。上图是一只繁殖季节的雄性梅花雀，全身都是艳丽的红色；下图的梅花雀则披着非繁殖季的羽毛，呈现截然不同的色彩。作为梅花雀科大家族的一员，这只迷人的小鸟原产自南亚的其他地区，从远东分布至中国西南部。它作为受欢迎的笼鸟被引进到了世界各地，包括埃及、以色列、新加坡、日本和波多黎各。

松鸦（左页图）

（*Garrulus glandarius*）

克里斯汀·路德维格·兰德贝克

约 1833–1834 年，水彩画

475mm × 294mm

（18 ¼ in × 11 ½ in）

克里斯汀·兰德贝克（1807–1890 年）是一位德国鸟类学家、猎手及鸟类收藏家，同时还是一位资深画家。这张相当老派又正统的松鸦画作是他在家乡巴伐利亚州创作的典型作品，鸟儿自然地站在一棵结实的橡树上，嘴里叼着一颗橡子。漂亮的铜版体刻着它的旧学名，反映了时代的特点——当时许多鸟类学家将地区种提升成了亚种，或像此图般提升到种的级别。兰德贝克在 1852 年移民到了智利，在那里成为圣地亚哥博物馆的主管。在这个国度中，他在鸟类学领域取得了重要进步，并且以更通俗的方式撰述智利鸟类相关知识。

小山椒鸟　雄

（*Pericrocotus cinnamomeus*）

弗雷德里克·迪马斯

约1840年，水彩画

230mm × 186mm

（9in × 7 ¼ in）

除了鸟类外，迪马斯还创作爬行类和昆虫的水彩画。也有人认为他的画作有一种天真无邪的魅力，但画中的鸟类显得相对呆板僵硬，毫无生气，让人无法确定它们的种类。不过我们可以认出这一只鸟，它是印度常见鸟类之一，迪马斯应该是在印度服兵役时看见它的。

卷尾属物种（右页图）

（*Dicurus* sp.）

弗雷德里克·迪马斯

约1840年，水彩画

230mm × 186mm

（9in × 7 ¼ in）

迪马斯的这张图中标有“绿鸟”一名，但我们无法确定它的种类。它可能是卷尾属物种，也可能是辉椋鸟属物种（*Aplonis* sp.）。画家试图展现它光滑闪耀的虹彩羽毛，这两属鸟类都有这种特征，但画中其他的异常特征使它无法被辨别。

Green Bird

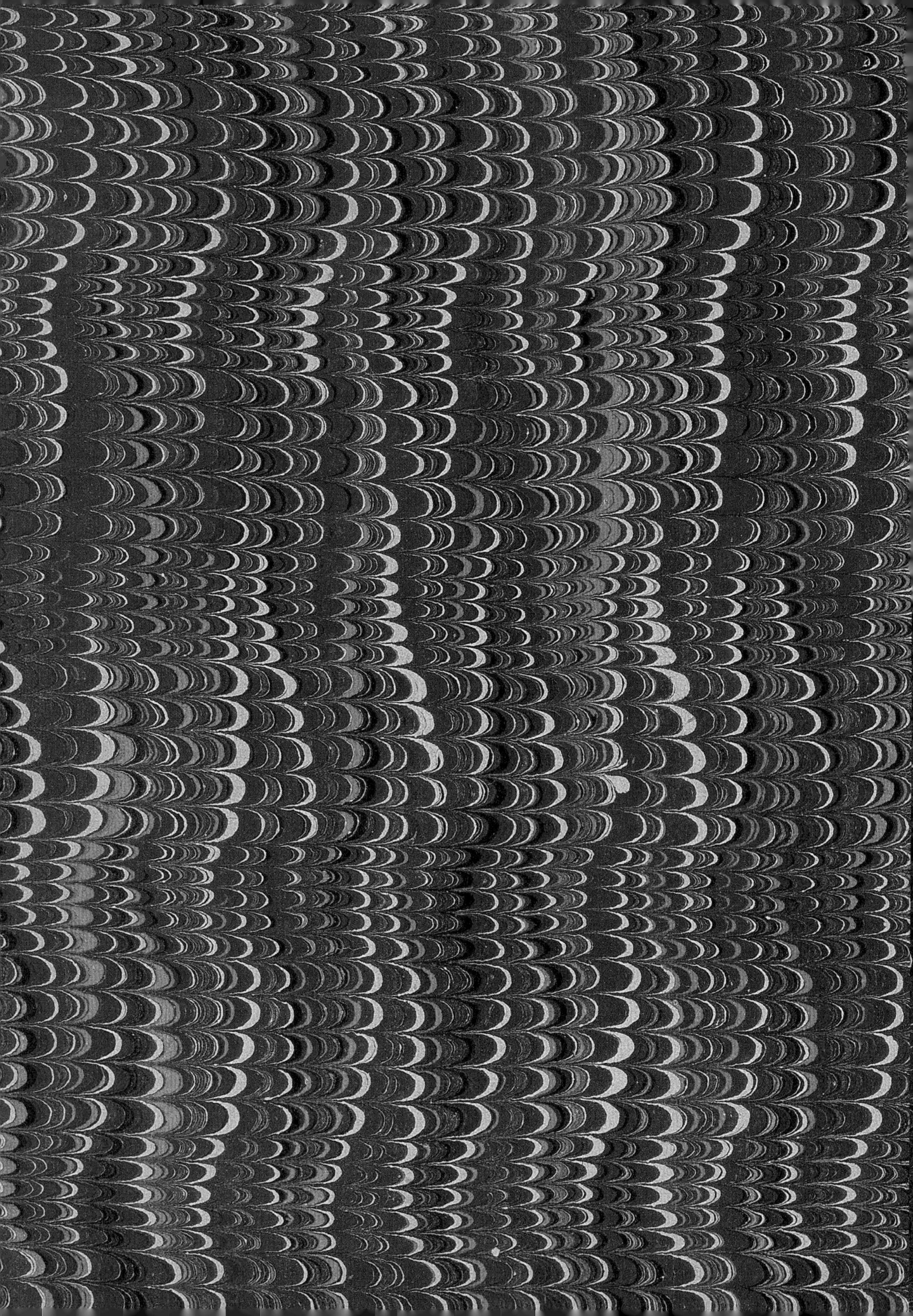

Chapter Three

1850-1890

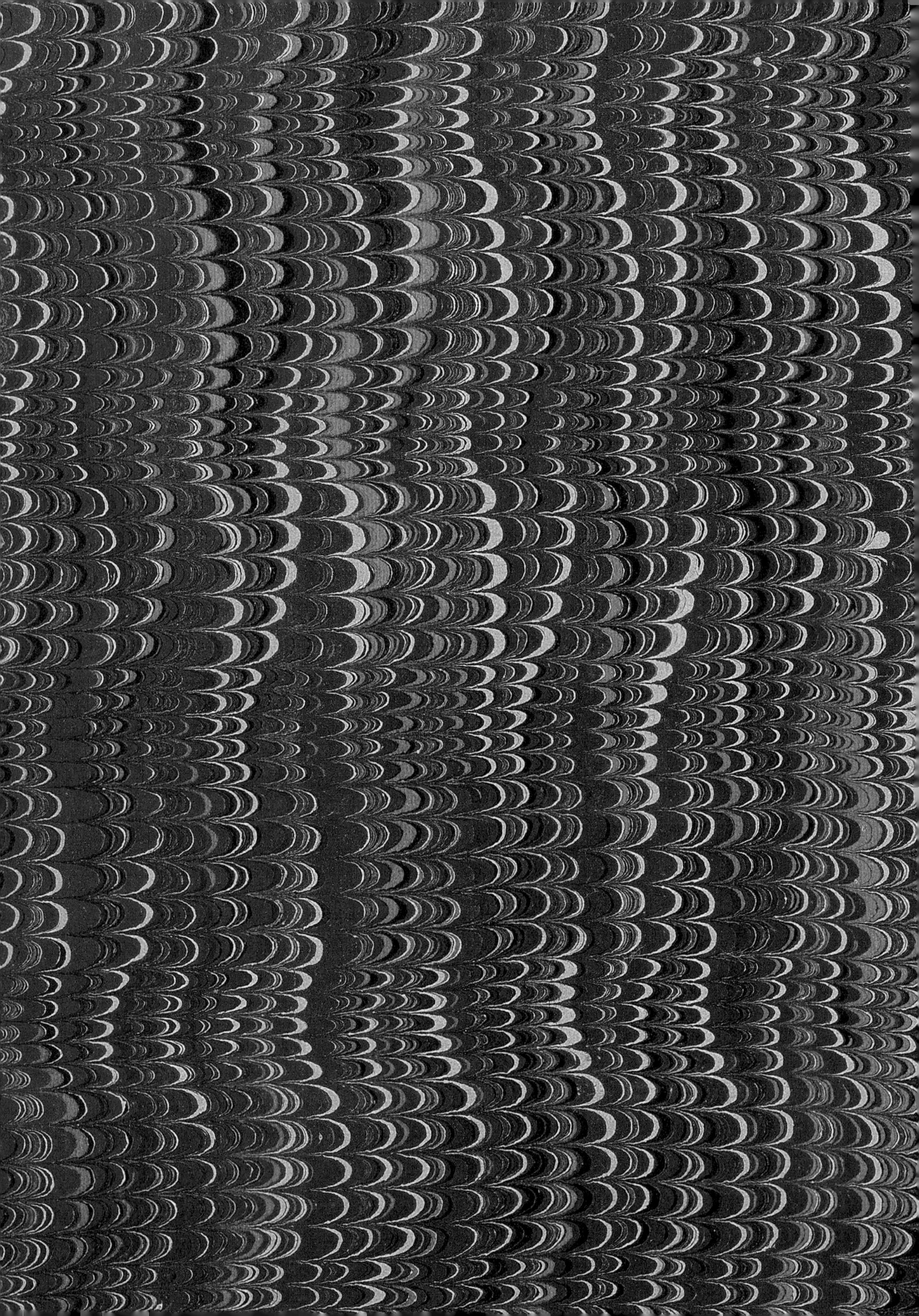

第三章
平版印刷的黄金时代

1850-1890

爱德华·利尔（1812–1888年）是19世纪使用平版印刷新技术的最重要的博物学画家之一。如今他的名气来自他的五行打油诗、其他滑稽诗篇，以及荒诞的画作，但他同时也是史上最出色的鸟类插画家之一。

利尔于1812年生于伦敦海格特区，那是城市北边的一个村落，他家里足足有21个孩子，他是最小的一个。利尔是个病弱又神经质的孩子，终其一生都常常被各种病症困扰，包括哮喘、支气管炎、癫痫，并且抑郁症往往紧随其后发作。他的近视很严重，从小就戴眼镜。

利尔家最初非常富裕，但是在爱德华孩提时，他身为股票经纪人的父亲杰里迈亚损失了大半钱财，家人被迫四下离散。他的母亲安大概是对照顾这么多孩子感到十分厌倦，便将利尔丢给他的某位姐姐照

金刚鹦鹉

（*Ara macao*）

爱德华·利尔

1832 年，手工上色平版印刷

554mm × 365mm

（21 ¾ in × 14 ½ in）

利尔在 18 岁到 20 岁间，以一种狂热的激情为自己的《鹦鹉科插画》创作了一系列直接平版印刷版画，对于这样年轻的画家而言，这些光彩夺目的版画是一项令人吃惊的成就。右页这只华美灿烂的金刚鹦鹉就是一个典型例子，和其他的众多鸟类画像一样，这张画是根据活的鹦鹉写生创作的。构图的精巧、平版印刷的技巧，还有他为笔下鸟类注入的个性以及未曾牺牲的科学准确性，都为 19 世纪下半叶的其他画家设立了极高的标准。

顾。她也叫安，比他大 22 岁。祖母给她的一小笔年金使她得以拥有自己的住所，它位于格雷律师学院路的上北街，她带着爱德华搬了出去。

利尔几乎完全是自学成才的。安和另一位姐姐萨拉鼓励他学习诗歌、古典文学和《圣经》。她们俩都是热忱的画家，从利尔很小时就支持他绘画。他先是从各大百科全书中临摹成百上千的鸟类等动物画作，从中获得了许多有益的经验。到了十四五岁时，他打各种各样的绘画类零工以赚取微薄的薪酬——毫无新意的素描图、描画扇子和屏风、给印刷品着色、为医生和医院描绘疾病图例。

从 11 岁起，利尔就常常离开伦敦去拜访萨拉，她已经结婚了，搬到了苏克塞斯郡阿伦德尔附近。正是在这多次探亲逗留期间，他有幸被一些当地贵族以友相待，他们是著名画家 J. M. W. 特纳的赞助者。这些有影响力的艺术爱好者鼓励利尔刚刚萌芽的兴趣，支持他成为一名专业画家。他们不仅提供机会提升他的艺术鉴赏力，还引介他进入上流社会，认识从物质与精神上对艺术家予以支持的各种人。福克斯家特别亲切友善，沃尔特·福克斯对博物学很有兴趣，并且是普里多·约翰·塞尔比的朋友。他的女儿温特沃斯夫人可能就是推荐年轻的爱德华进入伦敦动物学会并认识塞尔比的人。

大概是从 1828 年前，利尔就意识到自己梦想着成为一名专业画家，这时他为塞尔比和贾丁的《鸟类学插画》的其中两卷画了插图。1830 年，他开始创作自己的首部主要作品，这是一本画册，名为《鹦鹉科插画》（1830–1832 年）。为了以真实尺寸——或者说近于真实尺寸描绘鸟类，利尔是选择使用皇家对开本尺寸（22in × 15in）的第一位英国鸟类画家，他的作品对后来的鸟类画家产生了巨大的影响。不过奥杜邦在出版他的著作《美国鸟类》

MACROCERCUS ARACANGA.

Red and Yellow Maccaw.

2/3 Nat. Size.

E. Lear del. et lithog.

Printed by C. Hullmandel.

蓝黄金刚鹦鹉

(*Ara ararauna*)

爱德华・利尔

1832年，手工上色平版印刷

554mm × 365mm

(21 ¾ in × 14 ½ in)

利尔的鹦鹉专著中有许多不相上下的优秀作品，这张杰出的画作便是其中之一。这位才华横溢的画家是使用平版印刷的先驱，他为约翰・古尔德铺平了道路，后者在自己精美且壮观的鸟类书籍系列中对平版印刷的应用要比利尔频繁得多。尽管利尔非常年轻，并且这项技术是新兴的，但他深刻地领悟了如何充分运用印版石的纹理，描绘鸟羽微妙的质感和色彩。微细节处理得无与伦比：眼周的每一根细羽、足部的每一片鳞片都被刻画出来了。他与印刷商密切配合以达到这一效果，确保他们完全按照自己的指导给每张图上色，他详细的墨水与水彩初稿对此不无益助。色彩的饱满程度令人惊艳，尤其是蓝色。

第一卷时，早已使用了最大的对开本来复制插画，而利尔无法以真实大小来描绘最大型的鹦鹉，比如金刚鹦鹉。

利尔在初次雄心勃勃闯进美术印刷世界时选择了鹦鹉科，这是一个明智的选择。他显然热爱这些鸟类，而它们的异国风情、艳丽的羽毛和智商都大受公众欢迎，其中也包括了他需要吸引的订阅富户，他们将资助这部书可观的出版费用。驯服的鹦鹉一直以来都被视为时髦的宠物，因为它们长寿，能够模仿人语并与主人建立亲密关系。由于一众探险家和收藏家源源不断地从热带地区带回新物种，这些鸟儿在展出时总是能吸引众多观众——去伦敦动物园参观鹦鹉厅是当时最流行的活动之一。

利尔也是最早一批尽可能依照活鸟绘画的鸟类艺术家之一，这一点完全展现在了他生气勃勃的作品中。他大部分时间都在伦敦动物园的鸟舍里，被吱吱嘎嘎叫的鹦鹉环绕包围。他的绘画速度很快，就在他用铅笔轻巧地勾勒出流畅鲜明的线条时，他的作画对象在变换着不同的姿势，或扇动着翅膀。他在表达鸟类的不同个性方面是个天才，并且能够很好地融合严谨的科学准确性和鸟类自然的天性，这一点很少人能够做到。观察时，他还会在页边详细记录鸟类不同部分具体的羽毛色彩。接着，他以同样杰出的技巧，将这些精确的草图转变成画作，他先是描摹铅笔线条，为之上墨，接着涂上水彩色。通常他只给鸟类本身上色，不过有时最接近鸟儿的枝条部分也会涂上柔和的色彩。

在将画作转变成印刷图的过程中，利尔使用平版印刷的决定无疑在一定程度上是因为费用问题，他没有钱聘请一位熟练的手艺人以雕版或蚀刻的方式来制版，而他自己又没有学过这些高难技术。1831 年，他和安从上北街搬到了爱伯尼街，这个位置去动物园要方便得多，只要步行很短的距离穿过摄政公园就可以了。越来越多的成堆印刷品让他难以迁居。他亲自将自己的画作转画到印版石上，接着将这些沉重的材料和写满了笔记的试验水彩画搬到了印刷商查尔斯·胡尔曼戴尔的工坊，工坊在 1 英里（1.6 公里）外的大万宝路街上。

利尔的选择很明智，胡尔曼戴尔是英国首位真正成功的平版印刷商，在 19 世纪前半叶，最优秀的插画鸟类书籍大多数都是由他印刷的。自斯文森早期的尝试以来，平版印刷已在如胡尔曼戴尔这样娴熟的从业者手中大幅度改良了。他或是他的助手之一将负责试印，而高标准高要求的利尔会对它们做出必要的调整，以改善效果。有时利尔会要求从石版上多“揭”几次印品，直到他满意为止，这些试印过程

"雅各宾鸽"（原鸽本地种）
（*Columba livia*）
爱德华·利尔
约 1835 年，水彩画
155mm × 110mm
（6in × 4 ¼ in）

据详细研究了鸽类养殖的查尔斯·达尔文估计，英国大约有一百五十种不同的本土鸽类。包括野鸽（其祖先逃离了鸽舍）在内，所有这些鸽子都是原鸽的后代。利尔所绘的"雅各宾鸽"（右页图）是所有鸽子中最奇异的一种，它柔滑的羽毛炸了开来，像毛披肩一样裹住了头部。

可能包括单独印刷鸟类的头部。

利尔的鹦鹉版画无疑是高质量的，但单单这一点并不足以为他带来成功。利尔不是商人。尽管他努力为这部鹦鹉专著找到了 175 位订阅人（包括著名博物学家和画家同行，比如大英博物馆的约翰·爱德华·格雷、斯文森和塞尔比，还有温特沃斯夫人家的七位成员），但他无法确保他们能够尽快支付费用，并且甚至往往无法补足出版开销。着色师和印刷工的薪水拖欠得越来越多，利尔有时还抱怨自己甚至买不起吃的，最后他无奈地收拢了自己意图描绘当时所有已知鹦鹉物种的野心，计划中的十四个部分只有十二个部分面世。

然而，虽然不完整，但是《鹦鹉科插画》却是一部传世佳作。对于一个开始创作它时仅仅 18 岁，没有接受过正式艺术训练，也与艺术界名士未有真正接触的年轻人而言，他对这部著作可谓存着鸿鹄之志。尽管它在财务上失败了，但利尔也因为它声名鹊起，赢得了各界的高度赞誉。为此，他也获得了更多自己需要的有偿工作，开始为各种各样的书籍刊物描绘鸟类和哺乳动物，其中包括《伦敦动物学会学报》，一本关于乌龟、水龟和海龟的专著，以及关于博物探险家在太平洋和白令海峡之发现的各类书卷。

利尔在公众场合总是又尴尬又拘束，觉得自己低人一等，尽管如此，他却知交甚多，并终其一生与这些朋友来往了无数信件。他的信件中总是频繁出现一些古怪的拼写错误，然而也常常随意地点缀着精妙且诙谐的小素描。

他一生中最快乐的时光可能是在诺斯利厅生活的时期，那里临近利物浦，是史坦利勋爵（1775—1851 年）家的主宅。这两人在社会地位和性格气质上简直天差地别，但是对鸟类都有着无比的激情。他们第一次见面时，利尔从史坦利勋爵处借了一只鹦鹉，

E. Lear
189
14

E. Lear del.

以作为专著版画的模特之一，而勋爵是他的订阅者之一。史坦利勋爵的大部分人生都致力于研究博物学，在1834年他父亲过世后，他成为第十三代德比伯爵，逐渐收集鸟类等动物，建造了英国最大型的私人动物园，并邀请利尔来描绘园中的居民。他雇佣世界各地的专业收藏家为他的博物馆收集新物种的剥皮标本，并为他的动物园捕捉活鸟。他们养育了尽可能多的物种，并让它们适应了英国的天气，他和他的饲养员为此备感自豪。这些被囚禁的动物里首次包括了一些珍稀动物，比如夏威夷黑雁，夏威夷人称它为“内内”。一个特别有趣且特别讽刺的养育成功范例是北美旅鸽，奥杜邦送了几只给史坦利。那位美国画家在北美本土地见过无数这些可爱的鸟类，但20世纪初时它们已经被猎杀至完全灭绝。伯爵养育的旅鸽越来越多，达到了70只，鸟舍对它们来说太挤了，于是伯爵将它们放生了，不过每天晚上它们依然可以返回鸟笼。史坦利勋爵死后，鸟群四散离去。如果他的儿子，即第十四代伯爵继续喂养它们，又或是如果它们在野外幸存了下来，那我们今天也许仍能看到这一物种——然而史坦利家并没能预见到它的命运。

除了因工作原因在伦敦的短暂逗留外，从1832年至1837年，利尔在诺斯利待了五年时间，他可以自由使用史坦利勋爵琳琅满目的图书馆和艺术收藏。在伯爵的动物园里，利尔创作了数百张鸟类、哺乳动物和爬行动物的画作，其中17张作为版画出现在《诺斯利厅动物园及鸟舍拾遗》中，这本插图书籍是史坦利勋爵请约翰·爱德华·格雷为他的收藏所撰写的记录，后者是大英博物馆的动物区管理人。一开始，利尔在这个豪华的宅邸中手足无措，他某次曾说，“高贵的社交场面让我不堪其扰，我最想做的事就是痛快地傻笑着，单脚跳过长长的大厅——可我不敢”。但他和这一家人相处渐久，尤其是孩子们，当他画着那些想象中的奇异

绿冠蕉鹃
（*Tauraco persa*）
爱德华·利尔
约1835年，水彩画
231mm × 142mm
（9 ¼ in × 5 ½ in）

在左页这张图中，鸟儿停栖枝条上那低调但生动的叶片是利尔绘画的典型风格。蕉鹃科都是以水果为食的林地鸟类，它们与杜鹃的亲缘关系可能最接近。蕉鹃科是少数仅存于非洲的鸟类之一。它们的羽毛中有两种罕见的含铜的色素：羽绿素，这种绿色素使它的体羽呈现绿色，这也是鸟类羽毛中已知的唯一一种绿色色素（所有其他鸟类身上的绿色都是光折射的效果）；以及羽红素，它形成绿冠蕉鹃翼羽的红色以及某些物种的头冠色彩。

叉扇尾蜂鸟　雄
（*Loddigesia mirabilis*）
约翰·古尔德
约 1849–1861 年，平版印刷
545mm × 365mm
（21 ½ in × 14 ½ in）

古尔德的鸟类著作中最华美最受欢迎的一部，是他于 1849 年开始创作的，关于蜂鸟的五卷本专著。书中的主角如微小的宝石，总是不停不歇地冲刺或悬停，它们有诸如“森林女神”和“阳光天使”这样的名称，这与它们的绚烂美丽相得益彰。而其中没有一种比得上右页图中稀有的叉扇尾蜂鸟。雄性叉扇尾蜂鸟的尾部实在是一个奇迹，一对长得惊人、光裸的、金属丝般的羽毛往后伸出，彼此交叉，每一根的末尾都扩散成扇状羽片。右页这一对尾羽用于求偶表演，它们有微小的头部和躯体加起来的三倍长，而鸟儿的头身只长一英寸。

鸟类，创作着荒谬的诗篇时，他们对他心驰神往。

利尔有时也画一些身形较小的物种，但他还是最擅长画那些被我们视为滑稽或笨拙的大型鸟类，比如大鹦鹉、巨嘴鸟、鹳和鹈鹕。他从某种程度上将它们拟人化了，就仿佛是在通过它们表达他自己的古怪和尴尬。利尔晚年时发福了许多，圆眼镜和肥胖的体型让他看上去像只猫头鹰。他常常以一种讨人喜欢的自嘲式幽默，将自己画成一只漫画式的猫头鹰。猫头鹰是他偏爱的鸟类，他最令人惊艳的作品之一就是一只雕鸮，它是世界上最大的猫头鹰。尽管利尔在创作此画时一反常态地描摹了一只填充标本，但这只大型猛禽依然目光灼灼地从纸面上瞪视着你，它的胸部鼓胀着，更加增大了它的体型。不过这算不上非常逼真的肖像，它的表情有些像人类，带着一种漫画式的幽默，但是这一点更加深了它的魅力。

由于常年描绘精细的羽毛，到了在诺斯利厅居住的最后一年，利尔的视力状况已不容乐观。1836 年 10 月，他在一封信中写道：“我的眼睛糟糕透了，我很快就没办法再画比鸵鸟更小的鸟了。”次年，他放弃了描绘鸟类等动物，认为比英国天气更温和的气候更有益于他的健康，他决定将余生的大多数时间都用于海外旅行，去描绘风景。他的第一次旅程由德比伯爵赞助，横穿欧洲前往罗马。从那以后他就四处旅行，足迹遍及意大利、西西里岛、马耳他、希腊、克里特岛、阿尔巴尼亚、埃及、中东和印度。他偶尔返回英国处理画廊等事务，并缓解一下自己的思乡之情。1846 年，他在某次旅途中为维多利亚女王教授绘画。在 1851 年第十三代德比伯爵去世后，第十四代伯爵继续资助利尔，接着是第十五代。间或有人称，这两位伯爵对这份继承下来的责任感到很挫败。

由于没有妻子儿女需要照顾，利尔可以尽情去他想去的地

方。不过他常常以一种特有的半是玩笑半是悲伤的口吻写到希望成婚的愿望：在某封信中他写道："我真希望能有一位妻子！……拜托记一记有没有哪位 28 岁以下、略有一点资产的女士——可以住在罗马，知道怎么削铅笔和做布丁。"

忽略他的健康问题，利尔是位足智多谋的旅行家，他能忍受各种艰难险阻，并且显然能镇定地应对危险状况。在约旦的佩特拉，一群满怀敌意的阿拉伯部落成员准备攻击他所在的队伍，而他无视噪音，若无其事地继续写生。他的传记作者之一苏珊·海曼描述了他在希腊的另一次遭遇："屋顶上掉下来几只鹳和一只白鹭，它们的踢打尖叫逗乐了他"，还有一次，四只浑身湿透的寒鸦从烟囱里落下来，在他身上跳来跳去直至黎明。

相比于早期一丝不苟的鸟类画作，利尔受人追捧的荒诞画就像是另一个世界，但是，包括他描绘来教授孩子的"无厘头鸟类"系列在内，这些荒诞画都是极优秀的漫画。它们显而表面上的简单掩盖了一个事实：只有对实物博闻多识，他才能令它们显得如此活灵活现。

他的"鸟人"混合了鸟类和人类的特征，它们有着鸟喙般的尖鼻子，手臂或大衣尾部像翅膀般往后刺出。很难说它们代表的是有鸟类特征的人类，还是有人类特征的鸟类。它们的脸往往都是利尔自己的脸，在其中一些精彩又奇异的素描图中，他展开翅膀在空中飞翔，就像他无比赞赏的鸟类一样，他的头发竖立着，眼镜掉到了鼻子下面。

就像众多天生幽默的人一样，利尔的人生依旧被他称为"病态"的极度抑郁不断侵扰，而他越来越糟的视力对此也毫无裨益。在某次发作时他写道："有的时候我基本上不知道自己是活着还是死了"。每况愈下的视力迫使他只能创作一些印象派画作，诸如阴郁的废墟，或渐暗的天空下被狂风吹打的小船，它们反映了他在忧郁状态下黯淡的情绪。这些画作已经完全背离了他年轻时描绘的那些细节精致、颜色美丽的鸟类。

利尔在意大利西北部圣雷莫的别墅中度过了他的晚年岁月，那里临近法国边境。在这里照料他的是乔吉奥·阁卡利，这位忠诚的男仆服侍了他近五十年，而后阁卡利于 1883 年去世。老画家此时还有他钟爱的虎斑猫福斯陪着他，它永远地

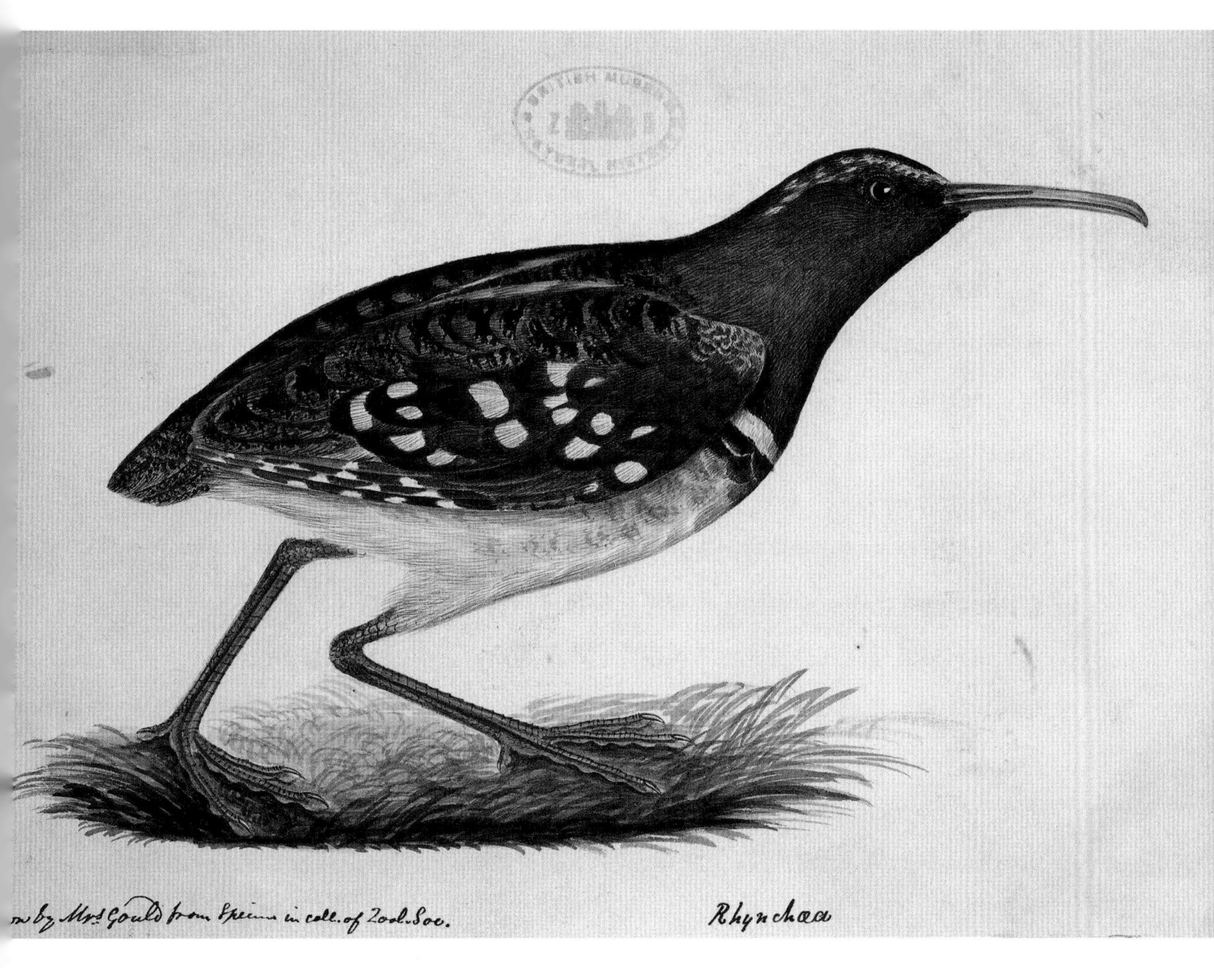

n by Mrs Gould from Specim in coll. of Zool. Soc.
Rhynchaea

半领彩鹬
（*Nycticryphes semicollaris*）
伊丽莎白·古尔德
约 1835 年，水彩铅笔画
161mm × 227mm
（6 ½ in × 9in）

在这幅优美的插画底部，印着古尔德的手书“由古尔德夫人根据Zool. Soc.收藏的标本所绘”，Zool. Soc.指的是伦敦动物学会，古尔德作为馆长兼保管人为这个机构工作了十年。这份工作显然为他提供了极大的便利，因为他能够接触许多标本，并以它们为模特创作他杰出的彩色版画。他所画的鹬科鸟类只包含了两个花纹复杂的种类，它们生活在热带湿地，分布领域有些奇特。这里所示的半领彩鹬生活在南美南部，而另一种的分布地则从非洲遍至亚洲和澳大利亚。

留在了利尔的众多画作上，但它最后也离开了，享年17岁。次年，1888年1月29日，利尔自己也安详地去世了，他被葬在了圣雷莫。

在19世纪，除奥杜邦外，与插图鸟类书籍相关的最伟大的名字是约翰·古尔德。与奥杜邦粗犷夸张的绘画风格不同，古尔德更偏爱比前者远为克制且精细的手法。他的画作也许缺乏奥杜邦作品所拥有的冲击性，但是它们有一种自成一派的精微之美。而且，不像奥杜邦只将关注点放在美国，古尔德插图丰富的鸟类学著作涉及了除非洲和南极外的每个大陆。

1804年，古尔德生于英国西南部多塞特海岸的莱姆里杰斯。不久以后，他的园艺师父亲就带着自己的工作搬到了斯托克山，这里临近萨里郡的吉尔福德，位于伦敦西南边30英里（48公里）处。约翰14岁时，他们再次搬家，这次新家在温莎，他父亲在皇家城堡辉煌的大花园里获得了一个更好的职位。古尔德在这里自学剥制标本和吹蛋壳，他很快无比娴熟地掌握了这些手艺。之后他又显示了自己的商业天赋，将漂亮的鸟类填充标本和蛋壳艺术品卖给附近伊顿公学的学生。

1823年，在19岁生日过后4天，约翰·古尔德又搬家了，这次他要前往约克郡里普利城堡担任园丁，但仅仅18个月后，他就离开此处，去追寻他真正的激情所在。他以一名标准剥制师的身份开始了在伦敦的生意，为各种不同的鸟类以及其他动物制备支架，他的客户包括乔治四世。1827年，一年前刚刚成立的伦敦动物学会想选一名标本剥制师，古尔德赢得了这份工作。他很快走马上任，进入布鲁顿街33号的学会博物馆，头衔是显赫的博物馆馆长兼保管人。很可能就是在这个博物馆里，他遇到了那个对他未来成就至关重要的人。这个人就是伊丽莎白·阔克森，她在白金汉宫附近担任家庭教师。1829年1月，两人成婚了。这一年10月，古尔德接到了他最不同寻常的委托：保存一只埃及总督穆罕默德送给乔治四世的长颈鹿。它是国王心爱的动物，但不幸于1829年死亡，此时它刚刚入住温莎大公园两年。

但是比起古尔德雄心勃勃想要创作自己的插画鸟类书籍的计划，即便是这只庞然大物也变得不值一提，或者我们有更好的参照物——斯文森、塞尔比、奥杜邦等人的著作。利尔在平版印刷上取得的成就令他印象深刻，他意识到这是未来的发展方向。他能完全按照自己想要的构图描绘鸟类草图，但要将它们转变为美丽的版

紫宽嘴鸫　雄、雌和亚成体
（*Cochoa purpurea*）
无名氏
霍顿·霍奇森收藏
约 1850 年，水彩画
280mm × 470mm
（9 ½ in × 11in）

作为印度鸟类学先驱之一，布莱恩·霍奇森在诸多领域都学识渊博，他尤其热情且仔细地整理由尼泊尔助手们创作收集的喜马拉雅地区鸟类画作和收藏，并研究它们的外观和行为。这张特别生气勃勃的画作中展现了一只雄鸟（右）、一只雌鸟（左）和一只亚成体幼鸟（下），它们属于霍奇森收集的 53 种鸫类之一，他为其中 8 种首先做了科学描述。宽嘴鸫是一种不太典型的南亚的山区森林鸫类，雄鸟的羽毛是浓艳的深绿色、蓝色或紫罗兰色，它们宽阔的喙部是用来啄食水果的。

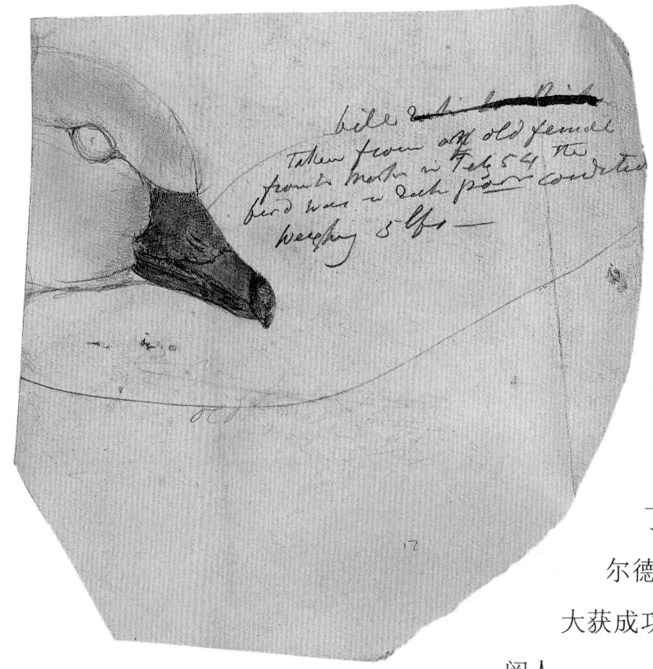

粉脚雁

（*Anser brachyrhynchus*）

约翰·古尔德

约 1865 年，水彩墨水画

133mm × 180mm

（5 ¼ in × 7in）

这张画中呈现的是粉脚雁的喙部和头部，古尔德为自己的作品准备插画时，通常都会绘制这样详细的草图。古尔德的天赋并不在于成为一名优秀细致的画家——他很明智地聘请了别人来施展这项技巧——他的才华在于呈现书本中点缀的每一张版画的整体构图，并以商人的才能监督整个出版流程。

画，他仍然缺乏必需的艺术技巧。他转而求助的人正是他的妻子伊丽莎白。她本来就是一位优秀的业余画家，通过实践改善技巧后，她很快便能精确地在印版石上作画了。

古尔德撰写的第一本书是《迄今为止未曾入画的喜马拉雅地区鸟类之纪元》（1830-1833 年），书中的 18 张版画展示了 100 只鸟类。插画的模特来自古尔德制作填充的一系列剥皮标本。它大获成功，古尔德最后找到了近三百位订阅人。

另一位意图出版该地区鸟类插画书的人是布莱恩·霍奇森（1800-1894 年）。在大英帝国于海外前哨岗位就职者中，他是最卓越且最与众不同的人之一。他在尼泊尔就职，作为一名才华横溢且刻苦勤勉的学者，他对此地的人种学、佛教研究、语言学、历史与地理博闻广识。并且，这一切领域都只是他的业余涉猎范围，作为殖民行政官，他还常常以高超的手腕处理各种疑难事务。他对尼泊尔人的态度非常开明，作为东印度公司的英国代表，他在此住了 23 年，渐渐爱上了这个国家和它的人民，同时对此地的野生生物也越来越兴致盎然。

霍奇森在尼泊尔收集了大量鸟类，他累积了超过 9500 个鸟类标本，它们大概包括 670 个物种，其中超过 120 种是之前未知的种类——不过确定是由他发现的只有其中 80 种。他详细的观察、笔记、科学描述和绘画为尼泊尔野生生物的现代学科知识打下了基础。单单是博物学方面，他就写了 140 多篇科学论著，其中 64 篇是关于鸟类的。再加上他在其他领域的学术作品，他 30 年里撰述著作的速度十分惊人，平均每七周就有一篇。

霍奇森还建立了一个插画收藏，这些优美又准确的画作上画着鸟类和哺乳动物，其中许多作品都有雅致的色彩。它们的作者是拉吉曼·辛格等印度本土画家。和古尔德《纪元》一书中的插图不同，霍奇森请人创作的插画都是直接在野外观察写生的。因此，它们更加逼真且准确，喙部、眼睛、腿部和羽毛的色彩也更加恰当，相比之下伊丽莎白·古尔德的画作色调往往较为暗淡，因为她是根据标本作画的。

粉脚雁

（*Anser brachyrhynchus*）

约翰·古尔德

约 1865 年，水彩墨水画

180mm × 133mm

（7in × 5 ¼ in）

这是古尔德自信又准确的两幅铅笔水彩草图中的一幅，它再次展现了他捕捉鸟类关键特征的技巧。他的手写笔记在色彩和形状上为画家做出了详细指导，以确保这只鸟将被准确呈现。从交出稿子，直至最后的修正印版，他总是密切关注每张版画的整个制作流程。

霍奇森和古尔德的交往是短暂且失败的，最后以霍奇森对对方的反感为终结。也许在某种程度上是受了古尔德作品的影响，霍奇森想自己创作一本关于喜马拉雅地区鸟类和哺乳动物的著作。他父亲在英国和古尔德接洽，希望能得到后者的帮助。但是，作为一个执拗的生意人，古尔德说，只有满足了他的条件，他才会考虑资助这本书。它必须是鸟类专著，并由古尔德和他妻子重新描绘插画，因为根据当时固有的偏见（但霍奇森并没有），古尔德觉得“印着印度画家作品的东西卖不出去”。这还不是全部。霍奇森应该只撰写书中的部分文本，并将此书题为古尔德《纪元》的后续。而对于霍奇森，以及代表他与古尔德谈判的他父亲而言，还有最后一根稻草，那就是霍奇森应该把画作和标本

各种鸟卵
玛格利特·布什比·拉塞尔斯·科伯恩
1858年，水彩画
260mm × 202mm
（10 ¼ in × 8in）

右页这张鸟卵集锦图是一位画家在印度绘制的，这些卵选自各种不同的鸟类。我们基本上无法提供精确至种名的学名，因为科伯恩给它们写的名字非常含糊。另外，近缘种的卵比较相似，而且一个物种的不同卵也会有差异。画中手书笔记的译释为：1.原鸡（四种之一）；2.山地鹨（几种之一）；3.缝叶莺（三种之一）；4.隼（几种之一）；5.灰头林鸽（*Columba elphinstonii*）；6.小戴胜（戴胜的印度普通种相对较小）；7.鹰雕（几种之一）；8.绒额䴓（可明确辨认，不过并非印度鸟类）；9.杜鹃（几种之一）。

寄给古尔德以便他使用，但古尔德无法承诺会在18个月内开始工作。毫无意外，霍奇森拒绝了这一提议。而另一方面，古尔德若是放弃或延迟他自己已经如此成功的作品，去迎合一位他可能从未见过也对其毫无亏欠的年轻人的意愿，那也不是个非常明智的选择。

尽管霍奇森始终坚信自己计划中的著作有很大的潜力，但是直至他返回英国，并活到94岁的高寿，他也始终没能实现自己的愿望。到了今日，那些画作就像他自己一样，依然鲜为人知地藏在伦敦动物学会的图书馆和自然博物馆中。

古尔德还曾经交往过另一位对他不太亲近的天才，此人就是爱德华·利尔。这位天才画家为古尔德的《欧洲鸟类》（1832–1837年），以及《巨嘴鸟专著》（1833–1835年）创作过许多最优秀的插画，并协助撰述了《咬鹃科专著》（1835–1838年）。古尔德即刻认可了利尔的才能，并从利尔身上获益良多，他吸收了画家在插画方面的大多数革新手段，用在了自己的作品中。他聘请利尔为自己工作，至少在一定程度上是因为他觉得如果他不这样做，那利尔也许能自己获得更大的成就，变成一个强劲的对手。

不像可怜的利尔的鹦鹉专著，古尔德的《纪元》很成功，这要感谢他身为商人的顽强毅力和他自我推销的天赋，还有他能干勤勉的秘书埃德温·普林斯，后者兢兢业业地跟进他的订阅客户，确保他们不拖欠付款。事实上，利尔著作的前两部分刚刚面世数周，古尔德作品的第一部分就出版了，并且完全夺去了前者的光彩。为优秀插画鸟类书籍树立了新标准的这份荣誉，被赠予了古尔德而非利尔。皇家学会认为古尔德的作品是当代所发行的“迄今为止最准确的异域鸟类学插画作品”。

基本上，利尔并不和古尔德交好。他们的性格截然不同：利尔敏锐、感性、严于律己又谨慎，但是对自己的众多朋友都慷慨

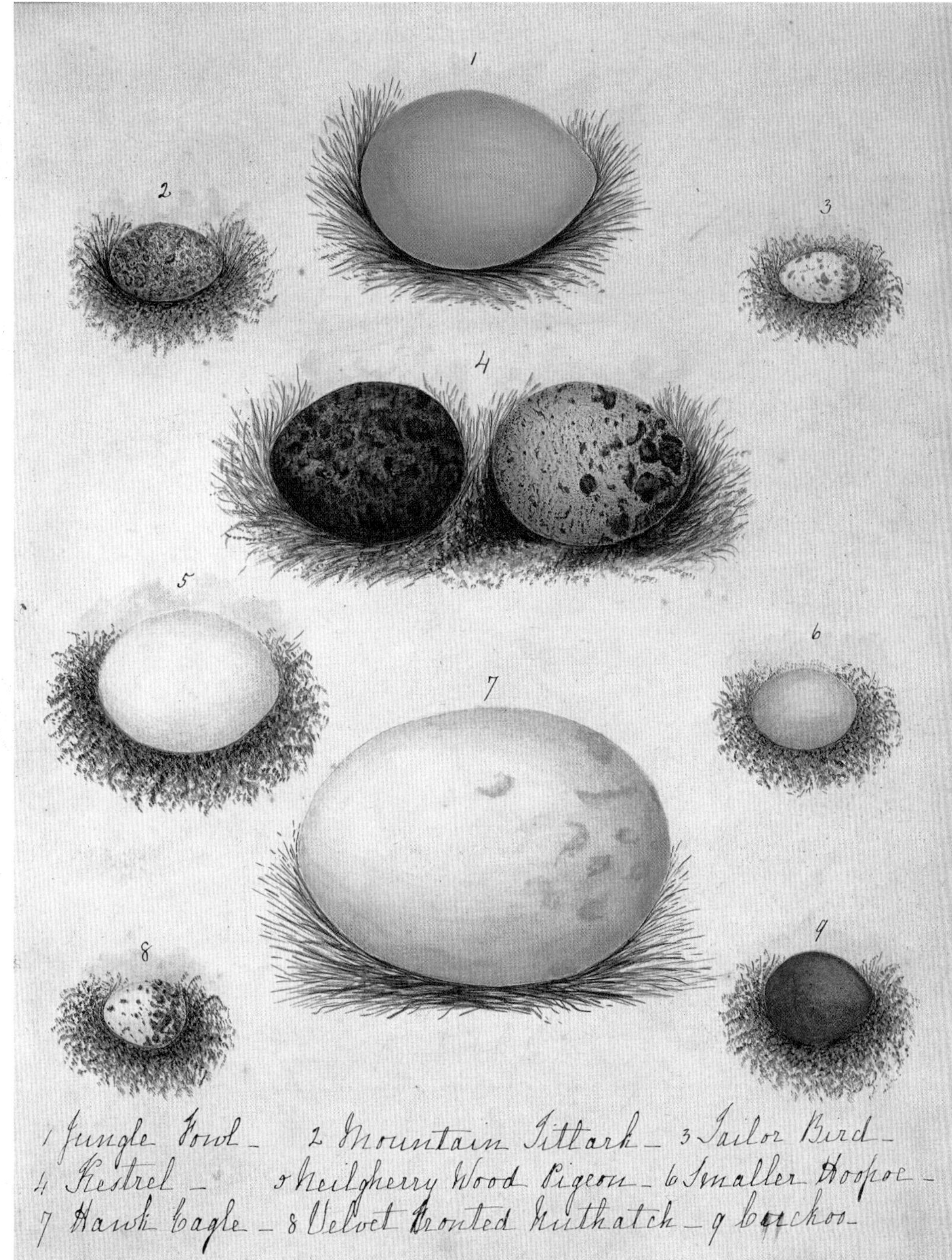
1
2
3
4
5
6
7
8
9
1 Jungle Fowl – 2 Mountain Titlark – 3 Tailor Bird –
4 Kestrel – 5 Neilgherry Wood Pigeon – 6 Smaller Hoopoe –
7 Hawk Eagle – 8 Velvet Fronted Nuthatch – 9 Cuckoo –

宽容，并且在许多方面都不谙世故；而古尔德则极其现实又无情，是个典型的毫无耐性、难以说服、白手起家的成功商人。这些对比极其明显地表现在两人来往的信件中。利尔离开英国无疑在一定程度上是因为他寂寞，并且害怕被人拒绝，这之后，他总是频繁地以深情、幽默并且往往篇幅很长的信件与许多朋友保持接触，而古尔德的回信显然很稀少，并且一概简短又冷淡。这令利尔抱怨道："我写的是信，你回的是草稿条子。"许多年后，在古尔德于1881年逝世之后，利尔写到他的前雇主："我从来没有真正喜欢过这个人，虽然他有时也欢快又和蔼，但实际上他是个严厉又暴躁的人。"这话显然有些夸大。我们得记住，利尔的个性中的确有可爱迷人的一面，令老少朋友们都喜欢他，不过他同时也不是个随和的人，习惯抱怨，并且倾向于感受苦难，甚至有些妄想症。并且，就像自然博物馆的安·达塔在她的《约翰·古尔德在澳大利亚》中所言："也许利尔的怨恨来源于一个事实，那就是古尔德的作品在财政与学界方面都成功了，而他自己的并没有。"

古尔德在审视别人时常常吹毛求疵地假定对方的无礼和卑鄙，对利尔如此，对他自己的妻子伊丽莎白也是如此。不过，每个对古尔德这一点感到不满的传记作者或美术史学家都会发现，他们彼此随时都预备跳起来为古尔德辩护。古尔德的一位传记作者以各种各样的理由为之辩护，认为他对那些终归是他雇员的人的态度，和其他商人没什么区别。他没有义务要把他们当作亲密的朋友，而且他总是保证公平及时地给他们支付薪水。尽管他看起来往往是个冷淡的工作狂，他还是能够做出宽厚仁慈的举动。在67岁时，虽然他自己的身体也非常糟糕，但还是每天出门去抚慰他绝对忠诚的秘书埃德温·普林斯，后者病得很重，正在走向人生的终点。他给普林斯的家人留下了100英镑（在当时算一笔巨款），还遗赠了100英镑给他的一名画家亨利·里希特，给另一

斯岛黄眉企鹅
（*Eudyptes robustus*）
黄眉企鹅
（*Eudyptes pachyrhynchus*）
约翰·杰拉德·柯尔曼斯
约1887–1905年，水彩画
181mm × 176mm
（7 ¼ in × 7in）

柯尔曼斯是一位极其兢兢业业又多才多艺的画家，他为各种科学刊物、目录手册、专题著作等书籍创作过不计其数的插画，其内容从有着众多鸟类和精细背景的复杂场景，到鸟类某些结构的细节图，无所不包，比如左页这张图中就是两种企鹅近似种的细节图。

位威廉·哈特留了200英镑，因为后者要供养一大家人。

有些鸟类学家对古尔德的批评围绕于一点，那就是他并非一名创新者，他本身并没有主要的科学发现，记录的标本信息也时有疏漏。然而相对的是，他是位娴熟的标本剥制师，对于他这样一位没有经受过严肃教育，更不用说接受科学训练的人而言，他能成为其时最著名的英国鸟类学家，已是一项伟大的成就。古尔德命名的新物种达到了令人惊叹的377种，这个数量无人可敌。（后来人们发现其中一些只是杂交种或亚种，不过，过于热衷寻找新物种的人绝不只古尔德一人。）但是他的最高成就是他能不知疲倦地作为经理人、商人、剥制师、作者、插画家与出版家高效率地工作，在这个过程中最有效地使用他的队伍——他们由收藏家、插画师、平版印刷匠等人组成——从而生产在数量上无可匹敌的优秀鸟类书籍。

有一个例子可以很好地体现出古尔德的科学能力，那就是他曾协助查尔斯·达尔文正确鉴别一些特别的鸟类，它们是年轻的博物学家在他搭乘皇家海军小猎犬号的著名航程中收集的。达尔文在加拉帕戈斯群岛上收集了些小型鸟类，并交给古尔德核查，古尔德发现这些喙部尺寸和形状都截然不同的小鸟全是雀科近缘种（达尔文辨别出了一些雀科，但认为其他的鸟类喙部与雀科非常不相似，应该是莺、鹪鹩和美洲黑鹂）。同样重要的是，古尔德非常迅速地确定它们并非达尔文认为的那样仅仅是些变种，而是不同物种。无论是达尔文还是古尔德，都没有意识到这个发现的意义有多么重大——在登陆群岛之后，原本的雀祖先在隔离状态下能够进化成不同的种类，自然选择使它们喙部的大小和形状渐渐适应于不同的食物。在他的畅销修订版《小猎犬号航行日志》中，达尔文深思道："看到在一个近亲鸟类小群体中出现这种结构上的渐变与多样性，你可能真的会去想象，在这个群岛上，少数原初鸟类是怎样从一个物种被修正往不同的方向"，但他在自己的进化理论构想中并没有使用这些雀类。它们也根本没有出现在《物种起源》中。达尔文选为范例以支持他的理论的真正鸟类明星是家禽——鸽子、鸡和鸭。这些小雀是因为之后的研究者才变得闻名于世，其中最值得注意的是英国鸟类学家戴维·赖克（在1930年代末和1940年代），以及彼得·格兰特（自1973年起）。事实上，"达尔文雀"这个名称是戴维·赖克创造的，他将它用作自己经典鸟类著作的书名，该书出版于1947年。

新西兰信天翁（上）
（*Thalassarche bulleri*）
萨氏信天翁（下）
（*Thalassarche salvini*）
约翰·杰拉德·柯尔曼斯
约 1887–1905 年，水彩画
292mm × 232mm
（11 ½ in × 9 ¼ in）

这些色彩精微的细节图展现了两种信天翁近似种头部的显著特点，它们在新西兰沿海岛屿繁育。上方是新西兰信天翁，它的上喙部有一道更宽更明显的橙色顶边，上喙的下半部分则是对比明显的黑色，而下喙则有明显的黄色条纹。柯尔曼斯仔细地展现了两种鸟的区别，下方萨氏信天翁的喙部更朴素无色。

达尔文还要感谢古尔德的是，后者技巧性地重建了他从小猎犬号航行中带回来的美洲小鸵残骸（南美一种不会飞的类似鸵鸟的鸟类）。在达尔文和同船船员将它当作圣诞节晚餐吃了以后，这只巨型鸟类没有留下多少部分。达尔文稍后才意识到这是一个新物种，他早先从巴塔哥尼亚的印第安人那里听说过美洲鸵鸟，但美洲小鸵与前者不同，它体型更小，羽毛更加蓬松。除了切实

46
34
Buceros Nipalensis (mih
vide Bengal asi. soc.y
Transactions Vol XVIII.

地从这只鸟身上获得了食物外，在达尔文长久酝酿自然选择进化论的过程中，古尔德的鉴定可能还帮助他获得了所谓的精神食粮。此外，在这只鸟的正式科学描述中，古尔德将它的学名定为“达尔文鸫鹋”以纪念后者。只不过，达尔文的名字并没有以这个方式保留下来，因为他吃了的这只鸟如今仅仅被视为美洲小鸵（*Rhea pennata*）的两或三个亚种之一。不过，它的常用名达尔文鸫鹋还是时不时会被用到，以区别于另一个名叫普纳鸫鹋的亚种。

古尔德对于达尔文的颠覆性理论完全抱持中立态度，他从不以任何方式支持自然选择与进化论的激进主题，反而是急于避免冒犯某些订阅富户纤弱的宗教神经。

作为伦敦动物学会的管理者，古尔德的特权地位使他可以接触到澳洲鸟类的剥皮标本，已移居新南威尔士州的内兄弟还给他寄来许多描述和标本。探险者们不停地开拓着未知的世界，在这个过程中发现越来越多的新鸟类，它们的独特和美丽令古尔德激动不已，他决定将此作为下一本著作的主题。从 1837 年至 1838 年，他在伦敦创作了《澳大利亚及邻近岛屿的鸟类》的大纲和其中两部之后，便意识到，除非他亲自远征去澳洲观察那些鸟类，否则他将无法创造他所设想的权威性著作。因此，他摒弃了已写好的前两部。在返回英国之前，他没有撰述“官方”版本的任何部分，这本书被重新命名为《澳洲鸟类》。

1838 年 5 月，他将生意托付给能干的埃德温·普林斯，带着伊丽莎白和大儿子——7 岁的亨利，还有一个侄子、两个仆人和一位跟随他的收藏家约翰·吉尔伯特出发前往澳大利亚。在海上航行了四个月后，他们抵达了塔斯马尼亚岛的首府霍巴特，该岛即后来的范迪门斯地。古尔德在此离开怀了第七个孩子的伊丽莎白，前往岛屿北部以及澳洲大陆探险，他所踏足的地方包括新南威尔士州和阿德莱德港附近的小桉树灌木林地。吉尔伯特被派往

棕颈犀鸟　雌
（*Aceros nipalensis*）
无名氏
哈德威克收藏
约 1800–1830 年，水彩铅笔画
372mm × 271mm
（14 ¾ in × 10 ¾ in）

左页这张彩色草图上展现的是犀鸟中最大型的一种。雄鸟与图中的雌鸟不同，头部、颈部和下半身是亮栗色。这一物种分布于印度东北部至中国南部和越南西北部。和迷人的犀鸟科中众多成员一样，自从这些画作诞生以来，它们的数量渐渐减少，甚至从栖息地中消失了，这主要是因为森林采伐和猎杀。

遥远西部的珀斯城去收集物种。古尔德回到范迪门斯地后，一家人一起去了悉尼，他在那里继续搜寻新鸟类，而伊丽莎白也在不停地为它们画素描。

约翰·吉尔伯特是古尔德的澳洲鸟类主要供应者，也是一位杰出的收藏家、博物馆馆长及野外博物学家，他被要求留下来寻找更多的鸟类。多亏了英国利物浦博物馆的鸟类及哺乳动物馆馆长克莱门茜·费希尔博士所做的研究，我们得知古尔德的澳洲大工程的科学价值在极大程度上仰赖吉尔伯特的技巧，而这位年轻人在参加一次探险时遭了土著居民的袭击，年仅 33 岁就被悲惨地杀死。

让我们换个轻松的话题，虎皮鹦鹉是古尔德引进英国的。他在澳大利亚发现了许多新鸟类，它们灿烂的羽毛和活泼的行为总是令他目眩神迷。他还着迷于那些大群集结的迷人小鹦鹉，土著称它们为“gijirrigaa”或“betcherrygah”的小鹦鹉——意思大概是“好吃的（鹦鹉）”。古尔德从昆士兰的内兄弟查尔斯·考克森那里得到了活着的虎皮鹦鹉，返回英国后，他在上流社交聚会和科学会议上展示它们，还送了一些给德比伯爵。第十三代伯爵是英国首位饲养这个物种的人，那是 1848 年。虎皮鹦鹉现在是世界上最受欢迎的宠物鸟，它的笼养种群数量大大超过了在澳大利亚灌木丛中闲逛的野生种群数量。

古尔德一家在澳大利亚度过了两年多时光，而后于 1840 年 8 月，带着为著作准备的大量信息、标本和画作返航回国。1841 年夏，他们愉快地定居在了萨里郡埃格姆的一个村舍，那里离古尔德幼时居住的温莎不远。但是他们的幸福很短暂，几个月后伊丽莎白生下她的第八个孩子，因患产褥热去世了。她死时仅三十七岁，他们成婚才十一年半。

吃苦耐劳的妻子离去后，古尔德失去了一位能娴熟地将他的草图迅速译解为印刷图稿的人。他曾雇佣英国画家兼平版印刷师亨利·康斯坦丁·里希特（1821-1902 年）为他描绘袋鼠，现在他再次求助于这位年轻人，希望对方来填补团队中这个巨大的缺憾。

里希特出生于一个艺术世家：他的德国祖父是一位画家及雕刻家；他的父亲亨利·詹姆斯·里希特（1772-1857 年）是位历史景观画家及雕刻家，兼 1811 年和 1812 年度水彩画家联合协会主席；他姐姐亨丽埃塔于 1842 年至 1849 年在皇家艺术院办过微型肖像画展。里希特是古尔德最忠诚且任职最久的助理之一，他为古尔德创作了大约一千六百张平版印刷版和水彩画作。除了《澳洲鸟类》外，他还协助创作过古尔德的许多其他著作，包括《亚洲鸟类》以及一些与众不同的鸟类，比如美国鹧鸪和蜂鸟。他为鸟类描绘优美背景的技巧是如此令人惊叹，这也是确保古尔德的作品广受大众喜爱的一个主要因素。

《澳大利亚及邻近岛屿的鸟类》是一部八卷本的皇皇巨著（前七卷于 1840 年至 1848 年间面世，第八卷补遗于 1851 年至 1869 年出版），它是世界上最优美的插画书籍之一，并且是澳大利亚鸟类学的里程碑之作。它是这个新开发大陆上鸟类的首部综合性著作，代表着古尔德科学成就的巅峰。这些书同时也为古尔德带来了巨大的经济利益，他声称他的客户中有 12 位君王、11 位皇亲、16 位公爵、30 位伯爵和 1 位主教。这些书一如既往地代表着一番通力合作，合作者是古尔德总监和他忠诚且勤勉的收集者、画家及平版印刷师队伍。这部著作中一共包括 681 张华美的手工着色平版印刷图。其中绝大多数画作是由里希特创作的，共 595 幅；其余的还有伊丽莎白·古尔德创作的 84 张版画；爱德华·利尔的两张，一张是澳洲鹦鹉（从他的《鹦鹉科插画》中临摹而来），一张是点斑鸬鹚；本杰明·沃特豪斯·霍金斯只画了一张带着幼鸟的鸸鹋。

霍金斯（1807–1889 年）是古尔德的另一位插画家，他在伊丽莎白去世后代替了她的位置。他是位多才多艺的人，不仅是肖像及动物画家、平版印刷师、蚀刻师、雕刻家，还研究古生物学、生理学和博物学。在伦敦西部的席登汉姆公园的水晶宫花园中，有一些壮观的真身大小的恐龙水泥模型，它们的设计师就是霍金斯。他是位称职且勤勉的画家，且早在《印度动物学插画》一书中证明了自身的价值，他为这本书绘画并制作平版版画，书中的文本由大英博物馆动物区管理人约翰·爱德华·格雷撰述。这本重要的作品出版于 1830 年至 1834 年，所依据的是一个英国及印度本土画家的大型画作收藏，展现了 1735 只鸟类。这个收藏系列是托马斯·哈德威克少将于 18 世纪后期积累的，他是印度鸟类学研究领域最著名的先驱之一，最后他将这一收藏遗赠给了博物馆。

妻子逝世后，古尔德让霍金斯和里希特一样帮助他，但霍金斯的贡献要比后者

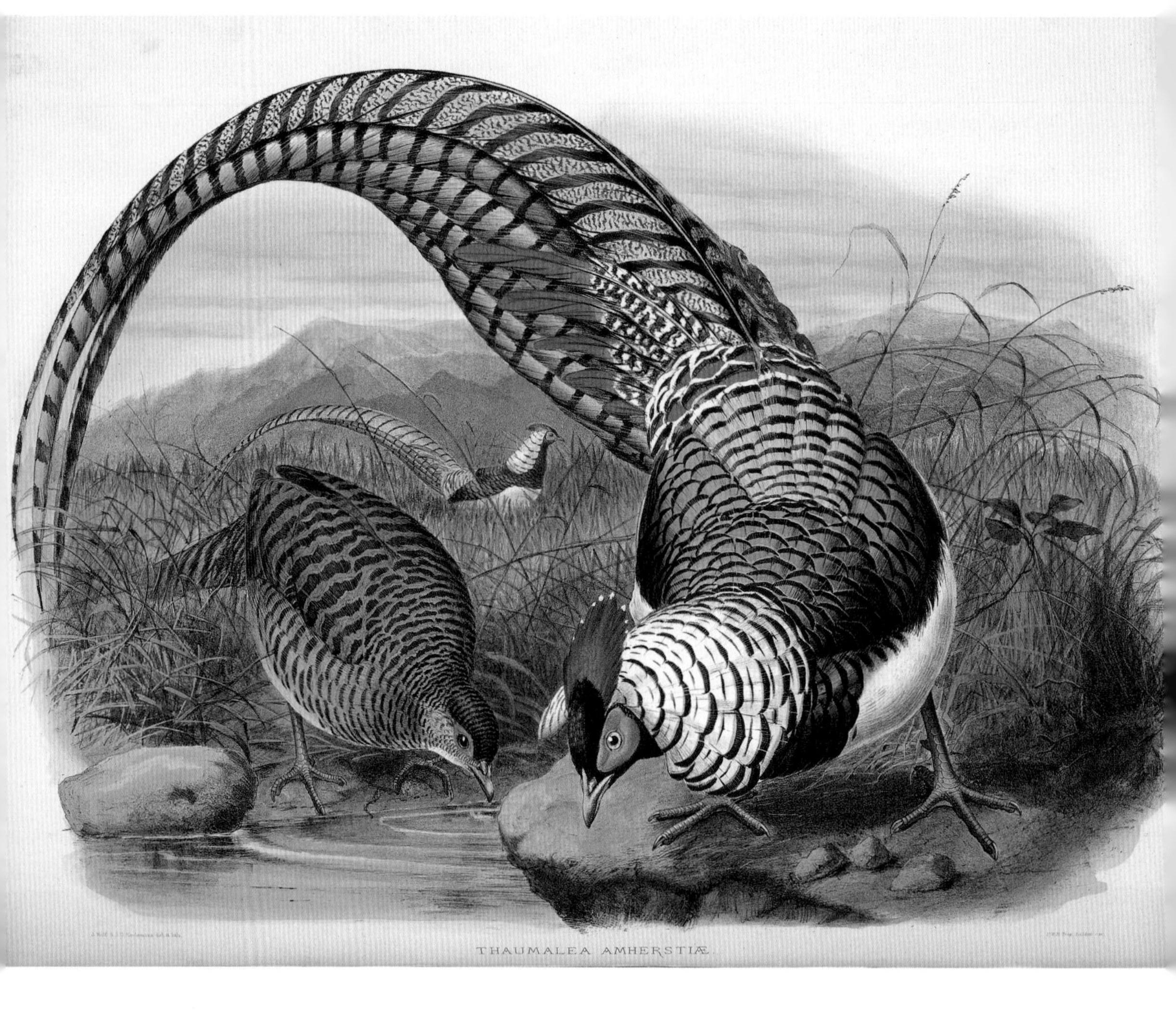

THAUMALEA AMHERSTIÆ

小许多。除了为《澳洲鸟类》所绘的鸸鹋及幼鸟外，霍金斯还为古尔德制作了16张标本版画，这些标本是在美国西海岸及太平洋各岛屿的探险中收集的。这些版画后来被复制用在了理查德·亨德的两卷本作品《硫黄号航程之动物学》中，作者是这次航行中的外科医生兼博物学家。该书出版于1843年至1844年间，16张版画中的6张被归到了古尔德名下，他也为这本书写了11页关于鸟类的内容。

在古尔德经手的无数鸟类剥皮标本中，蜂鸟尤其受他喜爱。收藏家们从美洲的各个地区给他寄来这些炫目的新世界小鸟，令他积聚了一个浩大的收藏。由于另一位蜂鸟狂热爱好者乔治·罗狄吉斯的慷慨大方，古尔德得以观察那些他自己没有的种类，并根据它们制作版画，用在他最华美的著作之一《蜂鸟科专著》中（前五卷出版于1849年至1861年，增补的第六卷分为五部分，出版于1880–1887年，他去世后，最后三部分由理查德·鲍德勒·夏普完成）。

古尔德很快意识到，他当时的插画师威廉·哈特正面临一个极大的挑战，即如何在纸上呈现雄性蜂鸟羽毛炫目的彩虹色调。事实上已经有其他人解决了这个问题，其中包括法国人让·巴普蒂斯特·奥德贝尔，他和法国鸟类学家路易·维埃罗特一起创作了两卷本蜂鸟专著《镀金般或金属色反光的飞禽》，它早于1802年出版，书中鸟儿的羽毛以黄金装饰。最新的一位尝试者是美国费城年轻的博物学家兼画家威廉·劳埃德·贝利（1828–1861），他在一系列58张画作中使用了金箔，计划将它们用在某本专著中，但该书没能出版。

贝利将这一技术的珍贵建议写信告诉了古尔德，后者在后来的信件中追问相关信息，并于1857年在费城和贝利见面时提及此事。古尔德改良了这一方法——亨利·里希特是为他创作了大

白腹锦鸡　雄
（*Chrysolophus amherstiae*）
约瑟夫·沃夫
1872年，平版印刷
450mm × 592mm
（17 ¾ in × 23 ¼ in）

左页这张美丽的画作呈现了所有雉科最艳丽的鸟类中的一种，并且它的作者是所有最伟大的鸟类画家中的一位。沃夫在最优秀的平版印刷鸟类著作之一《雉科专著》中创作了81张版画，这是其中之一。该书于1873年在伦敦出版，作者是丹尼尔·吉劳德·埃利奥特，芝加哥菲尔德博物馆动物区管理人，兼美国鸟类学家协会的创办人之一。埃利奥特的独立财产使他可以创作一系列如该书一样的顶级鸟类专著，并请最优秀的鸟类画家为他制作插画，很久以后大多数出版商都发现这样做很不划算。

金肩果鸠

（*Ptilinopus wallacii*）

约翰·古尔德

约1875–1888年，手工上色平版印刷

548mm × 364mm

（21 ½ in × 14 ¼ in）

右页这张版画来自古尔德的《新几内亚鸟类》，图中是该地区鸽属中的一种可爱种类。它的分布地仅限于新几内亚西南部和一些近海岛屿。不过很幸运的是，在人口稠密的地区，它们似乎对吵闹的栖息地也适应良好。里希特和哈特为古尔德最后的著作印刷版画时，后者已经七十多岁了，并且健康状况堪忧。该书最后的部分是由他的门徒理查德·鲍德勒·夏普完成的。

多数蜂鸟版画的画家，他在画作上涂上了透明的油彩和亮光漆，而不是贝利使用的水彩颜料——然而古尔德声称这是他自己的专利，并且从未提到贝利在其中的贡献。即便如此，古尔德的新作大受好评，在煤气灯下闪耀着光辉的各种各样的小蜂鸟必定令特权阶级的订阅客户们（古尔德自豪地称他们囊括了“欧洲几乎所有皇室成员”）惊叹不已，促使他们翻过每一张书页以寻找更多奇迹。

古尔德蜂鸟巨著的依据是剥皮标本，而非活鸟，这是他的典型风格。事实上，在作品一路畅销之时，他还从未见过一只活的蜂鸟，1857年他横渡大西洋，专程去弥补这一缺憾。在费城的一个植物园中，贝利带他观赏一只红喉蜂鸟，它并没有让他失望。这些飞翔的珠宝令他着迷——他还注意到了推销自己和新作的机会——古尔德急于带两只活的蜂鸟回英国，在漫长的航程中，他把它们关在一个小笼子里，喂它们掺了蛋黄的甜蜂蜜，以期能实现自己的意愿。并不让人意外的是，小鸟抵达伦敦后只活了48个小时。

1851年，伦敦举行了万国博览会，古尔德向公众展出了总共1500个固定标本，其中包括300种蜂鸟，展厅是他出资说服伦敦动物园修建的——每人6便士的入场费不仅仅是弥补了这一花销。鸟类标本被放置在24个玻璃柜里，它们大多是八角形，有顶盖以扩散光线，这特殊的设计是为了让人们可以从不同角度欣赏到羽毛的彩虹色调。展览大获成功，奠定了古尔德身为世界最著名鸟类收藏家之一的地位：头一年它吸引了八万多访客，其中包括维多利亚女王和阿尔伯特亲王，还有查尔斯·狄更斯，于是这一展览又延长了一年。这次展览从某种意义上延续至今，在古尔德的许多标本背后贴着他剪下来的门票碎片，其中一些蜂鸟固定标本依然保存在南肯辛顿和特林的自然博物馆中。

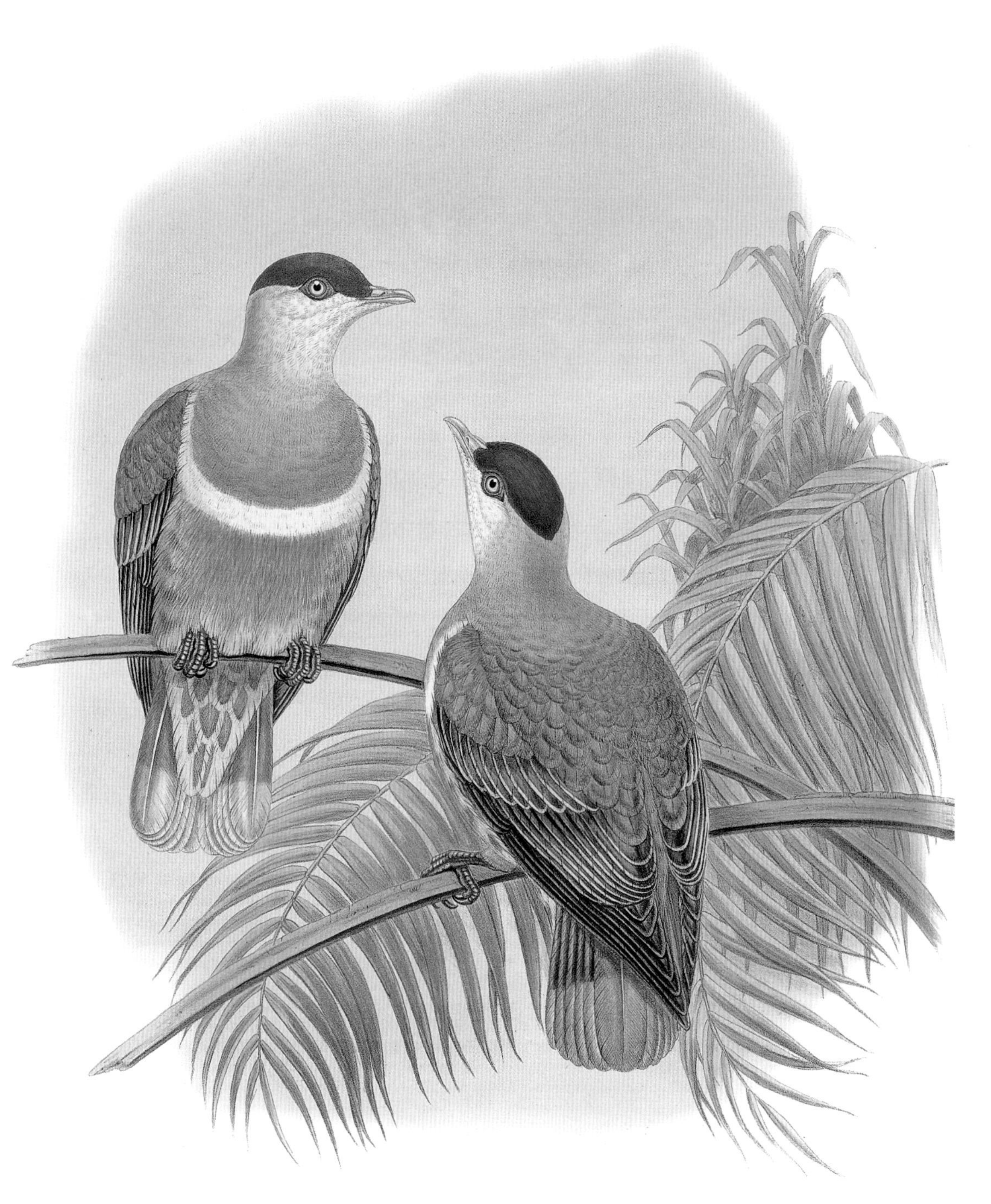

在今日已知的335种蜂鸟里，有许多种是由古尔德描述命名的。为了感谢罗狄吉斯向他无偿开放自己的收藏，古尔德将最美丽的一种蜂鸟命名为罗氏蜂鸟（*Loddigesia mirabilis*），这是鸟类学家经常使用的礼节。和霍奇森一样，这位朋友也是少数几位名字被用在属名上的人。尽管学名仍在，不过现代常用名“叉扇尾蜂鸟”更适合这样惊艳绝世的鸟。而罗狄吉斯将自己描述的新物种之一命名为古氏蜂鸟（*Lesbia gouldii*），以向对方致意。

古尔德去世后，他收藏的5378件蜂鸟标本、7017件其他鸟类的剥皮标本（包括咬鹃、巨嘴鸟、极乐鸟），还有超过1700枚鸟卵都被卖给了大英博物馆自然分馆，即现在的自然博物馆，总售价为3000英镑。

古尔德著作等身，其巨大的数量反映了他毫不妥协的创作气质。在1830年至1880年的50年中，他出版了18部对开本作品，平均每部约有7卷。这些著作包括了不少于2999张对开本大小、手工着色的平版印刷巨型版画，其中一些被煞费苦心地手工上色，在他最畅销的一些著作中反复出现了数百次——这要归功于助理团队的勤勉与忠诚，这个团队由古尔德以典型的商业效率支配着。另外，古尔德还撰述了超过300件小书册、科学论文、笔记和回忆录。

如此华丽又昂贵的出版物面对的市场有限，要知道在他名望的巅峰时期，他的作品也只有大约1000份订阅量，其中大部分客户来自图书馆等机构。无论如何，“鸟士”——他喜欢人们这么称呼他——因其作品而财运亨通，并且成为世界上创作并出版最多优秀鸟类插画书籍的人，以及当时最著名的英国鸟类学家。

在所有协助古尔德实现抱负的画家中，最具天赋者之一是约瑟夫·沃夫（1820–1899年）。虽然他是位德国人，但他的大部分人生都在英国度过——超过了五十年。马赛厄斯·约瑟夫·沃夫生于德国西部（后来的普鲁士）科布伦茨城附近的摩兹村，是一位农场主的儿子。科布伦茨位于莱茵河和摩泽尔河的交汇处，近郊地区是各种各样的鸟类和其他动物的天堂。沃夫常常逃离农务去观察并诱捕鸟类，为此时常被家人和邻居责备，他将捕到的许多鸟类关在笼子里，以它们为“模特”创作素描和水彩画。他还步行了20英里前往新维德县，去观赏马克西米利安亲王私人收藏的南美鸟类。

1836 年，当沃夫 16 岁时，他离开家乡，进入一家平版印刷公司当学徒，那是科布伦茨的贝克兄弟印刷公司。在此学习到的技巧以及他的绘画天赋很快令德国的著名鸟类学家注意到了他，其中包括爱德华·鲁培尔，他委任沃夫为他正在撰写的关于非洲东北部鸟类的书籍制作版画。不过沃夫当时最重要的工作来自赫尔曼·施莱格尔（1804—1884 年）教授，他是荷兰西部莱顿城著名自然博物馆的馆长。施莱格尔本身是位优秀的鸟类画家，同时也是位热忱的平版印刷早期支持者。沃夫的技巧令他印象深刻，于是他在 1840 年邀请沃夫前往莱顿，为一本书创作版画，那是他与 A. H. 厄斯特·德·沃厄霍斯特一起筹备的一本关于鹰猎历史与技术的书籍。《驯鹰专述》于 1844 年至 1853 年间在莱顿出版，由于一个皇家鹰猎俱乐部就建立在此，荷兰人再度掀起了对古老鹰猎艺术的热情，因此这本华丽的著作才得以面世。

沃夫还为"日本鸟类"画了前 20 张版画，那是菲利普·冯·西博特著作《日本动物志》（1844—1850 年）的一部分。这部重要的作品首次对日本鸟类进行了科学的描述，其编辑是施莱格尔，以及他的指导者兼莱顿博物馆的前任馆长昆拉德·特明克（1770—1858 年），这位著名的荷兰鸟类学家当时已然年迈。

1848 年，沃夫在达姆施塔特，随后又在安特卫普短暂地学习了一段时间的油画，但之后一阵革命的热潮席卷了欧洲大部分地区。面对随时可能被召入伍的威胁，前途无量的画家很高兴地接受了大卫·威廉·米切尔的邀请，这位动物插画家兼伦敦动物学会书记请他前去伦敦工作，正好避开了大陆上的骚乱。伦敦正适合这位野心勃勃的年轻博物学家及动物画家，而且沃夫还要感谢古尔德，正是后者将他推荐给了米切尔。他的第一个任务是与乔治·罗伯特·格雷合作，共同为《鸟类属名清单》制作版画。这位格雷是约翰·爱德华·格雷的兄弟，并且长期以来都在大英博物馆自然分馆担任后者的高级助理。格雷在博物馆及伦敦动物学会的影响力在很大程度上帮助了沃夫，确立了他身为正统博物学家及画家的地位。

沃夫对他的第二家乡满怀热情，将他的教名从德文的"Josef"改成了英文的"Joseph"。虽然他一直没有加入英国国籍，但除了考察旅行和度假（并且几乎每年回德国探亲一次）外，他的后半生都在伦敦度过。

黄盔噪犀鸟　雄和雌
（*Ceratogymna elata*）
约翰·杰拉德·柯尔曼斯
约 1876–1882 年，水彩水粉画
357mm × 261mm
（14in × 10 ¼ in）

柯尔曼斯为著名的美国鸟类学家丹尼尔·吉劳德·埃利奥特的《犀鸟科专著》描绘了 60 幅版画，其中有一些是他最优秀的作品。右页图展现的是非洲最大型的森林犀鸟，它仅存于西非，和世界上大多数犀鸟一样，栖息地毁灭令它们的数量渐趋减少。柯尔曼斯将鸟儿（后面是更小的雌鸟）安排在了准确的森林背景中，他对植物的描绘令人感受到了林地的浓密程度。

沃夫在城市周边旅行以及参加学术团体会议时，总是戴着黑帽子、满脸大胡子、披着宽大的斗篷，这个气宇轩昂的形象十分与众不同，不过他热爱的雪茄必定常常使他周身烟雾缭绕。他非常特立独行，总是避免和某个作家或出版家关联过于紧密。他采用各种各样的技术，从平版印刷和木刻版画到油画和水彩画，无所不包。当别人将他的画作平版印刷化时，成品有时无法完美地体现他杰出的画技。他为猎禽和猛禽画过不少大胆且富有戏剧性的水彩画和油画，它们没有他的书籍插画那么出名，但是比后者更精美。1849 年，约翰·古尔德聘请沃夫描绘一幅名为《寻求庇护的丘鹬》的画作，其在皇家艺术学会的夏季展览上展出。当时最受尊崇的英国动物画家埃德温·兰西尔对沃夫的画作大为倾倒，将它挂在了“线上”（齐眼的高度），以确保它能最大限度地被注意到。兰西尔自己画过不少著名的作品，比如展现了一只雄马鹿的《幽谷之王》。他对这位德国画家的作品极为欣赏，认为它们贴近他的灵魂。他对沃夫捕捉鸟类神韵的能力赞不绝口，称“他在当人之前一定曾是一只鸟”。

于是，经年累月之后，沃夫在皇家艺术学会展览上前后展出过十三幅画作，在英国协会上展出过七幅，这令他的画技被传扬开去，他很快就接到了各种工作，请他作画挂在富人家的豪宅里。他完成的画作代表了鸟类艺术的佳作范例，但不仅如此：他活泼的炭笔素描也体现了高超的技巧，如今它们自身也极受推崇。

沃夫从丘鹬的画作中获益良多，他继续创作了一些该物种的其他画作，这些图画在公众中大受欢迎。丘鹬是一种鸽子大小的丰满涉禽，有长长的鸟喙，不同于其他涉禽，它在森林中而非开阔的野外繁殖。沃夫画作的成功有一部分是因为画中主角是猎人们钟爱的猎物，另一部分则是因为这种鸟类本身的美。它对枪手们而言是一个不小的挑战，它的羽毛条纹复杂，深深浅浅的褐

48.

色、灰色和黑色交错成枯叶般的花纹，令日间栖息在森林地表的它极难被发现，而曲折迅捷的飞行则使它能在树干间闪躲追踪。

沃夫常常批评约翰·古尔德的个性和才能，不过他继续为后者的《英国鸟类》和《亚洲鸟类》画了79张版画。许多人都认为，沃夫的猛禽图是《英国鸟类》所有插画中最优秀的。古尔德书籍中的插画有不同寻常之处，它们中有时会出现雏鸟，这在当时的鸟类书籍中并不常见。沃夫笔下的雏鸟在画技上尤其和成鸟们不相上下。他对古尔德一点也不敬畏，而古尔德对沃夫的态度则混合着警惕和崇敬，这和他对别的合作者的态度大相径庭，他对他们往往是直率无礼的，有时更是不屑一顾。

1851年，沃夫被任命为伦敦动物学会的官方艺术家。在他于1856年至1861年间出版的《动物素描》中，他创作了许多生气勃勃的动物画。除了鸟类画作外，沃夫还为许多探险家和博物学家描绘插画，其中包括大卫·利文斯通博士的南非回忆录；阿尔弗雷德·罗素·华莱士的《马来群岛》，这位探险家兼博物学家是达尔文进化理论的共同创立者之一；还有达尔文自己的《人与动物的情绪表达》。

作为野生生物画家，沃夫还有一个令人羡慕的能力，那就是能够将面前一张毫无生气的皮肤转变成活灵活现、呼之欲出的画面。他在羽毛细部着色方面是位大师，并且被认为是首位在英国鸟类艺术领域对鸟类羽毛分布方式进行系统研究的人。令人着迷的是，他笔下的羽毛未必只附着在鸟类身上：它们有时从鸟巢中飘落，有时轻巧地停在地面。他天生热爱戏剧性画面，如果非要对此提出批评的话，只能说有时候他会让它们显得过于夸张，但这非常适合维多利亚时代的审美与气氛，尤其是作品中往往在阐述生与死的宏伟主题，比如展现捕猎时的鹰雕等猛禽，以及它们的猎物。

辉亭鸟　雄和雌

（*Sericulus aureus*）

约翰·古尔德

约1875–1888年，手工上色平版印刷

548mm × 364mm

（21 ½ in × 14 ¼ in）

《新几内亚鸟类》一书中有许多美丽的版画，其中包括极乐鸟和园丁鸟。左页图中的两只雄性辉亭鸟（前面是亚成体）是岛上较罕见的种类之一。雄鸟会用树枝搭建巢穴以吸引雌鸟（图片后方）前来此处与之交配，他灿烂的羽毛在阴暗的森林中更显夺目。

沃夫的画作如此生动逼真——甚至胜过真实——的原因之一是，他是位伟大的野外博物学家，花费了大量时间在英国郊野中观察鸟类等动物，并为它们作画。他特别喜欢远足至苏格兰高地，因为那荒野与山川间有他钟爱的作画对象——猎禽与猛禽。在这一方面，他还有另一个有益的习惯，他常常进入伦敦动物学会的花园中研究并绘画其中的动物；尽管生活在闹市，但沃夫的房间里还有温驯的红腹灰雀、夜莺等各种鸣禽，就仿佛他还是一个乡间小子一样。

他作为野生生物画家的格言是："生命力！生命力！这是重中之重！"相比之下，他非常蔑视地提到那些博物馆鸟类学家："这些家伙见识太短。要再现一只鸟儿，他们会用双手把它抚平，然后用纸紧紧地裹住它，但这种形象是完全错误的。羽毛在自然情况下非常有弹性，并且显得很轻盈。"事实的确如此，任何触摸过活鸟——或是新近死亡的鸟类的人都能明白这一点。他还评论说博物馆人员往往并不注意鸟类眼睛的真正颜色，因为他们只看过死鸟的剥皮标本。

年轻时的沃夫曾经喜欢猎杀鸟类，不过当他年纪渐长，对野生生物遭受的威胁更加了解之后，他决定放下猎枪，并开始激烈反对因羽毛生意而大规模屠杀鸟类，断言人类是"世界上最具破坏性最贪婪的食肉动物"。在夏季的夜晚，他甚至曾经在伦敦家中的花园里用捕虫网捞起自己发现的乌鸦幼鸟，让它们整夜待在屋里，避开掠食的猫。

从五十出头的年纪开始，沃夫便被风湿病反复折磨，它在他的余生中不停地困扰着他。手臂的疼痛令他减少了创作量，不过他一直坚持绘画鸟类和哺乳动物，直至生命的终点。

威廉·哈特（1830–1908 年）是鸟类艺术领域中最勤勉的画家、平版印刷师及手工着色师之一。他是位水彩画家的儿子，父亲与他同名。他生于爱尔兰西部的利默里克，不过 21 岁时便搬到了伦敦，并在那里成婚。哈特一生总共创作了约 2000 幅鸟类版画。他的工作职责包括了各个方面：从 1851 年起负责上色或监督其他上色师，那时他开始为约翰·古尔德工作；从 1871 年起制作平版印刷版画；1881 年起描绘水彩原画，这一年古尔德去世了，他开始为理查德·鲍德勒·夏普博士工作，后者是大英博物馆（自然分馆）鸟类厅的管理人。

凤尾绿咬鹃　雄和雌

（*Pharomachrus moccino*）

约翰·古尔德

1838 年，手工上色平版印刷

969mm × 347mm

（38 ¼ in × 13 ¾ in）

约翰·古尔德的这张版画上描绘了世界上最美丽的鸟之一，它出现在《咬鹃科专著》初版中。雄鸟的尾羽非常长，以至于完全展现它需要一张特别的双折页面。该书的第二版中使用了另外一张威廉·哈特画的图，图中鸟儿的尾羽卷曲到了头部上方。

The Pokrāss Pheasant (female)

在与古尔德合作的时间长度上，哈特甚至超过了里希特，他为古尔德的许多著作工作了近五十年。当他并不忙于为古尔德或夏普工作，或为其他画家上色时——他人生的大部分时间都在为其他鸟类书籍印刷品上色——他会创作一些鸟类和鱼类的油画，这种方式非常适合热带鸟类浓郁的色彩。

和沃夫等等在各个时期为莱顿博物馆的赫尔曼·施莱格尔工作的画家一样，约瑟夫·斯密特（1836–1929年）成为了一名极其出色的鸟类插画家，他也擅长其他博物学主题。斯密特出生于荷兰的利斯，他接到的第一份工作是被要求制作平版印刷石版，以印刷施莱格尔博士为自己关于荷属东印度群岛鸟类的一本书籍创作的画作。1863年至1866年，该书以大型四开本的三卷本面世，其中包括50张手工上色的插画。

1866年，斯密特离开莱顿前往伦敦。邀请他的是菲利普·勒特利·斯克莱特，菲利普是伦敦动物学会书记，之后成为英国鸟类学家协会8月期刊《鹮》的编辑。当时，斯克莱特正忙于撰写他自己的《异域鸟类学》，这部重要的作品阐述的是美国的新种鸟类和珍稀鸟类，他请斯密特为它创作水彩原画和版画。它最终在1866年至1899年间出版，其中有一百幅斯密特创作的手工着色版画。

抵达伦敦后不久，斯密特就与约瑟夫·沃夫成为了密友。许多年里他们都以团队合作，为无数关于鸟类和哺乳动物的优秀书籍制作插画，沃夫负责初稿，而斯密特制作平版印刷版画。

斯密特的儿子皮埃尔·雅克·斯密特（1863–1960年）与父亲和其他家人一起抵达伦敦时，只有两岁大。在很年轻的时候，他就极有进取心地计划在伦敦动物园里描绘鸟类小图，他将这些画卖给前来观看收藏的观众，帮助他们认识不常见的鸟类。之后，他与约翰·杰拉德·柯尔曼斯（见下述）一起，协助他父亲创作二十七卷本的《大英博物馆（自然分馆）收藏鸟类目录》，小斯密

勺鸡　雌
（*Pucrasia macrolopha*）
拉吉曼·辛格
约1856–1864年，水彩画
256mm × 367mm
（10in × 14 ½ in）

左页这张清晰又准确的插画是由霍奇森雇佣的著名尼泊尔画家辛格所绘，以记录霍奇森不断增多的鸟类收藏，它展现了他记录中分布最广泛的一种雉鸟。长冠羽和柳叶状的体羽让雄鸟显得与众不同，正如图中所示，这些特征在雌鸟身上不那么明显，不过依然显而易见。

彩雉　雄

（*Catreus wallichii*）

拉吉曼·辛格

约 1856–1864 年，水彩画

358mm × 256mm

（14in × 10in）

由于宫廷禁令，霍奇森几乎只能在尼泊尔东部的加德满都谷地考察，他从该国西部获得了仅三种雉鸟，其中包括右页和第 262 页中的这两种。森林采伐自当时就已开始，再加上持续不断的捕猎，使彩雉被归入了“易危种”，它的种群数目大约只有几千只。

特任务艰巨，负责其中十三卷的插画。该书由鲍德勒·夏普编辑并撰写其中一部分，于 1874 年至 1898 年间出版。

19 世纪后期，英国成为优秀鸟类书籍的贸易中心，这些书籍的插画美轮美奂，并且在科学性上准确无误。难以计数的动物标本从全球各地潮水般涌来，尤其是来自广阔且仍在继续扩张的大英帝国属地，其中包括各种新奇又珍稀的鸟类。这使得忙于描述、命名并研究它们的博物馆专家越来越多，为它们创作插画的画家们也从未如此忙碌。

“博物馆艺术”中最多产的典型人物之一就是约翰·杰拉德·柯尔曼斯（1842–1912 年），作为施莱格尔的一名门徒，他是又一位被莱顿博物馆吸引的荷兰人，而迁居至伦敦之后，他成为了 19 世纪晚期最忙碌的鸟类插画家之一。年轻时，他的足迹行遍了欧洲与非洲大陆，他能说五国语言，这对他的旅行不无裨益。他收集标本、学习剥制术，为鸟类写生。在西非感染了热症后，他返回了欧洲。在他为自己的著作《住宅与城镇鸟类》所绘制的 200 幅平版印刷版画中，他首次完美地证明了自己在制图与构图上的技巧，这本书于 1869 年至 1876 年间以三卷本形式在荷兰出版。

1869 年，柯尔曼斯在鲍德勒·夏普的鼓励下前往伦敦，后者请他为自己的翠鸟专著创作插画。这位荷兰人之后的作品产量极其庞大，在 19 世纪末的英国，鸟类相关的严肃出版物里很少会没有他创作的几张版画。他协助创作了超过 115 本书籍，还为一些龙头刊物提供插画，后者包括《鹮》和《伦敦动物学会学报》。正如芭芭拉和理查德·默恩斯在他们迷人的作品《鸟类收藏家》中写到的，“他似乎拥有一种特权，能比当时任何其他画家描绘更多现在已灭绝的鸟类”。他为著名的动物学家兼收藏家莱昂内尔·沃尔特·罗斯柴尔德勋爵创作过许多插画，其中不少出现在后者 1905 年出版的《灭绝的鸟类》中。对鸟类艺术家们来说，罗斯柴尔德

The Cheer Pheasant -

Sketch of Yellow-tipped Penguin.

是一位伟大的赞助者，本章所提及的许多优秀鸟类书籍都蒙他资助，其中包括古尔德、利尔和奥杜邦的作品。他慷慨地将他的整个动物标本博物馆和他宏伟的图书馆都捐赠给了大英博物馆（自然分馆）。

柯尔曼斯所创作的鸟类插画在风格和构图上是仔细的、系统的、学术的以及一成不变的，因此其成品在技巧上很讲究，但往往呆板无趣。不过，一个事实在某种程度上弥补了他这个缺陷，他能够以同等的准确性描绘各种各样的鸟类，在这一方面他可谓天纵奇才，从微小的、羽毛闪闪发亮的热带食蜜鸟，到属于夜晚的、阴沉的欧夜鹰，从蓝冠山雀和欧亚鸲这样常见的花园鸟类，到遥远异域的极乐鸟。比起他为书籍刊物描绘的插画，他偶尔添加水粉颜料的水彩画显得更无拘无束，也更生动，它们描绘的景色包括红嘴鸥和北鲣鸟的群体——不过哪怕是这些画作，也依然缺少沃夫等人笔下生物的迷人魅力。

在当时的鸟类画家中，并不是所有人都受雇为古尔德、夏普等这样的博物馆人士所出版的昂贵书籍创作作品，有些人根本不属于这个主流队伍。这其中最好的代表人物是两位天差地别的人，即约瑟夫·克劳霍（1861–1913 年）和利奥·保罗·塞缪尔·罗伯特（1851–1923 年）。

1861 年，克劳霍生于诺森伯兰郡的一个艺术世家，他的父亲和叔叔都鼓励他往这个方向发展。他先是在伦敦，而后在巴黎学习美术，在那里深受著名画家詹姆斯·惠斯勒的影响。之后他前往苏格兰，在那里生活了多年，成为了格拉斯哥男孩之一，那是世纪之交在苏格兰城市中工作的一个绘画学派。他最后的住所在约克郡。他主要描绘人物和马，不过同时也创作了一些杰出的鸟类水彩画和水粉画，其笔下的生物包括鸭子、天鹅、鹦鹉、鸽子和秃鼻乌鸦。

黄眉企鹅　亚成体
（*Eudyptes pachyrhynchus*）
理查德·莱西里
约 1863–1883 年，水彩铅笔画
254mm × 178mm
（10in × 7in）

理查德·莱西里（1816–1897 年）在伦敦学习绘画，期间还在皇家艺术学院学习过一小段时间。而后他参加了部门培训，在 1860 年远渡重洋前往新西兰，作为一名传教士开始了新的生活。莱西里牧师始终对博物学抱着浓烈的兴趣，并且没有中断绘画。自然博物馆中有一本书，内容是他画的新西兰野生生物，其中就包括左页这只仔细描绘的企鹅。

褐几维鸟
（*Apteryx australis*）
理查德·莱西里
约1863–1883年，水彩画
535mm × 425mm
（21in × 16 ¾ in）

右页这几张活泼的小草图十分有趣，因为它们很好地展现了褐几维鸟觅食的方法：用它钩卷的长喙进行试探（右上），喙部顶端的鼻孔能帮助它嗅到猎物，最后找到一只蠕虫（右下）。

约翰·巴斯比是现代最优秀的英国鸟类画家之一，他非常崇敬克劳霍，曾写到“他结合了顶级的制图和构图能力，对描绘对象的内在本质有强烈的洞察力”，还说后者最好的一幅作品《鸽子》“是一幅杰作——是我见过的最栩栩如生的鸟类画作之一”。克劳霍不是个很随和的人，他有时酗酒，并患有肺结核，格拉斯哥男孩学派里的一位伙伴约翰·莱弗里称他为“大寡言”。他的作品有时很混乱，但他的技巧之优秀是毋庸置疑的。

克劳霍有一个特别的天赋，他能专心致志地盯着作画对象看上一个多小时，而后在画上提炼出它的本质。回到画室后，他会凭借之前的记忆来作画。他并没有有意识地模仿日本和中国画家，但他的作品中总是透出对鸟类本质的深刻理解，这是中日画作常常展现的特色。

利奥·保罗·塞缪尔·罗伯特是一位极其与众不同的画家，不过他的作画方式也很现代。许多现代鸟类画家和艺术史家都称赞他，其中一些人认为他是史上最优秀的鸟类画家。罗伯特一生总共画了约五百张鸟类水彩画。他偏爱小鸣禽，画它们也画得最好，羽毛的细节和脸部的活泼表情让那些在野外研究过鸟儿的人立刻就能认出它们。他也有特别的天赋，他不仅将鸟儿看作其栖息地的一部分，还能从鸟类的视角将这一场景描绘出来。看着他的画作，我们常常也能站在鸟儿的角度，也许是戴胜高高地盘旋在一个山谷上空，又或是黄道眉鹀站在梯田斜坡上方的枝条上鸣唱，或者是一对林岩鹨像耗子一样窸窸窣窣在地上的枯叶中寻找食物。

No.1.
No.2.
The Apteryx, or Kiwi, of New Zealand.
Seeking worms.
No.3
No.4.
Walking slowly.
Seizing a worm.
Sketches, showing the Apteryx in different positions

长嘴鹨

（*Anthus similis*）

玛格利特·布什比·拉塞尔斯·科伯恩

1858 年，水彩画

201mm × 254mm

（8in × 10in）

鹨是鹡鸰的近亲，鹨属大约有五十个种，从阿拉斯加和西伯利亚到亚南极的南乔治亚岛，从不列颠群岛到日本，其分布领域几乎遍及全球。和鹡鸰一样，鹨属的鸟类有长长的尾部，它们时常上下摆动尾羽。长嘴鹨（又名褐石鹨）分布极为广泛，从非洲经中东至印度和缅甸，学界已描述了超过二十种不同的地理种。

寿带　雄（上）和雌（下）
（*Terpsiphone paradisi*）
玛格利特・布什比・拉塞尔斯・科伯恩
1858 年，水彩画
254mm × 201mm
（10in × 8in）

许多画家都描绘过这种令人惊艳的美丽鸟类，它是最具魅力的亚洲鸣禽之一。在非洲、马达加斯加和亚洲共有14种寿带，图中便是其中一种。包括塞舌尔寿带和仙蓝王鹟在内的一些种类是世界上最珍稀的鸟类。

短尾鹦鹉（右页图）
（*Loriculus vernalis*）
玛格利特・布什比・拉塞尔斯・科伯恩
1858 年，水彩画
254mm × 201mm
（10in × 8in）

“爱情鸟”一词如今仅指唯一的非洲种小鹦鹉，它们是最常见的笼养鸟。图中这只鹦鹉属于更小型的一个种类，现在人们称它们为悬挂鹦鹉，因为它们夜里会倒吊在枝条上睡觉。这个习惯是这种鸟类的典型特征，但并非它们特有。据记载，其他一些小鹦鹉种类也有悬挂的习惯，其中至少包括一种情侣鹦鹉。

(This is beautif

Love Bird, or Dwarf Parrot.

Psittaculus vernalis. 153 - Jerdon -

"蓝鸟"

（*Apterornis coerulescens*）

约翰·杰拉德·柯尔曼斯

约 1905 年，水彩画

806mm × 621mm

（31 ¾ in × 24 ½ in）

画中的主角据说曾生活在印度洋岛屿留尼汪岛上，唯一的记录来自于法国人杜波依斯"阁下"在逗留该岛时的日志。罗斯柴尔德指导柯尔曼斯将它描绘出来，因此它看上去像是巨水鸡，后者是一种不会飞的稀有巨型鸟类。不过这张图如今已被认为是错误的，因为它体型过大并且不会飞，而杜波依斯描述它更像是一只大紫青水鸡，在必要的时候能够飞翔。

白令鸬（左页图）

（*Phalacrocorax perspicillatus*）

约翰·杰拉德·柯尔曼斯

约 1905 年，水彩画

825mm × 620mm

（32 ½ in × 24 ½ in）

这种鸟类实际上是不会飞的海鸟，它对人类毫无警惕心，总是摇摇摆摆地在陆上行走。在白令海峡基岩岛的繁殖地，它们对猎人而言简直手到擒来。最后一批白令鸬可能是在 1800 年代中期被猎食殆尽的。它眼周有一圈裸露的皮肤，就如同眼镜，当它们活着时，这圈"眼镜"是明显的白色，但死后便褪色了。这张图可能是作家画错了，将"眼镜"画成了红褐色。

喜鹊

（*Pica pica*）

约翰·杰拉德·柯尔曼斯

约 1896 年，水彩水粉画

635mm × 523mm

（25in × 20 ½ in）

和 19 世纪末及 20 世纪初的许多野生生物插画一样，这幅画作经过仔细的观察，并且有一个俏皮的标题——《疑心》，整幅画讲述了一个故事。它巧妙地强调了喜鹊的机敏，它在寻找食物的过程中，微偏脑袋倾听两只躲起来的老鼠啃咬的声音。它展现了柯尔曼斯油画更自由更具活力的典型风格。

大鸨（*Otis tarda*）

小鸨（*Tetrax tetrax*）

翎颌鸨　雄

（*Chlamydotis undulata*）

（右页图）

约翰·杰拉德·柯尔曼斯

约 1862–1912 年，帆布油画

1190mm × 2230mm

（46 ¾ in × 87 ¾ in）

这幅大型油画的题目是简单的《鸨》，其中展现了在欧洲繁殖的两种鸨，背景的风景浪漫又华美。除了两种主角外，画中还出现了一对体型更小但是细节准确的流苏鹬，它们位于左侧后方；一只欧亚鸲，它在前景左边的灌木丛里，以及天空中飞翔的普通楼燕和家燕。

留尼汪椋鸟
（*Fregilupus varius*）
约翰·杰拉德·柯尔曼斯
约1905年，水彩画
385mm × 278mm
（15 ¼ in × 11in）

这种特别又神秘的鸟类已经灭绝了，直至1840年代（或更近代一些），它们都生活在印度洋的留尼汪岛上。过去的岛民和博物学家都以为它是戴胜，因为它的长喙向下弯曲，这一点很像戴胜。和众多岛屿鸟类一样，它很温驯且易于捕杀，只要用一根手杖敲断它停栖的枝条就可以。

鸮鹦鹉　雄和雌（右页图）
（*Strigops habroptilus*）
约翰·杰拉德·柯尔曼斯
约1887–1905年，水彩画
295mm × 244mm
（11 ½ in × 9 ½ in）

这幅极有氛围且准确的肖像画向我们展现了一对非常稀有的鹦鹉，它们出现在柯尔曼斯为沃尔特·布勒爵士绘画的《新西兰鸟类》第二版中。全世界大概有350种鹦鹉，鸮鹦鹉是其中最重的一种，并且是唯一不能飞的种类，同时还是唯一在公共的“求偶场”对雌性进行炫耀的种类。只有少数几种鹦鹉是夜行性，鸮鹦鹉便是其中一种，它的另一个别名是猫面鹦鹉。

Chapter Four

1890-Today

第四章
过渡时期

1890-至今

19 世纪的结束标志着奢华、昂贵、手工着色的平版印刷鸟类书籍正在走向落幕。这一类型印版的最后创造者，是移居英国以在鸟类插画史上留名的四位画家中的最后一位：亨利克·格伦沃尔德（1858-1940 年）。和沃夫、斯密特以及柯尔曼斯不同的是，格伦沃尔德是一位丹麦人，而非德国人或荷兰人。

他在绘画领域的第一份工作是为丹麦炮兵部队和一位工厂建筑师担任制图师。不过，他很快又找到了另一份工作，它更加契合他从小就对博物学和野生生物绘画展现出的激情：在哥本哈根的丹麦生物研究所描绘鱼类。这份工作的缺点是，在那里没有什么发展前途，于是在 34 岁时，格伦沃尔德选择离开丹麦，去美国碰碰运气。

他计划从伦敦乘船前往美国，但抵达伦敦后，他得悉大英博物馆（自然分馆）有一个制作鸟类骨骼标本的职位空缺。他证明了自己能

蓝山雀

（*Parus caeruleus*）

加那利群岛种亚种（从上往下）：*degener*、*teneriffae*、*palmensis*、*ambriosus*

亨利克·格伦沃尔德

约 1920 年，水彩画

260mm × 185mm

（10 ¼ in × 7 ¼ in）

格伦沃尔德始终在忙于描绘鸟类插图，右页这张图是他为英国鸟类学家协会期刊《鹮》所绘，向博物馆鸟类学家们展现了加那利群岛上的各种蓝山雀。描绘这样的作品需要犀利的眼神和对细节的注意力，这样才能清楚展现这些鸟儿之间细微的特征差别。四个亚种分布在不同的岛屿上，在背部色彩、翅膀花纹和腹部颜色上略有不同，而翅膀、尾部和喙部的长度也有微小的差别。

够胜任这份工作，并且还精通剥制术，后一项技巧是他年轻时在丹麦猎鸟并制作标本时就学会的。两年后，即 1895 年初，他辞去了这个职位，但仍然留在博物馆，成为一名非编制内的画家。多年里，他利用自己早期制图的经验，为博物馆描绘了许多精细的解剖学画作，内容包括爬行动物、鱼类和鸟类。

格伦沃尔德最优秀的一部分作品出现在最后一批杰出的平版印刷鸟类书籍中，不过他的作品展示了 19 至 20 世纪过渡时期的鸟类插画技术。人们以各种各样的形式再现他的画作，从手工着色平版印刷和彩色平版印刷，到凹版印刷和三色凸版印刷。他的作品几乎全都是水彩画，不过有一个著名的例外，那是他为伟大的探险家兼博物学家查尔斯·威廉·毕比所绘的 15 张油画，它们出现在后者的《雉科专著》（1918–1922 年）中，使用的是珂罗版印刷术，这种平版印刷运用的是明胶硬化后的平面。

格伦沃尔德所绘的鸟卵画作是该类作品中最优秀的。鸟卵插画是鸟类艺术中的灰姑娘，粗糙或光滑的蛋壳表面色彩微妙，并且时常有复杂的斑纹，要在画作中如实着色是个艰难的任务，大多数画家都很乐意避开它。

在第一次世界大战快要结束时，博物学书籍中，或者不如说任何书籍中的任何插画，几乎都已不再使用彩色平版印刷，更不必说特别昂贵的手工着色平版印刷。而格伦沃尔德以为这些最后的华美书籍提供了许多画版而闻名于世。

这些书籍中包括格雷戈里·马修斯所撰写的《澳洲鸟类》，这位澳大利亚人投资矿业股份，获得了一笔财富，独立的财产使他得以沉迷于对鸟类学的热爱。在娶了一位英国女人后，他于 1902 年搬到了英国，他选择的房子位置极其巧妙，正好处于两个博物馆的中间——罗斯柴尔德勋爵位于特林的宏伟的动物博物馆，以及伦敦的大英博物馆（自然分馆）。

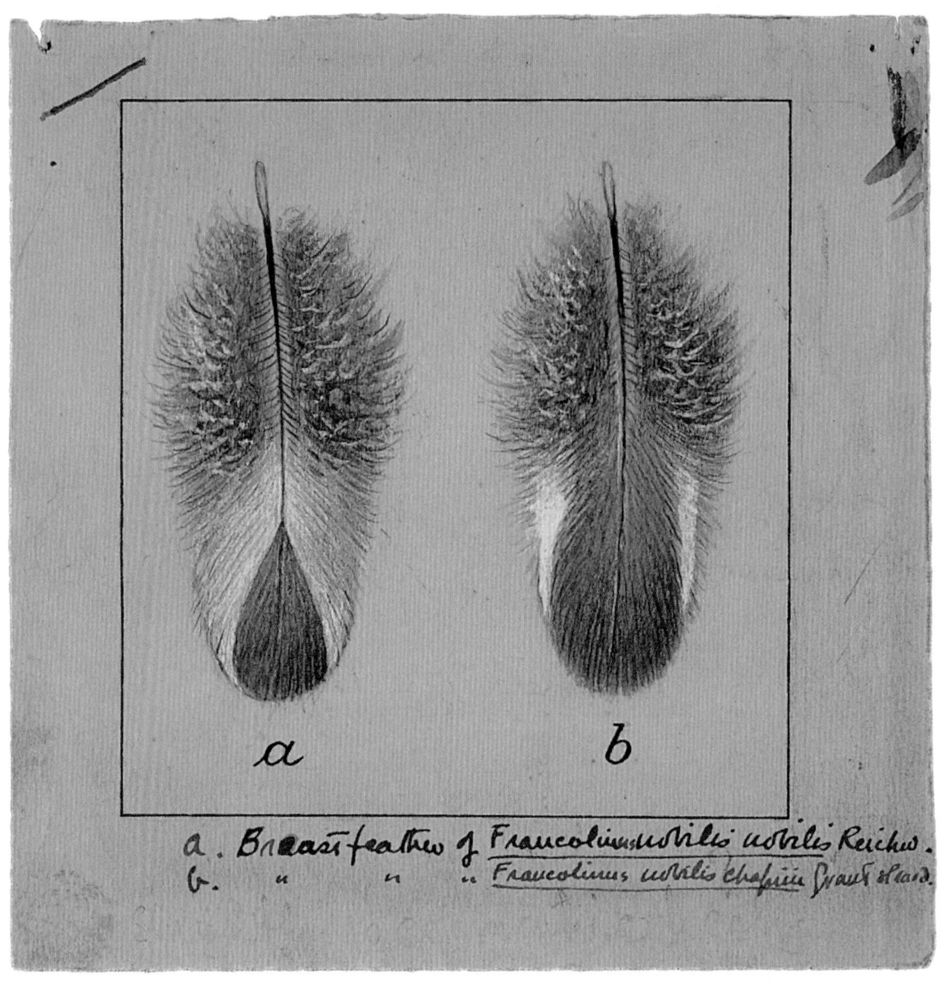

a
b
a. Breast feather of Francolinus nobilis nobilis Reichw.
b. " " " Francolinus nobilis chapini Grant & Praed.

马修斯积累了一个浩大的收藏，包括30 000张澳大利亚鸟类的剥皮标本，还有与这一主题相关的各种书籍论文组成的文山书海。另外，他收集了关于澳洲鸟类野生生活的海量信息，它们来自为他提供标本的收集者们。此时离古尔德的著作《澳洲鸟类》最后一卷出版已有70年，对这一领域新近研究的匮乏（尤其是英

国）意味着学界迫切需要一部关于澳洲鸟类的深入透彻的综合性作品。于是这部12卷的专著便诞生了，它拥有漂亮的插画，并且和古尔德的先驱作品有同样的标题，只是少了一个定冠词the。这部巨作花费了作者和格伦沃尔德17年的时间，于1910年至1927年间出版，后者是马修斯选择的首席画家。就像奥杜邦、古尔德等19世纪伟人的著作一样，这部作品也属于即将消失的那种书籍，它分部出版（不少于79个部分），并且仰赖于富裕的订阅者或博物院图书馆。因此，它只出版了225本。

书中的手工着色平版印刷图是由5位画家完成的，不过格伦沃尔德负责了一大半，共360幅。其他作品由约翰·杰拉德·柯尔曼斯、罗兰德·格林和赫伯特·古德柴尔德创作，乔治·洛奇画了其中一幅。

马修斯又继续撰写了两部同样地域的作品，论述的是澳大利亚不同岛屿上的鸟类。《诺福克与豪勋爵岛以及澳大拉西亚南极区域的鸟类》于1928年面世，插画作者是格伦沃尔德和弗雷德里克·弗罗霍克。8年后又出版了一本补遗，其中包括57幅版画，除9幅外全由格伦沃尔德创作：这基本上是最后一本包含手工着色平版印刷图的英国鸟类书籍。

与斯密特和柯尔曼斯等博物馆画家一样，格伦沃尔德的作品往往更具艺术美感，而非科学准确性。他很谦逊，非常善于团队合作，他信任其他画家，并费心费力地提供他们需要的一切。他总是尽力为自己的描绘对象注入活力和魅力，哪怕只能凭借剥皮标本也是如此。尽管这样，他的无数作品依然呈现出参差不齐的质量（他单独协助了16本著作，另外的工作对象包括各种书籍、期刊和博物馆插画）。他画作中的主角往往姿态呆板、千篇一律，有时显得很僵硬，除了一些远景轮廓外，他很少描绘飞翔的鸟类。

格伦沃尔德最擅长描绘的是小型鸟类，并且特别善于为难以

艳鹧鸪（胸部的羽毛）
A. *Francolinus nobilis nobilis*
B. *Francolinus nobilis chapini*
亨利克·格伦沃尔德
约1934年，水彩画
139mm × 146mm
（5 ½in × 5 ¾ in）

格伦沃尔德能够娴熟地描绘鸟卵、毛茸茸的幼鸟，以及如左页图所示的羽毛，他能极其敏锐地呈现它们轻盈精致的结构。这张图就是一个很好的例子，图中艳鹧鸪精细的胸部羽毛来自人们认为的这种有着别致名字的非洲本地猎禽的两个亚种。该图被制成版画，和该鸟类本身的画作一起出现在1935年的一期《鹮》中，那是英国鸟类学家学会会刊。如今我们不再承认这个亚种，因为用于区分来自乌干达的卢瓦佐瑞山脉的*chapini*亚种的典型特征在不同个体中也存在差异。

鉴定的“褐色小东西们”的微妙色彩上色——观鸟者们常常这样称呼那些小鸟，比如那些在《英国莺类》（1907-1914年）中的那些莺，这些是世人所认为他最令人赏心悦目的作品。这部两卷本作品的副标题是“研究和有关它们生活的问题”，作者是亨利·艾略特·霍华德，这位钢铁制造商是一名业余鸟类学家，而且在推广鸟类行为研究方面是位先驱，因繁殖区域的理念而闻名。格伦沃尔德为该书创作了35幅彩色平版印刷图，图中展现了26种莺及它们的卵，此外书中还有他创作的51张画作，以凹版照相印刷术印刷。人们对这些版画的批评之一是，这些莺鸟看上去非常圆胖，这和他笔下的其他小型鸟类一样，不过这是北欧画家作品的常见特征，因为他们常常看到这些鸟儿鼓起羽毛来抵御寒冷。除此之外，这些版画非常精美。

定居英国之后，格伦沃尔德只出国过两次。第一次是1895年，那时候他刚刚抵达英国三年，他和大英博物馆（自然分馆）的朋友兼同事威廉·奥格尔维-格兰特一起，前往萨维奇群岛收集海鸥、海燕等海鸟，这片群岛位于马德拉群岛和加那利群岛之间。第二次是1910年，他只是前去柏林参加一次国际鸟类学家大会。他一直创作，几乎终其一生，享年81岁。

在这世纪之交，有众多像格伦沃尔德这样的博物馆插画家活跃于英国、欧洲各地，以及美国，同样，此时也有一群优秀的画家选择专精于描绘包括鸟类在内的野生生物。毫无疑问，史上最成功的一位，实际上也是最伟大的野生生物学家就是瑞典人布鲁诺·利耶夫什（1860-1939年）。他戏剧性的油画作品能令人身临其境，感受到大自然中的光线、声音和气味。像前辈沃夫一样，他常常尽力展现他所见到的景象——他笔下的鸟类和哺乳动物总是忙于其日常生活的各个方面，而不是以奇特的姿势满足画家的想象。同时，他的画作也极具艺术美感，拥有震撼人心的情绪感染力。

利耶夫什终生都是一名熟练又热诚的猎人，对野生生物和野外环境了若指掌，因此他的作品一点都不感情用事。他对与他分享相同猎物的捕食动物极有认同感，创作过许多金雕、白尾海雕、雕鸮的画作，甚至画过追踪或捕捉猎物的猎人。

他在斯德哥尔摩的皇家美术学院里学习了三年，之后发现他父亲无法再支持他的财政，他不得不从课程中省出时间来为报纸画漫画，以支撑自己的学业。他的同学以及终生好友安德斯·佐恩也在课外通过教授美术来赚钱，但是学校新上任的一位主管要求所有学生必须全勤出席，佐恩便离开了学院。事实证明学校已经没什么可以教他的了，他要到国外去继续学习并实践艺术。他建议利耶夫什也这样做，并直接从自然界获取灵感。

佐恩后来成为瑞典最著名的画家，他对他朋友的技术进步提供了巨大的助力。印象派画家，以及日本和中国画作也深深地影响了利耶夫什，这一点在他的早期作品中尤其明显。1882 年，他离开斯德哥尔摩，前往杜塞尔多夫，他在那里跟随年迈的卡尔·得克教授学习了一段时间，后者是德国最著名的动物画家之一。他听从朋友的建议，在巴伐利亚州和意大利的户外写生，之后于 1883 年春季在巴黎沙龙的展览会上展出了他的首批印象派画作，而后又在冬季返回瑞典。

利耶夫什成长为一名技艺卓越的画家，就如画家约翰·巴斯比所说，“他对绘画的精通程度连鲁本斯[1]都会钦佩”。虽然经历过艰难又绝望的阶段，但他最终成为一名非常成功的画家，这从很大程度上要感谢一位富裕金融家欧内斯特·蒂尔的资助。后来他已有足够的资产买下一个乡间大庄园，建立了一个动物园，其中有雕、鹰、隼等鸟类，还有狐狸等哺乳动物，它们是他创作的鲜活模特。1925 年，在他 65 岁时，利耶夫什获得了自己国家的最高荣誉——黄金特辛勋章。

利耶夫什作为野生生物画家的大部分成就都要归功于他创作的方式。他的方法能令人回想起奥杜邦，他常常研究固定住的死鸟，以获得生动的姿态和他想捕捉的光影效果。尽管他使用的模特是死亡并且僵硬的，但他的画作却完全不是静态的，它们充满活力，画中的生物几乎跃然纸上，这要归功于画家敏锐的观察力和对绘画对象的熟悉程度。这种经验来自一位猎人兼画家在无数时间中耐心的追踪及观察。他的一幅杰作是个完美的范例，画中的苍鹰从鸟群中选中了一只雄性黑琴鸡，在薄雾中从针叶林梢呼啸而下，张开利爪向它扑去，在这个过程中引起一场羽毛纷飞的骚乱。

1　鲁本斯：比利时画家，17 世纪巴洛克艺术的最杰出代表，其绘画对整个西方绘画的发展具有重大意义，18 世纪至 19 世纪大部分法国画家都在不同程度上受到过他的影响。

A. Thorburn

利耶夫什属于首批能表现令人信服的飞鸟画面的画家，其作画方式展现了鸟儿的制空权，以及其轻盈与速度。就像前辈奥杜邦一样，展现戏剧性画面的意愿有时会让他忽视某些不真实的细节，这是个事实，不过画作的整体效果十分光彩夺目。许多鸟类画家都有一个特点，那就是在画中细化每一根羽毛，以理想化且详尽地展现结构和羽毛，但利耶夫什笔下的鸟类则是人们常常看到的样子，它们飞翔时双翼色彩模糊，有一部分藏在了枝叶里，又或是只呈现出一个反光的剪影。尽管提供的细节更少，但呈现的却是更确切更真实的自然，他使这个明显的悖论变成了事实。

最重要的是，论及使画中的鸟儿与它的背景浑然一体，利耶夫什是这一方面最伟大的画家之一。他显然热爱挑战描绘斯堪的纳维亚野外极其微妙的褐色、橄榄色、赭色、绿色和灰色，以及其昏暗的光线效果。许多他最令人触动的作品描绘的都是黄昏或黎明。

他并不喜欢让画中的鸟儿从背景中突显出来，反而热衷于使他的主角们几乎融入自然环境，就像它们通常所做的一样。在他优美的画作里，涉禽行走在褐色的沼泽地中，灰山鹑藏在金色的麦田里，名为松鸡的大鸟行于松柏林的昏暗下。乍一看很难分辨出画中的鸟类，因为就如在真实的自然中一样，羽毛上巧妙的伪装使它们隐藏于色彩相似的背景之中，环境减弱而非夸大了它们的身型与冲击力。观赏这样的画作使人恍如身在其中，并不特别明显的鸟类使人以为看到了野地里真实的鸟，这个事实只会使观者更加愉悦。

这位特立独行的画家还有一项天赋，他并不在纸上展现某一物种的普遍外貌特征，他只为某个个体绘出真实的肖像。综上所述，外加其他更多的原因，许多人都认为这位杰出人士是史上最伟大的画家。

厚嘴崖海鸦（*Uria lomvia*）
崖海鸦（*Uria aalge*）
阿奇博尔德·索伯恩
约 1885–1897 年，水彩画
247mm × 170mm
（9 ¾ in × 6 ¾ in）

索伯恩描绘英国鸟类的卓越画作通常被公认为属于史上最优秀的作品，它们成功融合了准确性与感染力。左页这张图中展现的是两只身披冬羽的近亲种海鸟，前面这只是崖海鸦，北美将它称为海鸦，后面那只是来自更北方的厚嘴崖海鸦。

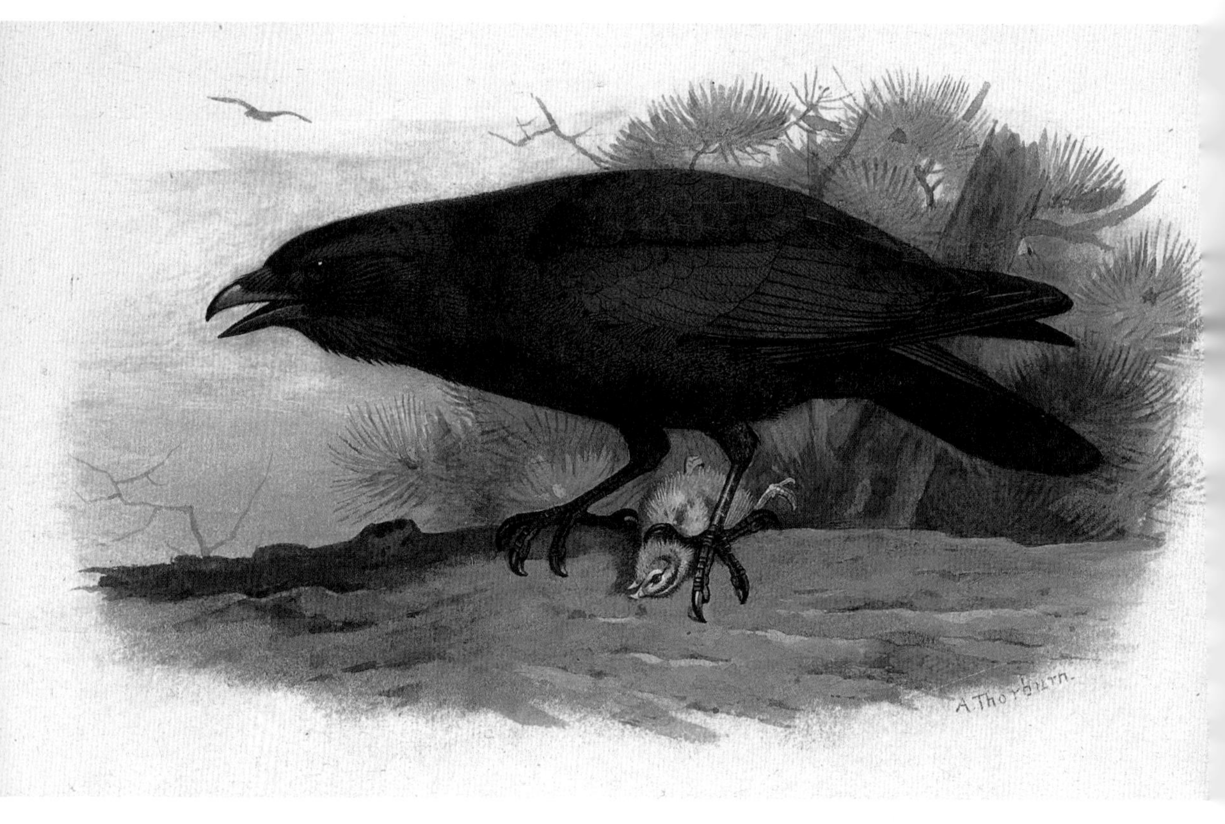

还有两名杰出的鸟类画家是和利耶夫什同一年出生的。著名的苏格兰鸟类艺术家阿奇博尔德·索伯恩（1860–1935 年）非常崇敬约瑟夫·沃夫，坚称沃夫的作品“拥有任何其他野生生物画家都无法表现的，难以形容的生命力与动态感”。与索伯恩同龄的乔治·爱德华·洛奇（1860–1954 年）也有相同的感受。他在自己的回忆录里提及旧日时光，那时“一位（过去）非常著名的鸟类学家告诉他，沃夫的插画中有一个大缺点，那就是它们太‘艺术性’了”。他反驳说沃夫是“史上最伟大的鸟类绘图师，我真的认为在未来也会是如此”。两位画家的确从这位天才前辈身上获益良多，不过他们同时也非常具有个人特色。在索伯恩的早期职业生涯中，沃夫曾认可他的能力，并给予他宝贵的鼓励。大师的称赞没有白费，许多更近代的评论家都赞美索伯恩的作品，其中包括著名的画家及环保主义者彼得·斯科特爵士，他写道：“索伯恩笔下羽毛的质感比任何一位前辈都更加出色”。而鸟类学家、作家兼传播者詹姆斯·费希尔称：“在记忆中的所有英国鸟类画家里，最伟大的显然就是苏格兰人阿奇博尔德·索伯恩。”有些客户很沮丧地发现，他们买到的索伯恩画作只是精心制作的赝品，这也算是对索伯恩的一种赞赏，不过角度有些微妙。

索伯恩出生于爱丁堡附近的拉斯韦德，在青少年时期，他有一位优秀但是严厉的导师。他的父亲罗伯特是位著名的微图画家，为维多利亚女王作画不低于三次，女王钟爱的阿尔伯特亲王肖像画也是他画的。阿奇博尔德被送往伦敦圣约翰森林的一座艺术学校，在那里学习了很短的一段时间。他说，关于绘画，他在父亲手下学到的远远多过于学校里的。这显然并不轻松，因为那位主人会将所有没能达到他预期水平的画作全都撕碎。然而，在圣约翰森林，索伯恩接近了他的偶像沃夫，并受益于沃夫的建议和关注。

索伯恩第一份重要的工作是为144幅彩色平版印刷版画创作水彩画，它们被用于一本畅销作品《常见野生鸟类》中，其作者沃尔特·斯威士兰德是布赖顿市的一位剥制师兼博物学家。这份工作使索伯恩吸引了利尔福德勋爵的注意，后者聘请他为自己的七卷本作品《不列颠群岛鸟类之彩图》（1885–1898年）创作了许多版画。这部作品宏大又优美，它的原插画师是柯尔曼斯，他为前面的卷本描绘了125幅画，但1887年他的身体每况愈下，实在无法继续这份工作。书中一共有421幅画，利尔福德请索伯恩绘制了其中264幅，其余的由其他画家完成。这项浩大的任务占据

渡鸦

（*Corvus corax*）

阿奇博尔德·索伯恩

约1885–1897年，水彩画

150mm × 227mm

（6in × 9in）

左页这张插画完美地展现了鸦科最大型成员的强壮，不过这个印象在这里有些古怪，因为它的猎物只是一只又小又无助的猎禽幼鸟。不过这种对比的确突出了渡鸦的体型，虽然它是维多利亚女王时代大多数动物画作中的道德寓意典范，但作者在此可能是要展现它怯懦的天性。索伯恩一如既往地将鸟儿设定在它的典型生境中，它站在大针叶树粗壮的横枝上，只有这种大树能够承载它笨重的鸟巢。

喜鹊

（*Pica pica*）

乔治·爱德华·洛奇

约1930年，粉笔画

260mm × 208mm

（10 ¼ in × 9in）

右页草图中的这些喜鹊姿势各不相同，这体现了洛奇描绘鸟类不同形态的技艺。他长年在野外观察鸟类，这使他对笔下的主角拥有广博的见识。当代许多朋友和熟人都提及他看起来总是像在画画，这个习惯为他的作品带来了材料和灵感，因此画中的鸟儿才会如此生机盎然。

了索伯恩十年的时间，平均两周完成一幅水彩画，有时一幅画中有十多只鸟。

相比于古尔德等人极其昂贵的作品，《彩图》一书面对的受众相当广泛，这是因为利尔福德尽可能压低了价格，但事实上这项投资花费了他将近15 000英镑（26 000美元）。索伯恩的第一批版画于1888年面世，其订阅者是早期卷本的3倍，之前的书卷中呈现的是柯尔曼斯准确但相对无趣的插画。在初版面世近百年之后（可惜更现代的印刷技术所复制的成品没有从前的那么精美），索伯恩的版画依然在进入越来越多受众的视野，这是因为它们被用在了两部作品中。一部是托马斯·阿尔弗雷德·科沃德的《不列颠群岛的鸟类及卵》，它的第一本版本是两卷本，在1920年至1925年间出版，而后于1926年至1950年间以三卷本形式出版，1969年的版本则是单卷的修订缩略版；还有一部是1937年至1970年代末间出版的《英国鸟类观察者之书》，它的作者是维尔·本森，1953年后更名为《鸟类观察者之书》。后一部属于一个极其畅销的系列，是该系列最先出版的两部作品之一，并且，这部长寿的作品总共卖出了三百万册。

比起19世纪终末的这部著作，索伯恩描绘过更优秀的版画，它们被用在他的四卷本《英国鸟类》中，它是他自己在20世纪初写的四部作品之一。该书于1915年到1916年间初次出版，1918年出版了一卷补遗。初版最早只限印了250册，但它们很快就销售一空，而后该书又以各种各样的版本重印。书中的每张版画都展现了几种有亲缘关系的鸟类，人们可以将它们进行对比，而这种方式成为野外指南和鸟类鉴定专著的标准做法。

和沃夫一样，索伯恩热爱苏格兰到处是松鸡的荒野和山川，他花费大量时间在那里的大自然中写生。他特别喜欢描绘猎禽和猛禽，并且对此技艺精湛，以这些鸟儿为主角的优秀画作当然不

36

愁没有富裕的猎人购买。不过，他也能以同样优美而准确的方式描绘小型鸟类，其精致活泼的笔触甚至至今都难逢敌手。

索伯恩还是一位伟大的野生水禽画家。他为约翰·吉尔·米莱斯两本优秀的野生水禽书籍贡献过数张鸭类的版画。后者自己也是位不错的鸟类画家，亦创作过不少版画。他是约翰·埃弗雷特·米莱斯爵士四个儿子中最小的，爵士本人是位著名的画家兼拉斐尔前派兄弟会的成员。索伯恩的这些版画构图精美，展现了湖泊、沼泽和河口的特有风光，画中的鸟类也特别优美，不过他总是倾向于戏剧性的动作，因此有时会出现一些错误，比如某些鸭类的头部明显太大了（他画的其他鸟类也有类似问题），还有他画的游禽在水中总是离水太高。

比起利耶夫什大胆的风格，索伯恩的风格更细致，并且不适合油画，他的作品几乎都是水彩画和不透明颜料，有时用白色水粉颜料提亮。他的水彩画技术卓绝，非常善于把握光影：比起许多不那么出色的画家，他笔下的鸟类要显得更为立体。他所绘的背景总是准确地展现每一只鸟类的典型生境，细节雅致，构图格调不俗。

索伯恩为许多书籍创作过版画，此外，他还忙于为美术馆或私人买家绘画——其中一些画作非常庞大。在 19 世纪的最后 20 年中，他在伦敦皇家学院展出作品共 15 次，最初两次展出是在 1880 年，那时他才刚刚 20 岁。

索伯恩年轻时热爱打猎，不过在听到他射伤的一只草兔痛苦的尖叫后，他放弃了这个爱好。在于英国工作的鸟类画家中，他属于第一批投身于迅速发展的自然保护运动事业的人，尤其是英国皇家鸟类保护协会（RSPB）。在 1899 年至 1935 年间，他为学会设计了 19 张圣诞年卡，最后一张是他自己画的，描绘的是欧洲最小型的鸟类戴菊，那时他已久病不起，临近生命的终点。他早已成为最著名的英国鸟类画家，并且每幅作品都收入不菲，不过他为英国皇家鸟类保护协会创作的作品并没有收取任何费用，还将除其中一幅外的所有作品都捐赠给了学会，让学会售卖它们以募集更多必要的资金。留下的那幅画是他为 1933 年年卡所绘的苍头燕雀，它被送给了英国皇家鸟类保护协会的赞助人乔治六世，以庆祝他的 25 周年纪念日。

乔治·洛奇与索伯恩同年生日，但比后者多活了 18 年，直至 93 岁去世时，他都一直头脑清醒、行为活跃。和索伯恩一样，他一方面是维多利亚时代英国平版印刷艺术群体的一分子，经常为富裕的赞助者们描绘打猎的场景；另一方面又接受了彩色印刷的现代技术，为以向鸟类学家和新一代观鸟人为目标的书籍创作。

在英国林肯郡的斯克里斯比，他生于一个历史悠久的大家族，年幼时他便对鸟类痴迷不已。他常常和兄长雷金纳德一起，花很多时间探索当地郊野及其鸟类生活，并于12岁就开始捕猎鸟类，以积累用来绘画的剥皮标本收藏。雷金纳德后来成为鸟类摄影领域的伟大先驱之一，在1870年代，乔治常常陪他一起在野外远足，他们用独轮手推车推着一台庞大又笨重的干板照相机，在田野中穿行。

乔治基本上是在家自学的，不过也曾在林肯艺术学院就学，年仅14岁就在学校里得过奖。16岁时，洛奇成为一名木刻师的学徒。他精于这项技术，创作过许多优秀的鸟类木刻版画，其中包括为亨利·西博姆的书籍制作的插画，后者是一位伟大的鸟类学家，专精于西伯利亚鸟类。

和他的同辈人兼朋友索伯恩不同，洛奇终生都是位热忱的乡间猎人，足迹遍布苏格兰满是松鸡的沼泽以及满是鲑鱼的河流。他也射杀鸟类以增加自己的藏品，他家中的工作室里总是摆着制作精良的隼等鸟类的固定标本。这个位于萨里的坎伯利的工作室有个很合适的名字，叫“鹰之屋”。洛奇是位非常娴熟的剥制师及解剖师，他说，如果对鸟类内部的构造毫不了解，那就不可能正确地画出它的外在。

他也是位卓越的驯鸟师，鹰之屋的花园里到处都是小鸟，它们知道自己完全不用惧怕这位耐心又安静的观察者。各种飞鸟常来啄食他手上的面包屑，麻雀、苍头燕雀、欧亚鸲和蓝冠山雀是最常见的访客。

洛奇很早就对古代鹰猎有强烈的兴趣，人们经常看到他在伦敦街头漫步，手腕上停着一只隼。他特别热衷于描绘猛禽，它们也是他最擅长绘画的主角，这些作品毫不感伤。菲利普·格莱西尔是当时不列颠群岛上最后的专业驯鹰师之一，他在自己1963年出版的《召唤猎鹰》中回忆起洛奇在这方面的技术。他记得在埃夫伯里有15只灰背隼，对一般人而言，它们就像一群绵羊一样难以辨认。而洛奇却能够在素描中将这些看似相同的鸟儿区分出来，在画中，它们或是正在洗浴，或是在整理羽毛。洛奇还特别擅长捕捉杀戮时刻的一瞬间——这一点和索伯恩截然不同，后者也承认自己在这方面的缺陷——在准确并令人信服地展现飞鸟这方面，洛奇的技

绿啄木鸟
（*Picus viridis*）
弗雷德里克·威廉·弗罗霍克
1920 年，铅笔水墨画
228mm × 169mm
（9in × 6 ¾ in）

弗罗霍克喜欢射杀鸟类，不过他对猎枪的使用并不频繁，他只猎取他认为必要的研究标本。他的许多画作也是以活着的鸟儿为蓝本，并时常标注着详细的观察结果，因为他对鸟类行为特别感兴趣。这张画就是一个优秀的范例，画中的绿啄木鸟停在雨中的树干上，这是他通过望远镜看到的。

F.W. Frohawk
Green Woodpecker resting during heavy rain from 9.5 until 9.30 a.m. April 12. 1920.
It remained motionless for 25 minutes. Sketched from life as seen through telescope.

术无与伦比。

在他漫长的人生里，洛奇为将近七十本鸟类书籍，以及如《养禽杂志》这样的期刊创作了不计其数的插画，另外还为美术馆和私人买家描绘了许多油画和水彩画。他早期的作品常常被挂在皇家艺术院的墙上。

在他 85 岁时，他创作了唯一一本既是他撰写也由他描绘插画的书，题为《一位艺术家兼博物学家的回忆录》，它出版于 1946 年。在这本书里，洛奇写到自己曾在世界上很多地方旅行，并描绘下它们的风景，“从热带到北极”。在北极地区，他“即便是在隆冬天气里，也会毫不犹豫地拿出画架、画布和绘画工具……我会整日工作，任由雪在地面上厚厚的堆积起来，又或是穿着冰鞋溜到冰面上去画画，直到我冷得没法工作，不得不停下来溜一圈冰，让血液循环通顺到足以支持我继续工作”。这本书的最后一章专门阐述“绘画鸟类的一些见解”，它体现了他杰出的技能和洞察力，在这一章里，他的大部分意见对如今有抱负的鸟类画家都不无裨益。

洛奇的书籍插画和画作的特色之一，是他对鸟类背景严谨的观察力。每当被邀请参加猎人派对时，他总是花很多时间为鸟类以及其栖息地画素描。在回忆录里，画家提及自己在搬往坎伯利前在伦敦住了 39 年，那时他发现住在动物园和大英博物馆（自然分馆）附近很有好处——后者之后迁到了伦敦的南肯辛顿，成为自然博物馆——他可以在那里进行别处无从下手的鸟类研究，不过一旦他想描绘游隼背后多岩的真实背景，又或是灰山鹑常待的留茬地，问题就出现了。他习惯了在夜里潜入城市公园，偷偷“抬起”枝叶以描绘鸣禽停栖的枝条，至于其他材料，他只能写信给住在郊外的家人朋友，拜托他们“邮寄过来一些乱七八糟的东西”。

各种石头在形状、色彩、光滑度上都千差万别，尤其是不同环境的石头上还着生有不同的地衣或苔藓，洛奇发现光任想象或记忆很难准确地画出它们，便在许多素描簿里绘满了各种优美又细致的铅笔画或油画。对于鸟类及其行为，洛奇是个非常优秀的观察家，比如说，他注意到啄木鸟在宣告领地及吸引配偶时发出的响亮的“击鼓声”是机械性声响，它们用喙部飞快地敲击树干或枝条，发出了这种声音，而非如某些鸟类学家断言的那样是鸣叫发声。

洛奇梦想着能画出所有的英国鸟类，当鸟类学家大卫·班纳曼请他为自己的十二卷本《不列颠群岛鸟类》（1953–1963 年）创作共 385 幅彩色版图时，他的梦想实现了。这是洛奇的至高荣耀，他笔下的鸟儿千姿百态，这种大胆的风格与一样不同寻常的文本相得益彰。班纳曼用令人愉悦的文字描绘了鸟类的生活，这远远胜过了许多鸟类书籍中干巴巴的科学描述。和索伯恩一样，洛奇一直工作到了生命的终点。在 91 岁时，他为《不列颠群岛鸟类》额外画了六幅亚成体猛禽版画，技艺和精美一如既往，而事实上，当时他的一只眼睛已经几乎完全看不见了。比起某些鸟类，比如说一些小型鸣禽，洛奇显然更擅长绘画另一些类型的鸟类，尤其是猛禽和猎禽，但是他在这份工作中所画的 385 幅彩色版画是一项伟大的成就。这一点于 1953 年年末被公众认可，当时其中一部分水彩原画在伦敦皮卡迪利大街的罗兰·沃德美术馆展出，以配合第一卷的出版。三个月后，洛奇去世。

弗雷德里克·威廉·弗罗霍克（1861–1946 年）是与大英博物馆（自然分馆）缘分长久的插画家之一。他兴趣广博，在各个领域都有不同的作品，他擅长画水彩画和油画，同时也制作木刻版画和平版版画。他最善于描绘蝴蝶，不过他笔下的主角也包括哺乳动物、爬行动物、两栖动物、鱼类和其他动物。尽管他为书籍创作的大都是鸟类插画，然而他为第九版的《不列颠百科全书》（1875–1889 年）画了两栖动物、爬行动物和鸟类。

和 20 世纪上半叶的许多画家兼博物学家一样，弗罗霍克射杀鸟类以近距离研究并描绘它们，同时也耐心地观察生活中的鸟类。他发现凤头麦鸡的两性之间有一个重要且有趣的差别——雌雄鸟的羽毛非常相似，但雄鸟的翼尖更宽；他还仔细研究过在夜间返回阿内特繁殖巢穴的大西洋鸌，那是锡利群岛中最小的岛屿之一。

弗罗霍克作为鸟类画家的第一份工作，是为昆虫学家兼鸟类学家加德纳·巴特勒博士的一部作品绘画并制作手工着色版画，博士是 1897 年至 1901 年大英博物馆动物区的助理管理员，这部作品的主角则是织巢鸟和雀类。如果《织巢鸟及树栖和地栖雀鸟的专著》计划中的 95 个部分能够面世，它将会是一部皇皇巨著，但是只有其中 5 个部分于 1888 年和 1889 年出版，其中有 31 幅版画。尽管巴特勒放弃了这一志向远大的工程，但他并没有放弃它的画家。弗罗霍克显而易见的天赋给巴特勒留下了足够深刻的印象，于是他继续请他为自己六卷本的《英国鸟类及其巢与卵》描绘插画。弗罗霍克不得不加快速度，以完成这本书中的 318 张版画。画作的模特有些是固定填充标本，还有一些是剥皮标本，但画作通常还是要仰赖画家对活鸟的观察成果与了解。遗憾的是，这些画作都只有黑白印刷品，只有卵的版画是彩

三趾滨鹬（冬羽）

（*Calidris alba*）

弗雷德里克·威廉·弗罗霍克

1907 年，水彩铅笔画

178mm × 125mm

（7in × 5in）

就像约五十年后的查尔斯·滕尼克利夫一样，弗罗霍克在许多画作中描绘了不同鸟类的喙部及足部细节，以便将来参考，这也为他的鸟类画作增添了准确性。这张画里描绘的是一种小型涉禽，它们在高纬度北极地区繁殖，不过大多数观鸟者会在它们迁移途中或冬季观察到，它们像发条玩具一样，成小群沿砂质海岸边沿急跑，一边传递着小蠕虫、甲壳类等食物，一边躲避海浪。

C.G. Finch-Davie
19-4-18

色的。

弗罗霍克还协助创作过一些书籍，其中包括一本关于三明治群岛（夏威夷群岛的旧称）鸟类的专著，作者是两位剑桥鸟类学家——斯科特·威尔逊和A. H. 埃文斯，这部作品分8个部分在1890年至1899年间出版，64张版画都是弗罗霍克创作的；还有一本关于旧大陆雁类的书籍，作者是俄国鸟类学家普林斯·塞尔吉乌斯·阿尔弗拉基，书中有24张极其漂亮的版画，也全都是由弗罗霍克创作的。

20世纪初，伟大的博物学家及收藏家沃尔特·罗斯柴尔德勋爵请弗罗霍克创作一系列灭绝鸟类的重建图，以用于1905年国际鸟类学家大会的一次演讲。对弗罗霍克而言，这是一个极不寻常的挑战。这一系列画中包括一幅等身大小的恐鸟画，弗罗霍克不得不踩在梯子上完成这幅画作，它大约有13英尺（4米）高，至今还挂在特林博物馆中。1937年，罗斯柴尔德慷慨地将他的收藏和博物馆都遗赠给了大英博物馆（自然分馆）。

相比于本章所描述的众多英国画家，克劳德·吉布尼·戴维斯（1875–1920年）为其所有鸟类画作寻找的主角都在远离家乡的非洲。戴维斯生于印度德里，是英国高级军官威廉·戴维斯少将的儿子，他父亲曾短暂地担任过这个城市的总督。他的母亲E. 戴维斯夫人是一位热忱的业余博物学家。比起鸟类，她更喜欢研究印度蛇类的多样性，不过她应该在一定程度上激发了她儿子对鸟类学的激情。

和大多殖民地高级行政官的子孙一样，年幼的克劳德被送回家乡以获得“适当的”教育，此时他才6岁。当他从英国的学校里寄鸟类画作给身在印度的姐姐时，他对描绘鸟类的兴趣显然已经完全成熟了。

对学校十分抵触的戴维斯在1893年去了南非参军，这时他刚

黑背麦鸡
（*Vanellus armatus*）
克劳德·吉布尼·芬奇–戴维斯
1918年，水彩铅笔画
178mm × 255mm
（7in × 10in）

芬奇–戴维斯的彩色插画出现在20世纪初的各种书籍和期刊中，这些技艺精湛的插画展现了众多南非最迷人的鸟类。左页这张图是自然博物馆21幅画作藏品中的一张。画中这只色彩斑驳的长腿鸻鸟生活在非洲东部及南部的湖泊和湿地中，其古怪的英文名“Blacksmith Plover（意为铁匠鸻鸟）”指的是它沙哑的金属质鸣声，听上去就像铁匠的锤子在击打铁砧。

过 18 岁生日不久，他一直在那里待到 45 岁英年早逝之时。军旅生涯使他到过非洲的许多地区，并使他得以继续发展自己的爱好——观察、收集并绘画鸟类。他的铅笔画和水彩画技艺高超、色彩美丽，他笔下栩栩如生的羽毛更是在同行中出类拔萃。

1916 年，戴维斯和艾琳·芬奇成婚。岳父母坚持要他将妻子的姓氏正式纳入他自己的姓名中，这与他自己的姓氏意外地相配，这一点并没有被新郎的朋友们忽略，他们都觉得它是个精彩的玩笑。所以他如今为人所知的名字是芬奇-戴维斯，他描绘所有食肉鸟类，包括猫头鹰，以及 20 世纪初南非已发现的各种猛禽。从他之后至今，南非新发现的猛禽种类只多了 8 种。他还至少有 68 幅水彩画画的是野生水禽等猎禽，以及沙鸡。在他短暂的一生里，这位业余鸟类画家画出了近半数南非当时已知的鸟类物种。

在芬奇-戴维斯获得如此杰出的功绩后不久，荷兰画家兼插画师马里纳斯·阿德里亚努斯·库库克（1873—1944 年）创作了史上最精美的一批版画，以期协助鉴定鸟类。他也用油画描绘过迷人的农家庭院和家禽，不过他最伟大的成就还是为爱德华·范·奥尔特的五卷本著作描绘插画，《荷兰鸟类》一书描绘了荷兰所有的已知鸟类，共 407 幅彩色版画。其出版很不稳定，46 个部分在 1922 年至 1935 年间陆续出版。

他的作品在英国赢得了更多的受众，因为《荷兰鸟类》中的许多插画（以及他的不少其他插画）被弗雷德里克·弗罗霍克、罗兰德·格林、亨利克·格伦沃尔德、约翰·西里尔·哈里森、乔治·洛奇和菲利普·里克曼用在了《英国鸟类手册》一书中。该书以五卷本出版于 1938 年至 1941 年间，作者分别是威瑟比、茹尔丹、泰斯赫斯特与塔克，它并不便宜，但是越来越多的业余鸟类学家和观鸟者还是能够买得起。该书成为之后近四十年中的标准参考书。库库克细致的风格清晰地展现出了鸟类羽毛的细节，每张版画都描绘了某一种类的雄鸟、雌鸟、幼鸟，还有它们应季节或应其他变化而不同的形态。他笔下的鸟儿不仅准确，而且在物种对比所需的模式限制下仍然显得活灵活现。库库克还非常巧妙地让鸟儿和它们的背景融为一体，他非常注意如何准确描绘每个物种的典型生境。

对于希望辨认罕见鸟类以及常见鸟类的罕见色型的博物学家来说，库库克的这些高质量书籍插画起到了很大的帮助，但是这些画作将每只鸟的轮廓和羽毛描绘的过于清晰，这在当时以及现在也仍然是过于理想化的构图。在更接近现代的一些同行的作品中，出现了一种完全不同的方法，比如杰出的埃里克·恩尼奥和他的门徒约翰·巴斯比，他们用铅笔、钢笔，或水彩描绘迅速但可靠的素描，主角是那些活鸟，并且往往是正在移动的鸟。这些草图上只有最低限度的羽毛细节，但画家高超的技艺能使人立刻辨认出每种鸟区分于异类的独有特性和显著特征——又或者用观鸟者的话说，那是它们的“jizz”[1]。

朝这个大胆但有益的方向迈出第一步的英国画家，是詹姆斯·阿弗莱克·谢泼德（1867–1946年）。这位线条淡彩画大师总是在鸟类羽毛区域填满色彩，而非精确的线条。他在鲍利海博物学系列中描绘了两卷鸟类插画，它们被并在一本书中于1913年出版，该书可被视为现代野外指南的先驱之一。令人遗憾的是，虽然原本计划再出第三卷，但它未能得以出版。单从为观鸟新手展现每种鸟的特征这一点来说，这些书完全超越了它们的时代。

谢泼德曾受过漫画培训，他为著名的讽刺杂志《笨拙》以及其他畅销期刊画过不少漫画。这个专业背景也表现在了他的作品中，你可以看到他在线条上美妙的省略，在瞬间捕捉每种鸟类的内在个性，他笔下的鸟类等动物有着诙谐的卡通形象，不过他同时也避免了将它们拟人化。

与此同时，数千英里之外，自奥杜邦以来最杰出的美国鸟类画家路易斯·阿加西斯·富尔特斯（1874–1927年）正在进行极富美感和创意的创作。富尔特斯生于纽约州的伊萨卡，他就读于康奈尔大学，他父亲埃斯特万是那里的土木工程教授。老富尔特斯给他的儿子取名时，用了美国最伟大的生物学家之一路易斯·阿加西斯的名字，这是一位哈佛教授，也在康奈尔担任客座教授，同时是富尔特斯家的朋友。但这位父亲并不认为描绘鸟类是一个明智的专业，反而说服儿子在学校里学习建筑。然而这并没能阻止小富尔特斯追寻他真正热爱的事物，当他还在康奈尔大学

1　jizz是指一个经验丰富的观鸟者在非常短暂的观察或者距离很远等情况下识别鸟类时，所根据的鸟在外观上难以言状的特征。——编者注

就读时，他就已出版了第一份作品——为野外指南绘图。

路易斯在大二时就引起了艾略特·科兹的注意，后者是美国最重要的鸟类学家之一，介绍他们认识的同学是这位伟人的侄子。科兹对这位刚要崭露头角的年轻画家赞不绝口，将他的作品带给奥杜邦的孙女们看，并且在期刊《鹗》中写道："没人能比富尔特斯先生更好地描绘鸟类，我还要补一句，美国未曾诞生过和他有同样潜力的鸟类画家，说这句话时我并没有忘记奥杜邦本人"。他还为富尔特斯提供了第一份工作，为《鸟类市民》创作111幅插画，这是他与梅布尔·莱特共同撰写的一本儿童书籍。当富尔特斯从康奈尔毕业时，他已经为三本书创作了插画。

他是个不知疲倦的鸟类收集者，总是在为自己以及博物馆制作优秀的剥皮标本。和奥杜邦一样，他常常将刚射杀的鸟类摆出生动的造型，好为他的画作充当模特。最重要的是，他将大多数时间用在绘画上——不是在速写本上，就是在任何随手拿到的纸片上。不过，要描绘出他笔下栩栩如生的画作，他甚至往往不需要这么刻苦，因为他不仅在绘画上天分卓著，同时还有过目不忘的能力。在仔细观察过一只鸟儿后，他能返回工作室，画出一幅惟妙惟肖的画像。也许正是因为对鸟类本身的极端关注，他笔下的背景就显得相当马虎，有时甚至是构图拙劣且令人怀疑的，但他实在非常擅长描绘主角并让其个性十足，这就让他的缺点不那么被人关注了。

富尔特斯同时还是位活跃的旅行家，他在远征中造访过的目的地包括墨西哥、加勒比海和南美，当然还有北美的许多地方。1927年夏，他从非洲东北部阿比西尼亚（今埃塞俄比亚）的长途考察旅行中返回家乡，带回了大量写生画作，其中许多作品被视为他最优秀的水彩画作。不久之后，即同年8月22日，富尔特斯带着许多阿比西尼亚画作，开车和他的妻子一起回家。当他接近一条横向铁路时，他企图超过一辆干草货车，此时一列火车撞上了他的车。他的妻子受了伤，不过康复了，因为冲击力而被掀出汽车的画作也都保存了下来，但富尔特斯却当场死亡。尽管悲剧性地英年早逝，富尔特斯仍然留下了众多杰出画作，同时还为他生前死后的其他美国画家提供了灵感。

20世纪上半叶，北美另一位重要画家是艾兰·西里尔·布鲁克斯（1869–1946年）。同富尔特斯一样，他别具特色的风格与英国及欧洲的大多数画家都截然不同，并且对他之后的年轻画家们产生了重要的影响，其中包括加拿大的罗伯特·贝特曼。尽管他从未上过一堂美术课，但他是一位自信的制图师，他能毫不停顿

棕顶树莺
（*Cettia brunnifrons*）
威廉·埃德温·布鲁克斯
约1865–1875年，水彩画
140mm × 229mm
（5 ½ in × 9in）

威廉·埃德温·布鲁克斯（1828–1899年）是更出名的鸟类学家艾兰·西里尔·布鲁克斯的父亲。他是位土木工程师，从英国东北部泰恩河畔的纽卡斯尔移居到了印度，自1868年至1890年在那里为东印度铁路公司工作。在业余时间里，他是位热忱的鸟类学家，为印度和加拿大的博物馆收集鸟类，直至1881年退休。自然博物馆里有他的80幅水彩画作，画的是印度小型鸟类，其中包括左页这张笔触精细的鸣禽图，但它非常难以辨别。图中还有他详尽的笔记和铅笔辅助图，用以协助甄别其种类。

88

K

'60

Merops albicollis ♂
from skin.

C.E. Talbot Kelly.

地一笔勾勒出鸟儿的轮廓，从喙部开始，至喙部结束。作为首批加拿大野外生物艺术专业人士之一，布鲁克斯接到许多工作，为书籍中各种各样的鸟类绘制了数量庞大的版画，其中大多数版画都于美国出版。除此之外，他还为北美各大博物馆描绘过许多画作。

他生于印度，身为英国工程师的父亲还为大英博物馆收集鸟类，艾兰12岁时，他父亲带着家人来到了加拿大的安大略湖。布鲁克斯还是位功绩卓著的士兵，因其英勇，他获得过一枚战时优异服务勋章；第一次世界大战中，他先是为英国军队服役，后为加拿大远征部队服役，并在其中晋升为陆军少校。在整个军旅生涯中，他三次在电报中获得表彰。除了成为北美著名的鸟类画家及鸟类学家外，他还是位杰出的射手，除了在国际标靶射击竞赛中频频出彩外，作为鸟类收集家（兼猎人）也不遑多让，在那个时代，双筒望远镜还未曾取代枪支用以研究鸟类。布鲁克斯画作的特点是它们浓郁的色彩和羽毛细节的准确性，背景往往是云彩效果非凡的引人瞩目的天空。

艾伦·威廉·西比（1867–1953年）不仅是位技艺精湛的画家，也是英国最优秀的美术教师之一。他的天赋在很早时便已被认可，那时他刚被萨里乡下的母校任命为小学生教师。在师范学校毕业以后，他在伯克郡雷丁的一座学校教学过一阵子，而后从19岁开始，他便一直在雷丁度过整个人生。在雷丁艺术学院就学时，西比深受老师F. 莫理·弗莱彻的影响，后者率先在英国使用了日本的木刻彩色印刷术，并成为一名专业的版画复制师，而西比创作时使用成块樱桃木，并且将水彩颜料混合米糊使用。之后，西比的孙子罗伯特·吉尔摩又从祖父这里所学甚多，在四十多年时间中便成为英国最优秀、最著名，且最忙碌的鸟类画家。

菲利普·查尔斯·里克曼（1891–1982年）的作品十足遵循

白喉蜂虎
（*Merops albicollis*）
克洛伊·伊丽莎白·塔尔博特·凯利
约1960年，水彩画
305mm × 228mm
（12in × 9in）

左页这幅画的作者是英国先锋鸟类画家理查德·塔尔博特·凯利的女儿。图中展示了蜂虎科最特别的成员之一，其头部明显的杂色花纹让它很容易区别于其他亲戚。它们以松散的大群体聚居，这种鸟会用尖锐的长喙在松散的土崖中挖出长长的巢洞，间中以足部轮转的动作协助。每对白喉蜂虎在繁育幼鸟时，通常都会得到五位以上亲友的帮助。它们的繁殖地位于非洲大陆干旱乡野的一道狭长地带，从塞内加尔延长至索马里，冬季便迁徙至完全不同的栖息地中——雨林、草原林地和树木繁茂的农场。

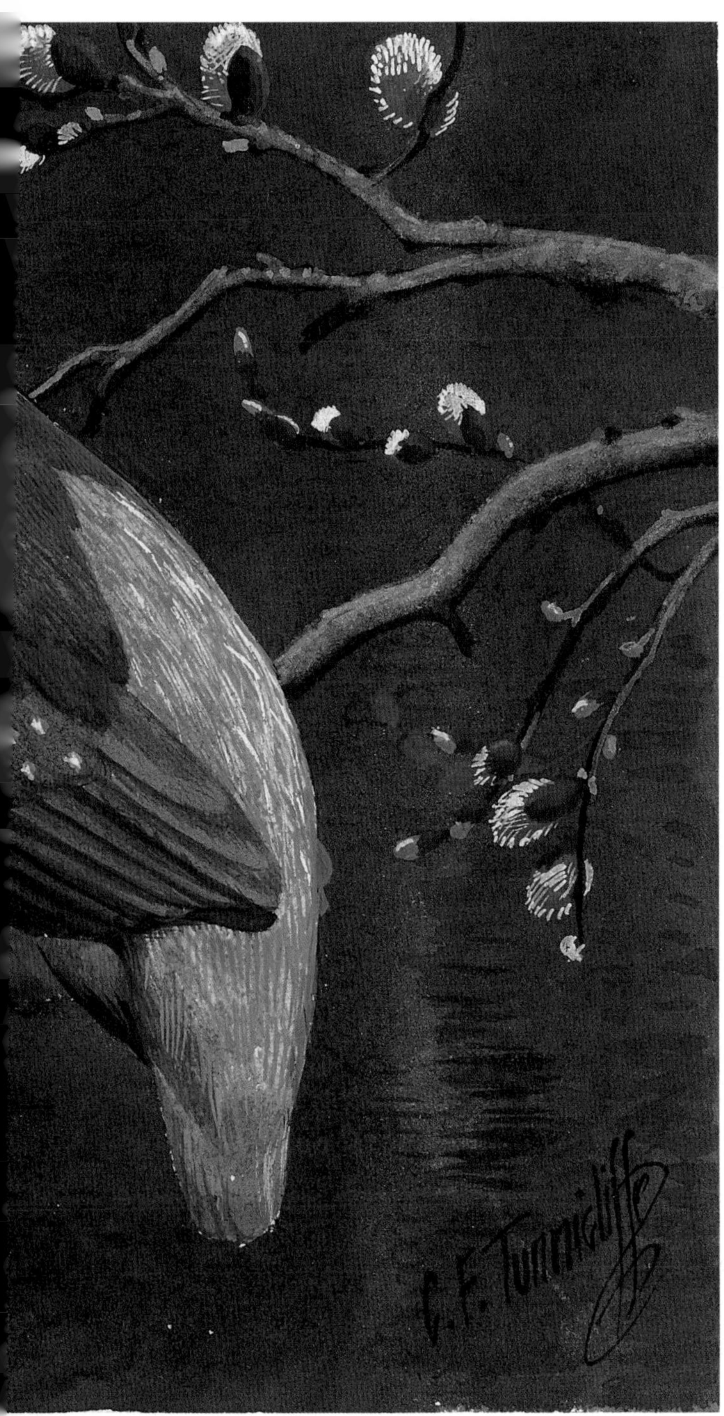

普通翠鸟

（*Alcedo atthis*）

查尔斯·弗雷德里克·滕尼克利夫

约1973年，水彩画

228mm×305mm

（12in×9in）

像许多现代鸟类插画师一样，滕尼克利夫是一位敏锐的野生鸟类观察家。他为1945年出版的向未来鸟类画家提供明智建议的《鸟类肖像》创作过简洁又优美的插画。他在书中写道:“应该把细心和专注放到构图和比例上去……业余爱好者几乎总是会犯错……往往因为太想表现背景，结果把他的翠鸟画得像雕一样大……”滕尼克利夫的建议非常合理，而他的行事标准总是超出自己的建议，就如这张精美的图画，画中是英国最受欢迎的鸟类之一，背景中的柳芽精巧地平衡了鸟儿的身体比例。事实上，大多数没有亲眼见过活翠鸟的人会以为它是一只很大的鸟，等到他们见到了它，会惊讶于它麻雀一般的体型。

苍雨燕

（*Apus pallidus*）

大卫·莫里森·瑞德–亨利

约 1919–1977 年，墨线画

140mm × 125mm

（5 ½ in × 5in）

作为 20 世纪中叶最优秀的英国鸟类画家之一，大卫·莫里森·瑞德–亨利创作过许多极其精细的鸟类画作，它们的背景是细致无比的栖息地。不过他也创作过更简单的画作，比如右页这张图，它描绘了九十多种雨燕之中的一种——这个成员属于高空种族，其背景通常是一望无际的天空。他最喜欢的鸟类还是猛禽，不过他所有的作品质量都始终如一。

了索伯恩和洛奇的风格，他极度推崇他们，并且他的大多数技巧都是从这两人处学到的（尤其是索伯恩，他后来成为里克曼的好友）。不过，相比于这两人的作品，里克曼作品的质量要不稳定得多，他某些画作的装饰性大过于魅力。和洛奇一样，里克曼几乎终生都在绘画，他的最后一本书在 1979 年出版，那时他已 88 岁。他最终被授予“英国鸟类绘画元老”称号。

还有一位风格迥然相异的鸟类画家是理查德·巴雷特·塔尔博特·凯利（1896–1971 年）。塔尔博特·凯利深受中国及古埃及鸟类艺术的影响，他能用利落的线条和大块的色彩提炼出鸟类的本质特色，并将主角设置在一个令人信服的环境中，而这片背景通常也由精妙的线条和色彩组成。相比起忠实地还原自然中的鸟类，他通常会略微夸大它们的特征，以创作出看上去更加栩栩如生的画像。塔尔博特·凯利是自学成才，当他还是“一战”中的一名专业军人时，他便开始描绘他所见过的人物和风景，在这期间，他被授予军功十字勋章，还受了重伤。在康复期间，他成为迷彩伪装方面的专业指导员。当他在印度服战后兵役时，他开始满怀热情地描绘野生生物。之前的经验让他更加痴迷于环境与光线在鸟类身上的色彩效果。他于 1929 年退役，在拉格比公学担任艺术主管，他小时候在这个著名的公立学校中上过学。在空余的时间里，他便全心投入地去观察、描绘鸟类，并撰写书籍以及为书籍描绘插画。

另一位涉猎庞杂的英国鸟类画家生于 19 世纪末，约翰·西里尔·哈里森（1898–1985 年）在 6 岁时就表现出了早熟的艺术天分，之后进入伦敦著名的斯莱德美术学院就学。他最优秀的猎禽与猛禽画作在气场与综合技巧上可以与索伯恩和洛奇的画作相媲美。

查尔斯·弗雷德里克·滕尼克利夫（1901–1979 年）无疑是所有英国鸟类画家中最伟大的一位，他的名望同时也来自于他极其真实自然又构图绝妙的木刻版画，它们通常描绘的是农耕景象、家畜和乡间生活。滕尼克利夫在柴郡的一个农场长大，他非常了解并热爱着乡村。他先是在艺术学校里有了一个前途大好的开始，接着便进入了职业生涯，但并不是作为一名画家，而是制作难度更大的木刻版画，自大师托马斯·比威克的时代之后，这项技艺已经日暮西山。在这一领域，他很快就成为当时无人可及的专家。他为亨利·威廉姆森的《水獭塔卡》以及其他三本自然书籍制作了引人瞩目的木刻版画，这份工作奠定了他作为野生生物画家及书籍插画家的声名。当他从雕刻转至绘画领域时，他依然出产海量的作品，他为茶包上的小卡描绘图画，画了将近 18 年份的圣诞卡，还有海报、杂志封面和其他为英国皇家鸟类保护协会所绘的插画，并为 70 多本书籍以及其他出版物创作插画。他还自己写了 6 本书，其中包括一本优秀的鸟类绘画指南和《滨地屋夏季日志》。后者是他献给滨地屋的颂歌，这幢住宅位于北威尔士的安格尔西岛的马尔特斯大街。1947 年，他和画家妻子威妮弗雷德一起幸福地迁居到此处，并在此度过余生。著名的 18 世纪博物学家吉尔伯特·怀特在自己的信件和日记中，曾记录过他对于自己热爱的塞尔伯恩教区附近野生生物简洁又优雅的观察报告，和他一样，滕尼克利夫也创作了一份鸟类影像日记，它们是在第二故乡安格尔西岛同样优美的世界中由他观察并研究的生物，他爱上了这里，这片地区对他意义深远。

在许多年里，滕尼克利夫每年都向伦敦皇家艺术院递交六

张大幅水彩画。其中一些成品看上去相当乏味，并且有时匠气十足。相比之下，他随意的素描和小型画作却并非如此（在他漫长的职业生涯里，他画了五十多本这样的素描。而对于送往美术馆或卖给客户的每张画，他都会作一幅小画以做记录）。

滕尼克利夫最优秀的画作是画给自己的——优美的、仔细测量过的铅笔水彩画，它们描绘的是死鸟，用的模特是他在公路上发现的尸体，又或是猎鸟人、农场主一类的人给他的。他将这些实测图称为“羽毛指南”，并打算将它们单独用作绘画的参考资料。和弗罗霍克等前辈一样，他发现在从这些画作中获得细节资料方面，它们有着无可估量的价值，不过滕尼克利夫在他们这个学派中独树一帜。一卷包括了 80 幅这类杰出作品的出版物于 1984 年面世，同时出版的还有一版包括这 80 张编号印刷品的限量版，以栗色半革装手工装订，它们广受好评。

许多观鸟者和野生生物画家都认为，埃里克・恩尼奥（1900-1981 年）是 20 世纪所有鸟类画家中最伟大的一位。他笔下的主角总是动个不停，在为它们注入活力与生气这一方面，的确没有人比他做得更好。对于最优秀的鸟类画家而言，缺乏正式训练从来不是进步的阻碍，恩尼奥也不例外。他的家乡是剑桥郡乡野平坦的沼泽地，父亲是位医生，他接替了父亲的工作，并一直从事全科医生的职务，直至 45 岁。在他 30 岁之前，他从未展出过任何画作。在他精彩的水彩和水粉画里，鸟儿们生气勃勃、跃然纸上，有时是一群鹤鹬飞掠过浅水，将头颈浸在水中捕捉鱼苗。那是在著名的英国皇家鸟类保护协会鸟类保护区萨福克郡的明斯米尔，描绘这些主角的这幅画作是他最有自信且令人难忘的作品之一。有时是一只绿啄木鸟，它出现在三幅小装饰画里，只是为了练习描绘鸟儿从阳光下移进阴影中时色彩的变化。

恩尼奥似乎随时都在画画，总是于别人在张望或闲聊时抽出

雕鸮
（*Bubo bubo*）
爱德华・朱利尔斯・德特莫尔德
约 1930 年，水彩铅笔画
535mm × 445mm
（21in × 17 ½ in）

英国野生生物画家及蚀刻师爱德华・德特莫尔德（1883-1857 年）采用了一种与众不同的风格。这种风格的形成有多方面的原因，其中最大的影响力来自中世纪画家阿尔布雷克特・丢勒的木刻作品以及日本美术作品。左页这张神秘又阴森的画作是他最富戏剧性的作品之一，画中的巨型雕鸮瞪着橙色的双眼盯着一只正在飞行的鹿角虫。他和他的孪生兄弟查尔斯・莫里斯成为英王爱德华时代著名的动物画家，一起展出画作并撰写书稿。查尔斯在年仅 24 岁时自杀了。此事对爱德华影响深远，在长期的抑郁之后，他也向自己开了一枪。

素描本——如果手边没有，他就在信封或随便什么纸片上画画。他以这种方式熟练地在纸上展现出一只总是在移动的鸟，他完成作品的速度惊人，且看上去轻而易举。恩尼奥在完成一张他标志性的快速写生时，你可能还没削完一支铅笔。

在捕捉难以把握的鸟类特质方面，他才华横溢——或者说它的个性，或“jizz”，这能令一位熟练的观察者分辨出它属于哪个物种。但是直到最近，他的作品才得到它应得的赞誉。

影响恩尼奥的主要是理查德·塔尔博特·凯利，后者有着相似的轻松又流畅的风格，并且采用大片彩色涂料；还有弗兰克·索斯盖特（1872–1916 年），这是位东英格兰人，他没有塔尔博特·凯利那么幸运，没能逃离“一战”的恐怖。尽管生命短暂，但索斯盖特还是创作——并卖出——了许多优秀的水彩画，主要是野生水禽、猎禽和涉禽。他的观察力十分敏锐，经常离开帐篷追踪并观察鸟类使他对鸟类非常了解，这就使得他的画作极其贴近真实。而且他特别擅长准确描绘飞鸟，要知道这项任务并不简单。他是个投入的猎手，这一点和他的大多数客户相同，但和恩尼奥完全相反。恩尼奥从索斯盖特这里学到的是，画一群鸟类未必需要什么阵形，而是应该忠实再现自己观察到的景象，哪怕鸟群杂乱无章并且方向各异。

埃里克·恩尼奥一生都在近距离观察鸟类、传授自己的知识，并鼓励别人从事鸟类艺术。从他的教学中受益匪浅的人之一就是约翰·巴斯比，他为纪念恩尼奥的作品《埃里克·恩尼奥的飞鹰鸣雀》撰写前言——英文书名非常贴切[1]，在其中，巴斯比动情地写道：“我怀疑再也没有哪位动物画家或鸟类画家花上那么多时间去观察。”恩尼奥自己也提及这一点，他既撰写又描绘插画的共有 11 本书，在其中一本里他说：“观者问，你画这幅画花了多久时间？单单这一幅吗？——大概一小时，外加五十多年的经验”。

彼得·马卡姆·斯科特爵士（1909–1989 年）的压力不小，他的父亲是著名的南极探险家罗伯特·福尔肯·斯科特船长；他母亲是有名的女雕刻家；他的教

1 《埃里克·恩尼奥的飞鹰鸣雀》（*The Living Birds of Eric Ennion*）：英文书名直译为“埃里克·恩尼奥的活着的鸟类”，此书未有官方的中文书名，“活着的”才是埃里克·恩尼奥笔下鸟类的真实本质。——译者注

父是《彼得·潘》的作者J. M. 巴里。爵士本人很小时就表现出了对于博物学的激情，他在个人传记里写道："5岁时，我已经是位坚定的博物学家，同时还是位忠诚的画家，总是花很长时间画画。"在这个方面，小彼得得到了母亲温柔的鼓励。她遵循了他父亲从南极返航时写给她的信，那是他在这英勇长征中去世的前些天写的："让儿子喜欢上博物学吧。它比那些运动更好，有些学校也鼓励这方面的发展……"

彼得在剑桥大学学习自然科学、动物学、植物学、生理学、地质学、艺术以及建筑学，之后他在德国的慕尼黑州立大学，以及伦敦伯林顿府的皇家美术学院学习绘画。到了1930年代初，他已经作为专业画家在谋生了。

彼得·斯科特的大多数美术画作都没有什么开创性。事实上，他本人也以他温和又谦逊的迷人方式提及自己的许多油画作品，这些作品中画着成群的鹅或鸭，背景是辉煌的黄昏或日落，他一生都在画这样的画，它们也卖得最好，而他自己称它们为"标准化的斯科特出品"。无论如何，他的确偏离了这条财源滚滚但毫无挑战的道路，在他作为画家的不同发展阶段采用了一些不同的风格。它们包括他最早期那些最大胆又自由的作品；他后期更精确的画作；1970年代一次实验性的短暂尝试，期间他使用妻子菲利帕丢弃的两件紧身衣，把它们团成一团用来制造点状花纹；到了1980年代他采用了更简洁的风格，突出作品中的形状与花纹，飞鸟们基本都是阳光里的剪影。

斯科特的大多数书籍插画作品都显得清新爽朗，且看上去和当时流行的风格完全不同。最佳范例包括他为自己非常便宜、很有益，但又十分薄的《野生水禽的着色关键》描绘的清晰明朗的插画；还有那些描绘着火烈鸟、天鹅和大雁的插画，它们出现在《古北界西部鸟类》第一卷里，这本关于欧洲及毗邻地区鸟类的英文版权威参考书于1977年面世。和他的艺术画作一样，这些插画因其强烈的设计感而闻名。

斯科特是一位天生的传播者，他运用这一天赋，联合他所能联系到的世界各地著名的权威人士，再加上他自己作为画家的声名，就此推动了一系列自然保护举措。他的人生大部分都花费在了这项高尚的工作中，他既是塞文河野生水禽基金会的创始人兼主管，也是许多自然保护措施的改革者。他和有远见的鸟类学家及自然

单垂鹤鸵

（*Casuarius unappendiculatus*）

亨利克·格伦沃尔德

1915 年，水彩画

990mm × 710mm

（39in × 28in）

这张细节精致、色彩优美的水彩画是格伦沃尔德绘制的众多插画之一。来自新几内亚和澳大利亚的鹤鸵是一种强大的走禽，它们能在跑动中用强壮的足部飞踢，在走投无路时杀死动物捕食者以及人类。它的两只爪子上各有一道刀锋般的巨大中趾爪。它奇异的头冠功能不明，人们曾认为那是头骨的衍生，但现在我们已经知道，头冠是围绕一个坚硬又有弹性的核心生成的。

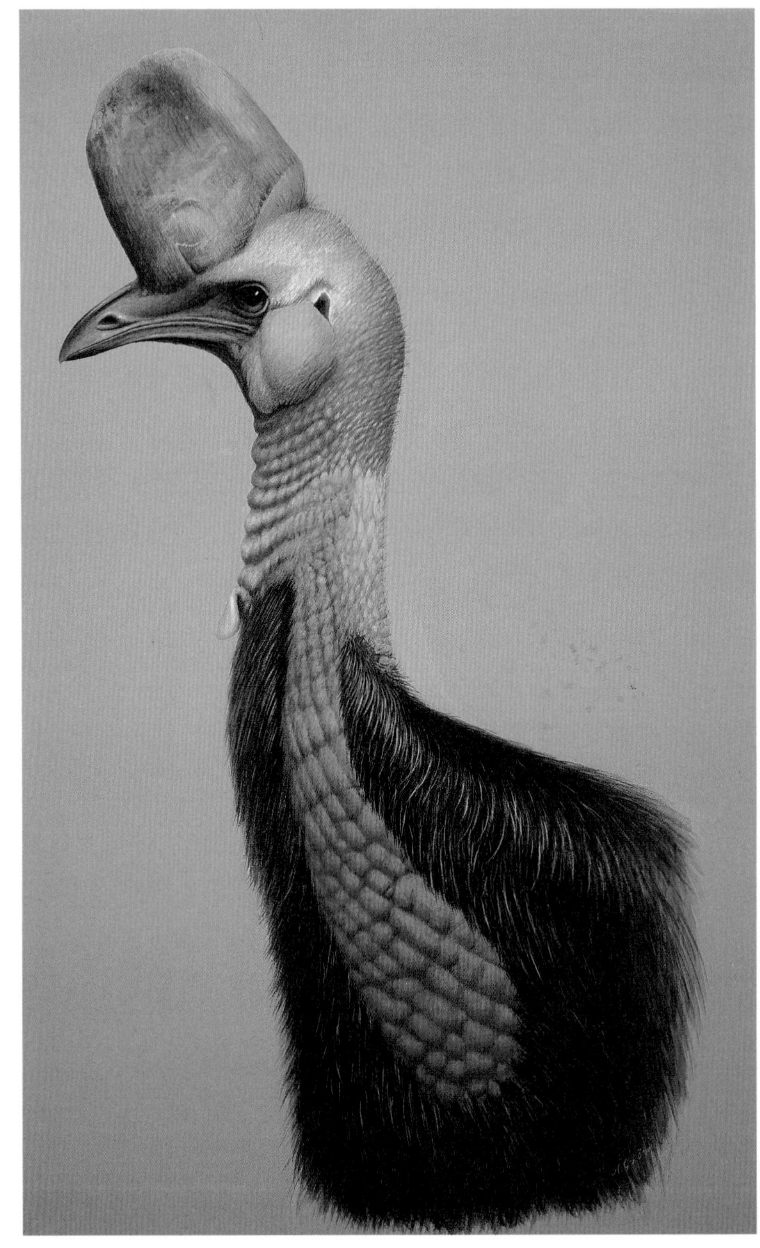

保护主义者马克斯·尼科尔森一起工作，成为世界野生动物基金会原身的主要发起人，并设计了它著名的大熊猫标志。他在多年中收获了许多荣誉，其中包括成为因保护野生生物及环境而被授予骑士爵位的第一人。

虽然彼得爵士并没有为后人开拓新的艺术道路，但还是有一位画家深受他启发与鼓励，并最终进入绘画和观鸟的世界，这就是他的忘年交凯斯·沙克尔顿（生于1923年）。两人是在斯科特晚年于奥多中学相遇的，他们都在此处陆续受益于校长肯尼斯·费希尔的鼓励，他是鸟类学家詹姆斯·费希尔的父亲。沙克尔顿的早期作品在许多方面都模仿了斯科特，比如在他1951年的《潮痕》中的插画，在后期的画作中，他采用了苏格特设计远方飞鸟的方式，让它们飞翔在更远的广阔天空下，下方映衬着风格强劲的海景——哪怕是巨型的信天翁都是细小的影像，背景是波涛汹涌的浩海，或白雪皑皑的南极山峰。除了卓越的设计感外，他对水面的光线变化也有大师级的掌控力。在所有野生生物画家中，他最擅长展现富有戏剧性但完全真实可信的海景，这在很大程度上是因为他对航行的热爱不亚于他在艺术方面的强大能力。

大卫·瑞德·亨利（1919–1977年）生于锡兰（今斯里兰卡），他父亲乔治·莫里森·瑞德-亨利（1891–1983年）是那里的官方昆虫学家，也是位优秀的野生生物画家。和那个时代的许多画家一样，大卫非常崇敬索伯恩和洛奇。战争期间他被送到桑德赫斯特军事学院，那里离洛奇位于坎伯利的家不远，他和洛奇相处过很长时间，努力吸收后者在鸟类艺术和鹰猎方面的知识。

他渐渐成长为上个世纪中叶在准确性上最一丝不苟的鸟类插画家之一，在达到这种精确度的同时，他笔下的鸟儿并不是静态且僵硬的，并且其背景也经过同样细致的绘制。他对鹰猎的积极兴趣令他学会了很多东西，这点和洛奇一样；而他在手腕上停着一只猛禽四处漫步，这一点仍然和他导师一样。只不过亨利手上的并不是隼，而是更大型的冠鹰雕，那是他在罗德西亚（今津巴布韦）绘画之旅中得到的。这只强大的猛禽有着引人注目的双冠羽，令他到哪里都引发一阵骚动，而他也变成伦敦市中心很受欢迎的摄影主角。他最优秀的画作出现在1968年出版的两卷本经典著作《全球的鹰、雕与隼》中，该书作者是猛禽领域的两位权威先锋，即莱斯利·布朗和迪恩·阿马登。

罗杰·托里·彼得森（1908–1996年）在纽约北部詹姆斯敦穷苦的环境中被抚养成人，他的父亲是瑞典人，母亲是斯拉夫人，他因创造了现代野外指南而闻名。彼得森还常常被视为奥杜邦之后美国最伟大的鸟类学普及者，这并不是空口白话。奥杜邦的遗产至今仍在启发着人们，他逝世一百五十多年后，彼得森在世时所影响的人群要远远多于他，这要归因于越来越多的业余观鸟者、大众传播工具的功能，以及现代出版业的效率。这意味着彼得森的书可以卖得尽可能的便宜，而奥杜邦的书却因价格昂贵，只能售于那些非常富裕的人。

彼得森从童年时便对鸟类兴致盎然，他整个少年时期都在观察和描绘它们。借助于异常敏锐的视觉和听觉，他成为了一位极其优秀的观鸟者。1927年和1928年，彼得森在纽约的艺术学生联盟里上课，之后被国家设计学院录取。他在学院中磨砺自己的天分，而后在波士顿郊区的一所学校里教授艺术和科学。

他很快就忙于创作自己的第一本野外指南，它被纽约的各个出版商否决后，于1934年被波士顿出版商霍顿·米夫林慎重地接纳。彼得森的天才之处在于能简化每个物种外观的复杂性，他将它们分解成平面的、侧面的图景，将焦点放在它们特别的形状和羽毛的花纹上。为便于对比，每张版画都展现了一组亲缘鸟类，它们都面朝同一个方向。尽管插画完全是黑白的，但它们如此清晰了然，以至于首次能让一位新手开始熟练地鉴别鸟类——完全不同于在此之前的画像，尽管后者往往是优美又动人的，但在歌颂鸟类羽毛的复杂与微妙的同时却牺牲了清楚明确。在之后的版本里，彼得森改善了这个方法，他用上了彩色，并利用光影让鸟类看上去更立体。最重要的是，他采用了箭头系统，用箭头标示出了每个物种的关键特征。在这个时代的变迁点上，他启发性的突破对一场革命起到了主要的推动作用，作为鉴别鸟类的工具，猎枪最终被双筒望远镜取代。

尽管因底气不足导致初印只有2000本，但这本野外指南销售一空，并且不得不在一周内重印。在这次的成功之后，彼得森对大西洋对岸的鸟类复制了这一模式，《英国及欧洲鸟类的野外指南》于1954年在伦敦初版，作者是两位著名的英国鸟类学家盖·芒福德和菲尔·霍洛姆。它一共发行了五个版本，最后一版于1993

北极海鹦　雄和雌
（*Fratercula arctica*）
亨利克·格伦沃尔德
约 1926 年，水彩画
115mm × 167mm
（6 ½ in × 4 ½ in）

这张迷人的崖顶风景图展现了一对繁育中的北极海鹦，它是格伦沃尔德为大英博物馆（自然分馆）所绘的一系列英国海鸟图之一。这是三种海鹦中最著名的一种，这些丰满的鸟类色彩奇妙、脸庞古怪，看上去就如小丑一般。它们深居在长长的巢洞之中。

黄鹡鸰　雄
（*Motacilla flava*）
亨利克・格伦沃尔德
1924–1925 年，水彩画
115mm × 167mm
（4 ½ in × 6 ½ in）

格伦沃尔德为大英博物馆（自然分馆）的书籍《英国鸟类，夏季访客》绘制过一些画作，这是其中之一。图中的鸟类是黄鹡鸰，从 3 月末至 5 月中旬，它们从冬季居住的非洲飞抵英国，明黄色的雄性将首先返回。格伦沃尔德将这只雄性设置在了一个典型环境中，这片湿地是一片半涝的草场，它可以在这里的牛粪堆和牛碲印间找到足够多的飞虫进食。排水系统和传统牧场的减少导致这种可爱鸟类在英国的分布领域越来越小。

年面世。这本书以七种语言出版，售出了超过两百万册。彼得森撰写或编辑了另外十四本野外指南，它们分别针对从蝴蝶至贝类等不同的野生生物，仍然全部由霍顿·米夫林出版。

彼得森的声名主要来自于他的野外指南，以及以其他方式（从写作到摄影）对观鸟的普及。但是在他漫长又极其充实的一生里，他也创作精美动人的鸟类画作，其中许多作品被作为限量版印刷复制。它们大多是水彩画和水粉画，相比于他在野外指南中的插画，它们细节精美，而且风格偏向于奥杜邦式。

和彼得·斯科特爵士一样，作为自然的使者及环保教育者，彼得森不辞辛劳地工作，他环游全球进行演讲，极其雄辩地为他热爱的鸟类等野生生物和野生环境辩护。他赢得过许多殊荣，这一点依然和斯科特一样，其中包括美国最高的国会勋章。他的大多数荣誉还是来源于一个事实——他在普及观鸟方面扮演了极其重要的一个角色，单单在美国可能就发展了约一亿位观鸟爱好者。

摄影技术也许显然对用画笔描绘鸟类形成了一个挑战（彼得森自己说过："比起绘画，我更喜欢摄影……绘画的要求太高了，我画起画来可不是那么容易……"），但它永远也不可能代替绘画。对用于鉴别物种的插画来说尤其如此。画家可以用图画展现鸟类的特征，强调它最重要的特点，传递出综合信息，而摄影只能呈现在特定光线下的单一姿势，相比之下，前者显然有用得多。最优秀的鸟类摄影当然可以像伟大的鸟类画作一样，激发、引导并创造出情感的共鸣，但大多数照片只有呈现定格的瞬间，它对鸟类以及其观者的体现，远不如一位熟练画家所能揭示的一切。

白腹毛脚燕（左页图）
（*Delichon urbica*）
亨利克·格伦沃尔德
1924–1925 年，水彩画
167mm × 115mm
（4 ½ in × 6 ½ in）

这是另一位从非洲飞来的夏季访客，它也需要泥泞的草甸——不过它是要收集泥土好在屋檐下建造它灵巧的杯状巢。这张版画与上一张出自同一本书。

“留尼汪织雀”（上图）
（‘*Foudia bruante*’）
乔治·爱德华·洛奇
约 1905 年，水彩画
250mm × 333mm
（9 ¾ in × 13in）

这张插图中展现了一只色彩明艳的小织雀，它出现在沃尔特·罗斯柴尔德勋爵的《灭绝的鸟类》（1907 年）中，但作者注明它没有已知的标本存在，只有著名法国博物学家布封在 18 世纪所写的一份描述。另外五种织雀如今生活在印度洋的不同岛屿上，不过三种已处于易危程度，还有一种则是极度濒危。

大溪地矶鹬
（*Prosobonia leucoptera*）
乔治·爱德华·洛奇
约 1905 年，水彩画
263mm × 365mm
（10 ¼ in × 14 ½ in）

这只神秘的涉禽也是洛奇为《灭绝鸟类》所绘。其标本是在詹姆斯·库克船长的著名南太平洋航行中，由博物学家兼画家威廉·安德森和约翰·格奥尔格·福斯特在大溪地岛和莫利亚岛收集的。

“假想鹦鹉物种”
（‘*Necropsittacus borbonicus*’）
亨利克·格伦沃尔德
1907 年，水彩画
221mm × 310mm
（8 ¾ in × 12 ¼ in）

格伦沃尔德根据印度洋留尼汪岛访客们留下的素描资料，从其描述的红绿相间的鹦鹉中推想描绘出了这只假想的、已灭绝的物种。另一种已灭绝的鹦鹉曾生活于罗德里格斯岛，没有证据表明图中的鸟和前者不同，但它只存在于更早期的探险家报告和一些骨骼化石中。

恐鸟

（*Dinornis novaezealandiae*）

弗雷德里克·威廉·弗罗霍克

约 1905 年，水彩画

317mm × 145mm

（12 ½ in × 5 ¾ in）

在测量过巨鸟达 11 ½ 英尺（3.5 米）高的重建骨架后，弗罗霍克创作了十几幅恐鸟画作，这是其中之一，它展现了新西兰这种巨大的食草类走禽。弗罗霍克还研究了一些保存下来的羽毛，以还原其羽毛的细节。这张画作在 1905 年的特林鸟类学家大会上展出。恐鸟的灭绝可能是在四百年前，其灭绝原因可能是这些岛屿上毛利开拓者的猎杀。

欧亚鸲
（*Erithacus rubecula*）
保罗・巴吕埃尔
约 1970 年，水彩画
220mm × 145mm
（8 ¾ in × 5 ¾ in）

这张画中是欧洲最常见的鸟类之一，它由一位伟大的法国插画家兼雕刻家创作，明面上的简朴非常具有欺骗性。它的羽毛细节很少，但着色非常精准，柔化效果使其看上去非常逼真。在翅膀的压力下，胸侧蓝灰色的羽毛还微微篷起。

黑顶林莺　雄
（*Sylvia atricapilla*）
保罗・巴吕埃尔
约 1970 年，水彩画
216mm × 142mm
（8 ½ in × 5 ½ in）

这张画中是另一种欧洲常见鸟类，它的学名指出了图中雄鸟最突出的特征。画家于 1901 年出生在巴黎，他为三本著作画过插画，一本在 1967 年出版，是关于北非鸟类的；另一本专述南非苏里南国的鸟类，于次年面世；还有一本是关于马达加斯加岛的动物，出版于 1973 年。

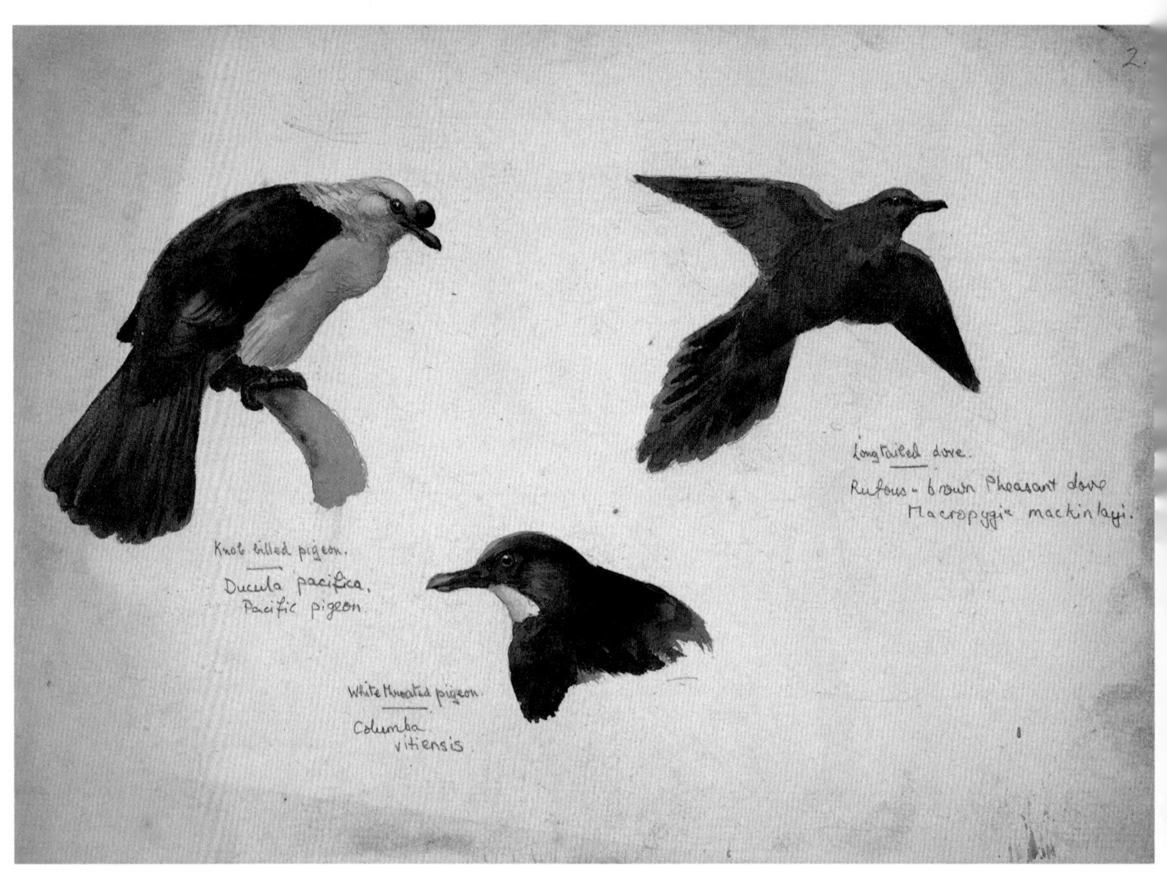

太平洋皇鸠（*Ducula pacifica*）
棕鹃鸠（*Macropygia mackinlayi*）
白喉林鸽（*Columba vitiensis*）
（上图）

托马斯・西奥多・巴纳德
1922 年，水彩画
178mm × 255mm
（7in × 10in）

深红摄蜜鸟　雌和雄
（*Myzomela cardinalis*）
黄额绣眼鸟
（*Zosterops flavifrons*）
（右页图）
托马斯・西奥多・巴纳德
1922 年，水彩画
255mm × 178mm
（10in × 7in）

这些轻快迅捷的草图展现了太平洋岛屿上的一些鸟类，明确地显示了它们显著的羽毛特征和比例。托马斯・西奥多・巴纳德是一位人类学专家，但他同时也热爱博物学，并热衷于在旅行中观察描绘鸟类等野生生物，他后来成为南非植物领域的专家。右页图中有两种小型鸣禽，它们来自圣玛丽亚岛（现称加瓦岛），这个岛屿位于太平洋西南部瓦努阿图岛链之中。上方是一对深红摄蜜鸟（顶上的是雌鸟，中间那只是雄鸟）。雄鸟明艳的猩红色是所有鸟类色彩中最灿烂的。下方那只鸟是八十多种绣眼鸟中的一种。

fem

Cardinal Honey-eater
Myzomela cardinalis

male

Yellow White-eye
Zosterops flavifrons

Birds of Santa Maria.
Gatgatman. ♂♀
Malig.

Shot at Benacre Suffolk. Nov. 30. 1929 by R.E.S. Gooch
Wild bred in 1927.

环颈雉　雄
（*Phasianus colchicus*）
弗雷德里克·威廉·弗罗霍克
1930 年，水彩画
380mm × 540mm
（15in × 21 ¼ in）

这位画家更出名的画作是关于蝴蝶等昆虫的，不过这张画作表明他同样可以创作优秀的鸟类作品。图中是一只漂亮的环颈雉，其细节说明画家经过了仔细观察。和他大多数作品一样，画中的鸟儿是一只独立的个体，而非这一物种普遍特征的范例。乍一看它仿佛是沃尔特·罗斯柴尔德笔下一只严重白化的鸟，这位画家热衷于异变的羽毛，并且有一系列标本收藏证明自己的这个兴趣，不过它实际上更可能是一张未完成的画作。

凤头麦鸡

（*Vanellus vanellus*）

亨利・佩恩（Henry Payne）

约 1920 年，水彩画

352mm × 250mm

（13 ¾ in × 9 ¾ in）

图中是欧洲最迷人的涉禽之一。对于描绘这张漂亮画作的作家，我们知之甚少。它可能是亨利・A. 佩恩，他是彩色玻璃艺术家，同时也是风景与壁画画家。令人遗憾的是，自那个时代起，大多数不列颠岛屿上的凤头麦鸡数量都急剧减少。

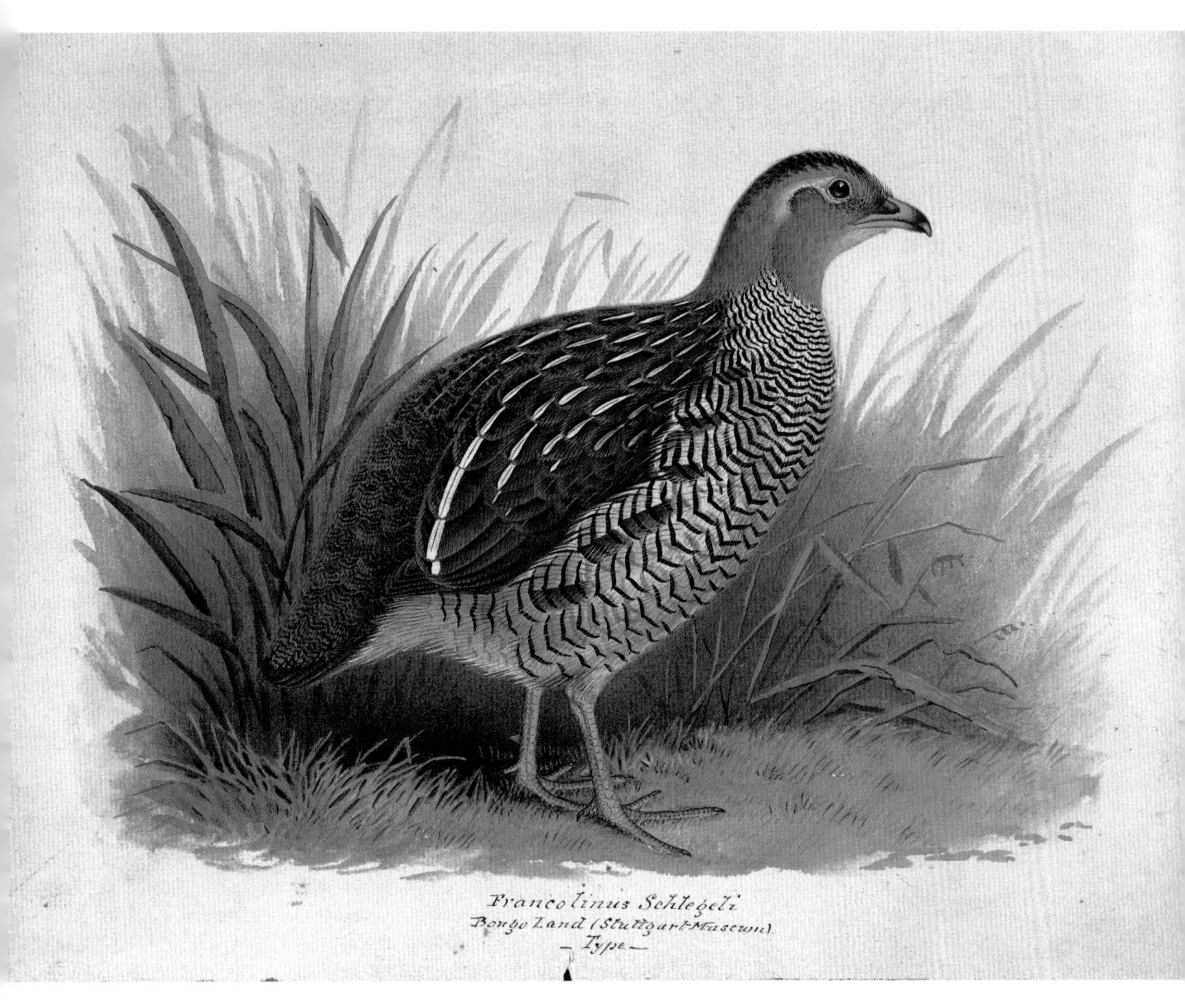

栗喉鹧鸪

（*Francolinus schlegeli*）

亨利·琼斯

约 1920 年，水彩画

255mm × 314mm

（10in × 12 ¼ in）

亨利·琼斯（1838–1921 年）是最优秀的鸟类画家之一，但是如今却鲜为人知。在离开印度的殖民军之后，琼斯少校在大英博物馆（自然分馆）中有条不紊地处理剥皮标本，逐科整理。完成了鸭类与猎禽类的工作后，他在逝世前为鸦科描绘了 120 幅画作。

冠麻鸭　雌（左）和雄

（*Tadorna cristata*）

小林茂

约 1920 年代，水彩画

346mm × 518mm

（13 ¾ in × 20 ½ in）

至少有三位日本鸟类画家姓小林，这一位的名字是“茂”，并且成为画家后的笔名是“古径”。他的卓越天赋在很早时便已显现，12 岁时他便已开始研究绘画。他将传统日本绘画装饰性的、直观的风格与现代西方鉴定插画清晰精准的科学风格融合在一起，创造出了自己的风格，他的画作能令人想起彼得·斯科特和罗杰·托里·彼得森等人的后期画作。

Kobayashi

银颊噪犀鸟

（*Bycanistes brevis*）

克劳德·吉布尼·芬奇-戴维斯

1920 年，水彩铅笔画

255mm × 178mm

（10in × 7in）

这只令人印象深刻的鸟类是非洲 23 种犀鸟之一。它头顶有一个中空的巨大盔冠，雄性的盔冠要大得多。盔冠有一个小开口通向口中，所以这个奇异构造可能有共鸣腔的功能，就像小提琴的琴身一样，能协助它发出非常响亮的喇叭般的鸣声，在浓密的雨林中传出很远的距离，以宣告自身的存在。

非洲钳嘴鹳（右页图）

（*Anastomus lamelligerus*）

克劳德·吉布尼·芬奇-戴维斯

1918 年，水彩铅笔画

255mm × 178mm

（10in × 7in）

该图有着芬奇-戴维斯标志性的敏锐和精确。这种鸟类的羽毛暗淡，喙部形状十分奇异，是鹳科的成员之一。它主要出没于沼泽等湿地环境中，食物是软体动物，它能用上喙固定住贝壳，再用下喙刀锋般的喙尖干脆地剪断贝类的闭壳肌，从中抽出柔软的身体食用。它只有一些近亲生活在亚洲。

C.G. Finch-Davies.
30-6-18.

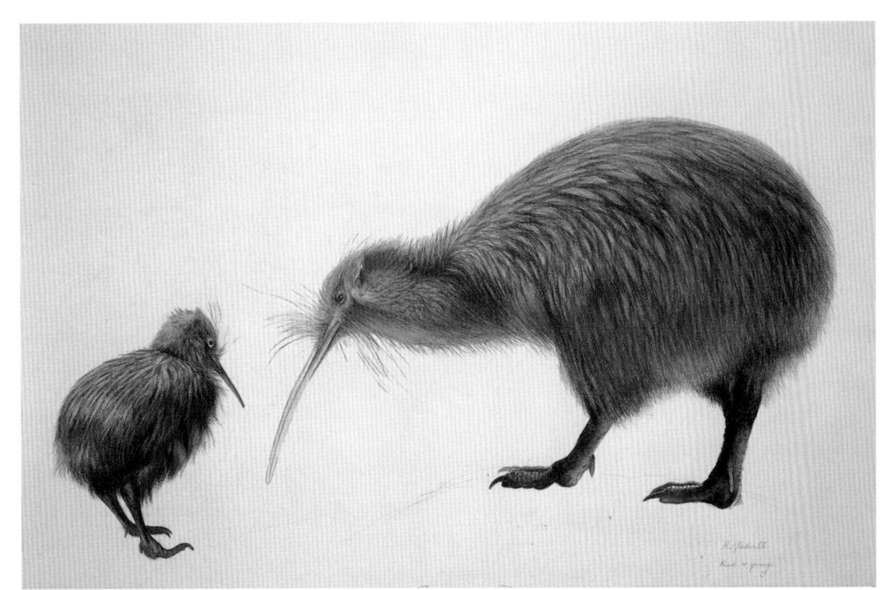

鸮鹦鹉（左页图）
（*Strigops habroptilus*）
安吉拉·格拉德威尔
1998 年，水彩画
570mm × 770mm
（22 ½ in × 30 ¼ in）

这位现代画家非常擅长为鸟类羽毛涂上准确的色彩，并创造精致的光影效果。鸮鹦鹉是世界上最珍稀的鹦鹉之一，人们在对它的保护方面付出了相当大的努力，才使它至今仍然幸存。对比这张图和第 279 页的图应该很有启发性，你可以看出两个世纪间鸟类绘画风格的典型改变。

褐几维鸟（上图）
（*Apteryx australis*）
安吉拉·格拉德威尔
1997 年，水彩画
570mm × 770mm
（22 ½ in × 30 ¼ in）

在这张温情的画作中，一只褐几维鸟正在关切地照料自己的幼鸟，它们羽毛间微妙的色差在此一览无余。四种几维鸟奇妙的羽毛更像是哺乳动物的毛发，而不像鸟羽，它们的翅膀藏在羽毛下，也比其他大型走禽的翅膀更小，几乎只剩下了根部。

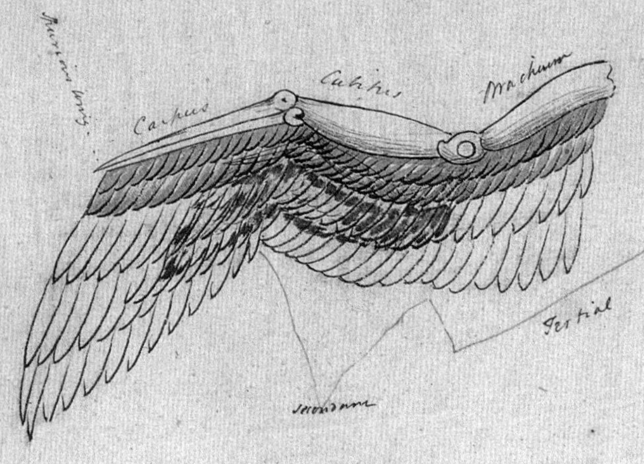

The principal parts of a Bird are 8.

1 Rostrum the Bill 3 parts } A Maxilla divides into 5 }
B Mandible
C Gonys.

Capiut into 17. Parts. 2/2 Lingua the Tongue
3/7 Oculus the Eye
8 Orbitae the Orbits
12 Crista the Crest
13 Corniculae the Horns
14 Barba the Beard
16 Aures the Ears

Collum into 2. Cervix { 3/1 Cervix
2 Auchenium

3 ~~Guttur~~ into Guttur 3/3/4 Caruncula Wattles
3/7 Ingluvies-Crop.

4 Dorsum into 5 - 4/2 Scapulares. Scapulars

5 Corpus into 7

6 Ala into 7 - 6/7 Alula Spuria bastard wing

7 Cauda 7/3 Tectrices Caudae intermediae
7/4 - - - laterales

8 Crus 8/1 Femora Thighs
8/2 6 Calcaria
8/3 Pes
8/3 a/3 Ungues Claws

Dorsum
Tergum
Uropigyum
Remiges
Secundariae
primariae
Crissum
ab
Rectrices
Cauda
intermediae
laterales

Sinciput Vertex Capistrum Frons Lorum
Supercilium Regio
Opthalm
Culmen Maxilla Dertrum
Nares
Tempora Mandibula Gonys
Gena Menton
Cervix Nucha Collum Gula
Auchenium Jugulum Guttur
Humeri Flexura
Scapularum Minores Axilla
Tectrices Pectus
Media Tectrices
Majores
Epigastrium
chondria
Tibia Plantu Tarsus Acrotarsium
Hallux Digiti

A Maxilla. Upper part of the Bill
A/a Nares. Nostrils
b Dertrum The Hook
c Culmen The Ridge
d Mesorincium The upper Ridge
2/1 Lorum Naked line at the Base
B Mandibula Lower part of the Bill
2/15 Mentum The Chin
C Gonys. Inferior point of the Mandible
2/3 Frons Front of the head
2/4 Capistrum the Face

Vertex the Crown of the Head
2/5 Sinciput Hinder part of Head
2/6 Regio opthalmica. Region of the Eye
2/9 Supercilium the Eye Brows
2/10 Tempora. the Temples
2/11 Gena. the Cheek
3/1 Cervix. hinder part of Neck
Nucha the Nape of the Neck
3/2 Auchenium. Below the Nape
3 Collum. the Neck
2/17 Regio Parotica. Protuberance near the Ear.
3/3 Guttur. the Throat
3/5 Gula. Gullet
3/6 Jugulum – Lower throat.
4 Dorsum. Back
4/1 Interscapulum. Between the Shoulders
4/3 Tergum. Middle of the back
4/5 Uropigyum. Rump
7 Cauda. Tail
Rectrices Tail feathers.
7/1 Intermedia. Middle
7/2 Laterales Side
6 Ala. Wing
6/6 Remiges the Oars
6/5 Primaria. Quills
Tectrices. Wing Covers
6/2 Majores. Largest
6/3 Media. middle
6/4 Minores. Smallest
6/2 Humeri Shoulders
6/1 Flexura. Bend of Wing
5/2 Axilla

5/4 Hypochondria Side of ab
5/1 Pectus. Breast
5/3 Abdomen.
5/5 Epigastrium Stomach
5/6 Venter. Belly
5/7 Crissum Vent
8/2 Tibia. Thigh
8/3a Planta. Foot with the To
8/3b Tarsus. the Foot ?
8/2a Acrotarsium point of Foot
8/3 7/1 Digiti Toes
3/3 7/2 Hallux. Great Toe

插画清单

衬页: Goshawk feather, *Accipiter gentilis*, Margaret Bushby Lascelles Cockburn *(c.1858)*, watercolour, 200mm×254mm (17in×12½in)

英文版权页–扉页: Unidentified Bird of Paradise, *Paradisaea* sp., Giovanni da Udine, from *Raccolta di Uccelli (c.1580)*, watercolour, 433mm×315mm (17in×12½in)

目 录 页: Fork-tailed Flycatcher, *Tyrannus savana*, Prideaux John Selby *(c.1788–1867)*, watercolour, 283mm×227mm (17in×12½in)

p7: Great Spotted Woodpecker, *Picus major*, Pieter Holsteyn the elder *(c.1580–1662)*, watercolour, 141mm×181mm (5¾in×7in)

p8: Title page from *Historia Naturalis,* Pliny the elder, published in Venice *(1469),* Incunabulum, illuminated with watercolour & gold paint, 400mm×270mm (15¾in×10½in)

p10: Junglefowl, *Gallus* sp., Giovanni da Udine, from *Raccolta di Uccelli (c.1550)*, watercolour, 433mm×315mm (17in×12½in)

p12: Medieval woodcut illustration from *Hortus Sanitatis*, published Jacobus Meydenback *(1491)*, hand-coloured woodcut, 280mm×210mm (11in×8¼in)

p13: Medieval woodcut illustration from *Hortus Sanitatis*, published Jacobus Meydenback *(1491)*, hand-coloured woodcut, 80mm×60mm (3in×2¼in)

p15: Dodo, *Raphus cucullatus*, Roelandt Savery *(1626)*, oil on canvas, 1050mm×800mm (41in×31½in)

p18: Portrait of John James Audubon, Lance Calkin *(c.1859–1936)*, oil on canvas, 610mm×750mm (24in×29½in)

p23: see p210-211

p21-23: Endpaper from *Les Pigeons,* by Madame Kipp, née Pauline de Courcelles *(1811)* p26: Ruff (female), *Philomachus pugnax*, Eleazar Albin, plate 87 from *A History of Birds,* Vol. III *(1737)*, hand-coloured engraving, 288mm×222mm (11¼in×8¾in)

p30: Jamaican Poorwill, Jamaican Woodpecker & Belted Kingfisher, *Siphonorhis americanus, Melanerpes radiolatus* & *Megaceryle alycon*, Sir Hans Sloane, engraving by M. Vander Gucht from *Natural History of Jamaica,* Vol. II *(1725)*, hand-coloured engraving, 325mm×405mm (12¾in×16in)

p32: Rainbow-billed Toucan, *Ramphastos sulfuratus*, George Edwards, plate 64 from *A Natural History of Birds,* Vol. II *(1747)*, hand-coloured engraving, 287mm×208mm (11¼in×8¼in)

p34: Yellow-crested Cockatoo, *Cacatua sulphurea,* William Hayes, from *Rare and Curious Birds accurately Drawn and Coloured from Specimens in the Menagerie at Osterly Park (1780),* watercolour, 250mm×310mm (9¾in×12¼in)

p37: Magnificent Riflebird, *Ptiloris magnificus*, anonymous, from the collection of John Latham *(c.1781–1824)*, watercolour, 212mm×200mm (8½in×7¾in)

p38: Green Peafowl, *Pavo muticus*, John Latham *(c.1781–1824)*, watercolour, 160mm×200mm (6¼in×7¾in)

p40: Greater Flamingo (American race), *Phonenicopterus ruber ruber*, Sarah Stone, painted from the collection of Sir Aston Lever *(c.1788),* watercolour, 477mm×365mm (18¾in×14½in)

p43: Tawny owl, *Strix aluco*, by Thomas Bewick, tailpiece from *British Birds,* Vol. 1, pg.55 *(1797)*, wood engraving, 47mm×56mm (1¾in×2¼in)

p44: 'Chinese Long-tailed Finch', *Hypothetical species*, anonymous Chinese artist, from the John Latham Collecton (1821–24), watercolour, 210mm×161mm (8¼in×6¼in)

p47: Pompadour Green Pigeon, *Treron pompadora*, Sydney Parkinson *(c.1767–8)*, watercolour, 324mm×257mm (45in×23in)

p49: Common Kingfisher, *Alcedo atthis*, Pieter Cornelis de Bevere *(c.1754–57)*, watercolour, 350mm×214mm (13¾in×8½in)

p52: Long-tailed Duck, *Clangula hyemalis*, William Ellis *(1779)*, watercolour, 162mm×235mm (6¼in×9¼in)

p55: Hooded Parrot, *Psephotus dissimilis,* Ferdinand Lucas Bauer *(c.1801–05)*, watercolour, 335mm×505mm (13¼in×20in).

p56-57: Blue Jay, *Cyanocitta cristata*, Mark Catesby, from *The Natural History of Carolina, Florida and the Bahama Islands,* Vol. I *(1731)*, hand-coloured engraving, 335mm×510mm (13¼in×20in)

p58: Great Blue Heron, *Ardia herodias*, John Abbot, watercolour, 305mm×197mm (12in×7¾in) p61: Purple Finch, *Carpodacus purpureus*, William Bartram *[c.1773]*, watercolour, 239mm×293mm (9½in×11½in)

p63: Grey Peacock-Pheasant, *Polyplectron bicalcaratum,* George Edwards, plate 67 from *A Natural History of Birds,* Vol. I *(1747)*, hand-coloured engraving, 287mm×208mm (11¼in×8¼in)

p64: Great Bustard, *Otis tarda,* George Edwards, plate 73 from *A Natural History of Birds,* Vol. II *(1747)*, hand-coloured engraving, 287mm×208mm (11¼in×8¼in)

p66: 'Crimson Hornbill', *'Buceros ruber'*, anonymous from the John Latham collection *(c.1781–1824),* watercolour, 175mm×240mm (7in×9½in).

p67: 'Black-necked Thrush', '*Turdus nigricollis*', anonymous from the John Latham collection *(c.1781–1824),* watercolour, 200mm×160mm (7¾in×6¼in).

p68: Jackass Penguin, *Spheniscus demersus*, John Latham *(c.1781–1824)*, watercolour, 210mm×200mm (8¼in×7¾in).

p69: Secretary Bird, *Sagittarius serpentarius*, John Latham *(c.1781–1824),* watercolour, 195mm×125mm (7¾in×5in)

p70: American Black Vulture, *Coragyps atratus*, John Latham *(c.1781–1824),* watercolour, 196mm×155mm (7¾in×6in)

p70-71: Great White Pelican, *Pelecanus onocrotalus*, John Latham *(c.1781–1824),* watercolour, 140mm×185mm (5½in×7¼in)

p72: Ostrich, *Struthio camelus*, Sarah Stone *(c.1788)*, watercolour, 350mm×248mm (13¾in×9¾in)

p73: Ruff, *Philomachus pugnax*, Sarah Stone *(c.1788)*, watercolour, 350mm×248mm (13¾in×9¾in)

p74: Hawfinch, *Coccothraustes coccothraustes*, Sarah Stone *(c.1788)*, watercolour, 248mm×350mm (9¾in×13¾in)

p74: Pied Water-Tyrant, *Fluvicola pica*, Sarah Stone *(c.1788)*, watercolour, 248mm×350mm (9¾in×13¾in)

p74: Orange-winged Pytilita (upper) & Orange-breasted Sunbird (lower), *Fluvicola afra & Nectarina violacea,* Sarah Stone *(c.1788)*, watercolour, 350mm×248mm (13¾in×9¾in)

p75: Lark variety, *Alaudidae* sp., Sarah Stone *(c.1788)*, watercolour, 350mm×248mm (13¾in×9¾in)

p76: Chestnut-bellied Cuckoo, *Hyetornis pluvialis*, Sarah Stone *(c.1788)*, watercolour, 248mm×350mm (9¾in×13¾in)

p76-77: White-throated Toucan, *Ramphastos tucanus*, Sarah Stone *(1788)*, watercolour, 474mm×360mm (16¾in×14¼in)

p79: Guianan Cock-of-the-Rock, *Rupicola rupicola*, Sarah Stone *(1788)*, watercolour, 474mm×360mm (16¾in×14¼in)

p78: Western Crowned Pigeon, *Goura cristata*, Sarah Stone

(1788), watercolour, 474mm×360mm (16¾in×14¼in)

p80: Small Minivet, *Pericrocotus cinnamomeus*, Sydney Parkinson *(1767)*, watercolour, 323mm×257mm (12¾in×10in)

p81: Crimson-throated Barbet, *Megalaima rubricapillus*, Sydney Parkinson *(1767)*, watercolour, 327mm×262mm (12¾in×10¼in)

p82: Banded Woodpecker, *Picus miniaceus*, Sydney Parkinson *(1767)*, watercolour, 324mm×257mm (12¾in×10in)

p83: Indian Scops Owl, *Otus bakkomoena*, Sydney Parkinson *(1767)*, watercolour, 325mm×258mm (12¾in×10¼in)

p84: Oriental Dwarf Kingfisher, *Ceyx erithacus*, Sydney Parkinson *(1767)*, watercolour, 324mm×254mm (12¾in×10in)

p85: Malabar Pied Hornbill, *Anthracoceros coronatus*, Sydney Parkinson *(1767)*, watercolour, 468mm×325mm (18½in×12¾in)

p85: Tailorbird, *Orthotomus* sp., Sydney Parkinson *(1767)*, watercolour, 411mm×293mm (16¼in×11½in)

p86-87: Cotton Pygmy Goose, *Netapus coromandelianus*, Sydney Parkinson *(1767)*, watercolour, 257mm×322mm (10in×12¾in)

p88: Lesser Akialoa (or 'Akialoa'), *Hemignathus obscurus*, William Ellis *(1779)*, watercolour, 203mm×177mm (8in×7in)

p89: Peregrine Falcon, *Falco peregrinus*, William Ellis *(1779)*, watercolour, 258mm×195mm (10¼in×7¾in)

p90: Apanane, *Himatione sanguinea*, William Ellis *(1779)*, watercolour, 252mm×182mm (10in×7¼in)

p91: Green Rosella, *Platycercus caledonicus*, William Ellis *(c.1779)*, watercolour, 238mm×187mm (9¼in×7¼in).

p92: Red-necked Phalarope, *Phalaropus lobatus*, William Ellis *(c.1779)*, watercolour, 155mm×270mm (6in×10½in).

p93: Crested Auklet, *Aethia cristatella*, William Ellis *(1779)*, watercolour, 155mm×260mm (6in×10¼in)

p94: Golden Eagle, *Aquila chrysaetos*, William Lewin, plate 3 from *The Birds of Great Britain,* Vol I *(1789–94)*, bodycolour, 213mm×175mm (8½in×7in)

p95: Northern Hobby, *Falco subbuteo*, William Lewin, plate 21 from *Birds of Great Britain,* Vol I *(1789–94)*, bodycolour, 218mm×178mm (8½in×7in)

p96: Yellow-tailed Black Cockatoo, *Calyptorhynchus*

funereus, George Raper *(1789)*, watercolour, 480mm×320mm (19in×12½in)

p97: Glossy Black Cockatoo, *Calyptorhynchus lathami*, George Raper *(1789)*, watercolour, 495mm×315mm (19½in×12½in)

p98: Australian White Pelican, *Pelecanus conspicillatus*, George Raper *(1789)*, watercolour, 480mm×330mm (19in×13in)

p99: Laughing Kookaburra, *Dacelo novaeguineae*, George Raper *(1789)*, watercolour, 495mm×330mm (19½in×13in)

p100: Lord Howe Rail, *Gallirallus sylvestris*, George Raper *(1790)*, watercolour, 495mm×322mm (19½in×12¾in)

p101: Emu, *Dromaius novaehollandiae*, George Raper *(1791)*, watercolour, 480mm×318mm (19in×12½in)

p102: White Gallinule, *Porphyrio albus*, the 'Port Jackson Painter', drawing no.330 from the Watling collection *(1797)*, watercolour, 199mm×175mm (7¾in×7in)

p103: Black Swan, *Cygnus atratus*, the 'Port Jackson Painter', drawing no.351 from the Watling collection *(c.1792)*, watercolour, 242mm×192mm (9½in×7½in)

p104: Tawny Frogmouth, *Podargus strigoides*, the 'Port Jackson Painter', drawing no.296 from the Watling collection *(c.1788–97)*, watercolour, 275mm×246mm (10¾in×9¾in)

p105: Maned Duck, *Chenonetta jubata*, the 'Port Jackson Painter', drawing no.345 from the Watling collection *(c.1788–97)*, watercolour, 203mm×234mm (8in×9¼in)

p106: Little Green Bee-eater, *Merops orientalis*, Pieter Cornelis de Bevere *(c.1754-57)*, watercolour, 246mm×382mm (9¾in×15in)

p107: Asian Paradise Flycatcher (male), *Terpisphone paradisi*, Pieter Cornelis de Bevere *(c.1754–57)*, watercolour, 382mm×251mm (15in×10in)

p108: Hoopoe, *Upupa epops*, Pieter Cornelis de Bevere *(c.1754–57)*, watercolour, 246mm×381mm (9¾in×15in)

p109: Indian Roller, *Coracias benghalensis*, Pieter Cornelis de Bevere *(c.1754–57)*, watercolour, 248mm×385mm (9¾in×15¼in)

p110-111: Common (or Asian) Koel, *Eudynamys scolopacea*, Pieter Cornelis de Bevere *(c.1754–57)*, watercolour, 214mm×350mm (8½in×13¾in)

p112: Grimson-backed, *Chrysocolaptes stricklandi*, Pieter Cornelis de Bevere *(c.1754–57)*, watercolour, 350mm×214mm (13¾in×8½in) p113: Brown Fish-Owl, *Ketupa zeylonensis*, Pieter Cornelis de Bevere *(c.1754–57)*, watercolour, 350mm×214mm (13¾in×8½in)

p114: Little Green Bee-eater, *Merops orientalis*, anonymous, drawing no. 45 from the collection of Lady Mary Impey *(c.1780)*, watercolour, 297mm×483mm (11¾in×19in)

p115: Black-hooded Oriole, *Oriolus xanthornus*, Sheik Zayn al-Din, drawing no.20 from the collection of Lady Mary Impey *(c.1780)*, watercolour, 345mm×486mm (13½in×19½in)

p116: Tern, *Sternidae* sp., by Sheik Zayn al-Din, drawing no.20 from the collection of Lady Mary Impey *(1781)*, watercolour, 614mm×845mm (33¼in×24¼in)

p117: American Black vulture, *Coragyps atratus*, William Bartram, drawing no. 25 from *Botanical and Zoological Drawings (1756–88)*, pen & ink & watercolour on paper, 242mm×319mm (10in×12½in)

p118: Green Heron, *Butorides virescens*, William Bartram, drawing no. 17 from *Botanical and Zoological Drawings [1774]*, pen & ink & watercolour on paper, 377mm×245mm (14¾in×9¾in)

p119: Bobolink, *Dolichonyx oryzivorus*, William Bartram, drawing no. 24 from *Botanical and Zoological Drawings [1774–75]*, pen & ink & watercolour on paper, 256mm×202mm (10in×12½in)

p120-121: Northern Cardinal, *Cardinalis cardinalis*, William Bartram, drawing no. 55 from *Botanical and Zoological Drawings (1772)*, pen & ink, 181mm×304mm (7¼in×12in)

p122-124: Endpaper from *The Natural History of Caroline, Florida and the Bahama Islands (1731)* by Mark Catesby

p126: Wild Turkey, *Meleagris gallopavo*, John James Audubon, plate 1 from *Birds of America,* original double elephant folio *(1829)*, hand-coloured aquatint, 970mm×656mm (38¼in×25¾in)

p131: Eggs of 1. Song Thrush; 2. Golden-crested Wren (now Goldcrest); 3. Chimney Swallow (now Barn Swallow); 4. Common Wren (now Northern Wren); 5. Jay (now Eurasian Jay); 6. Kingfisher (now Common Kingfisher) 1. *Turdus philomelos*; 2. *Regulus regulus*; 3. *Hirundo rustica*; 4. *Troglodytes troglodytes*; 5. *Garrulus glandarius*; 6. *Alcedo atthis*; James Hope Stewart *(c.1835)*, watercolour, 106mm×172mm (4½in×6¾in)

p133: Purple Martin, *Progne subis*, John James Audubon, plate XXII from *Birds of America,* original double elephant folio *(1827–30)*, hand-coloured aquatint, 658mm×525mm (26in×20¾in)

p136: Carolina Parakeet, *Conuropsis carolinensis*, John James Audubon, plate XXVI from *Birds of America,* original double elephant folio *(1827–30)*, hand-coloured aquatint, 853mm×600mm (33½in×23½in) p138: Golden Eagle, *Aquila chrysaetos*, John James Audubon, plate CLXXXI from *Birds of America,* original double elephant folio *(1833)*, hand-coloured aquatint, 970mm×656mm (38¼in×25¾in)

p141: Black-winged Stilt, *Himantopus himantopus*, anonymous Chinese artist, plate 62 from the John Reeves collection of Zoological Drawings from Canton, China *(1822–29)*, watercolour, 590mm×477mm (23¼in×18¾in)

p142-143: Black Guillemot, *Cepphus grylle*, John James Audubon, plate CCXIX from *Birds of America (1834)*, hand-coloured aquatint, 445mm×518mm (17½in×20½in)

p144: Channel-billed Toucan, *Ramphastos vitellinus*, Nicholas Aylward Vigors *(1831)*, oil on canvas, 340mm×460mm (13½in×18in)

p147: Peregrine Falcon, *Falco peregrinus*, William MacGillivray *(1839)*, watercolour, 750mm×545mm (29½in×21½in)

p149: Northern Raven, *Corvus corax*, William MacGillivray *(1832)*, watercolour, 478mm×683mm (18¾in×27in)

p150: Grey Heron, *Ardea cinerea*, William MacGillivray *(c.1835)*, watercolour, 965mm×735mm (38in×29in)

p153: Long-billed Sunbird (male & young), *Cinnyris lotenius*, by Khuleelooddeen from the collection of Sir William Jardine *(c.1830–40)*, gouache, 122mm×126mm (5in×4½in)

p154: Beautiful Sunbird, *Cinnyris pulchellus*, William Swainson *(c.1835)*, watercolour, 164mm×115mm (6½in×4½in)

p157: Blue-bellied Roller, *Coracias cyanogaster*, William Swainson *(c.1835)*, watercolour, 170mm×125mm (6¾in×5in)

p158: African Grey Parrot, *Psittacus erithacus*, from the *Illustrations in Water-Colour of Indian Zoology and Botany* by Major-General Thomas Hardwicke and Mrs Duncan Campbell *(1822)*, watercolour, 435mm×560mm (17¼in×22in)

p160-161: Scarlet Ibis, *Eudocimus ruber*, John James Audubon, plate CCCXCVII from *Birds of America,* original double elephant folio *(1837)*, hand-coloured aquatint, 534mm×740mm (21in×29¼in)

p164: Savannah Sparrow, *Passerculus sandwichensis*, John James Audubon, plate CIX from *Birds of America,* original double elephant folio *(1831)*, hand-coloured aquatint, 496mm×313mm (19½in×12¼in)

p167: Barn Swallow, *Hirundo rustica*, John James Audubon, plate CLXXIII from *Birds of America,* original double elephant folio *(1833)*, hand-coloured aquatint, 493mm×310mm (19½in×12¼in)

p169: Rough-legged Hawk, *Buteo lagopus*, John James Audubon, plate CCCCXXII from *Birds of America,* original double elephant folio *(1838)*, hand-coloured aquatint, 725mm×645mm (28½in×25½in) p169: Gull-billed Tern, *Sterna nilotica*, John James Audubon, plate CCCX from *Birds of America* original double elephant folio *(1838)*, hand-coloured aquatint, 495mm×402mm (19½in×15¾in)

p171: Hairy Woodpecker & Three-toed Woodpecker, *Picoides villosus & Picoides tridactylus*, John James Audubon, plate CCCCXVII from *Birds of America,* original double elephant folio *(1838)*, hand-coloured aquatint, 770mm×575mm (30¼in×22¾in)

p172-173: Trumpeter Swan, *Cygnus buccinator*, John James Audubon, plate CCCCVI from *Birds of America,* original double elephant folio *(1838)*, hand-coloured aquatint, 656mm×970mm (25¾in×38¼in)

p174: Magnificent Frigatebird, *Fregata magnificens*, John James Audubon, plate CCLXXI from *Birds of America,* original double elephant folio *(1835)*, hand-coloured aquatint, 970mm×656mm (38¼in×25¾in)

p175: American Swallow-tailed Kite, *Elanus forficatus*, John James Audubon, plate LXXII from *Birds of America,* original double elephant folio *(1829)*, hand-coloured aquatint, 524mm×696mm (20¾in×27½in)

p176-177: Leach's Storm Petrel, *Oceanodroma leucorhoa*, John James Audubon, plate XXII from *Birds of America,* original double elephant folio *(1835)*, hand-coloured aquatint, 313mm×492mm (12¼in×19¼in)

p179: Northern Gannet, *Morus bassanus*, William MacGillivray *(1831)*, watercolour, 810mm×550mm (32in×21¾in)

p179: Common Kestrel, *Falco tinnunculus*, William MacGillivray *(1835)*, watercolour, 760mm×545mm (30in×21½in)

p180: Egyptian Goose, *Alopochen aegyptiacus*, William MacGillivray *(c.1831–41)*, watercolour, 745mm×550mm (29¼in×21¾in)

p181: Eagle Owl, *Bubo bubo*, William MacGillivray *(c.1831–41)*, watercolour, 983mm×668mm (38¾in×26¼in)

p182: Black Grouse, *Tetrao tetrix*, William MacGillivray *(1836)*, watercolour, 755mm×546mm (29¾in×21½in)

p183: Osprey, *Pandion haliaetus*, William MacGillivray *(c.1831–41)*, watercolour, 563mm×686mm (22¼in×27in)

p184: Lesser Black-backed Gull, *Larus fuscus*, William MacGillivray *(1836)*, watercolour, 764mm×550mm (30in×21¾in)

p185: Great Auk, *Pinguinus impennis*, William MacGillivray *(1839)*, watercolour, 770mm×557mm (30¼in×23in)

p186: Black Woodpecker, *Dryocopus martius*, William MacGillivray *(1839)*, watercolour, 760mm×542mm (30in×21¼in) p187: Hooded Crow, *Corvus corone cornix*, William MacGillivray *(c.1831–41)*, watercolour, 755mm×550mm (29¾in×21¾in)

p188-189: Plate 117 & 118. Domestic Pigeons, *Columba livia*, anonymous *(c.1850)*, watercolour, 263mm×360mm (10¼in×14¼in)

p190: Eggs of Sarus Crane, *Grus antigone*, anonymous, from the Sir William Jardine Collection *(c.1830–40)*, gouache, 191mm×162mm (7½in×6½in)

p191: Egg & Chick of Painted Snipe, *Rostratula benghalensis*, anonymous, from the Sir William Jardine Collection *(c.1830–40)*, gouache, 105mm×143mm (4¼in×5¾in)

p191: Eggs of Common Hawk Cuckoo (left) & Painted Snipe (right), *Cuculus varius & Rostratula benghalensis*, anonymous, from the Sir William Jardine Collection *(c.1830–40)*, gouache, 94mm×145mm (3¾in×5¾in)

p192: Eurasian Kingfisher (above) & Blue-eared Kingfisher (below), *Alcedo atthis & Alcedo meninting*, anonymous, from the Sir William Jardine Collection *(c.1830–40)*, gouache, 390mm×320mm (15½in×12½in)

p193: Great Blue Kingfisher, *Alcedo hercules*, anonymous, from the Sir William Jardine Collection *(c.1830–1840)*, gouache, 179mm×175mm (7in×7in)

p194: Common Crossbill (male), *Loxia curvirostra*, James Hope Stewart for Sir William Jardine's *The Naturalist's Library (c.1825–35)*, gouache, 170mm×150mm (6¾in×6in)

p195: Bat Hawk, *Macheiramphus alcinus*, hand-coloured lithograph from a drawing by Joseph Wolf *(c.1860)*, 303mm×245mm (12in×9¾in)

p196: Himalayan Treecreeper, *Certhia himalayana*, by Khuleelooddeen *(c.1830–40)*, gouache, 138mm×118mm (5½in×4¾in)

p197: Grey Sibia, *Heterophasia gracilis*, by Khuleelooddeen *(c.1830–40)*, gouache, 137mm×211mm (5½in×8¼in)

p198: Nest and eggs of Dark-collared Cuckoo-shrike, *Coracina melaschistos*, by Khuleelooddeen *(c.1830–40)*, gouache, 131mm×200mm (5¼in×7¾in)

p199: Nest and eggs of White-throated Fantail, *Rhipidura albicollis*, by Khuleelooddeen *(c.1830–40)*, gouache, 220mm×137mm (8¾in×5½in)

p200: Goldfinch, *Carduelis carduelis*, by James Hope Stewart for Sir William Jardine's *The Naturalist's Library (c.1825–35)*, watercolour, 172mm×106mm (6¾in×4¼in)

p201: Golden Oriole, *Oriolus oriolus*, by James Hope Stewart for Sir William Jardine's *The Naturalist's Library (c.1825–35)*, watercolour, 171mm×106mm (6¾in×4¼in) p202-203: Little Egret, *Egretta garzetta*, James Hope Stewart for Sir William Jardine's *The Naturalist's Library (c.1825–35)*, watercolour, 108mm×171mm (4¼in×6¾in)

p204: Dusky Eagle Owl, *Bubo coromandus*, anonymous, from the Lord Ashton collection *(c.1840)*, watercolour, 560mm×433mm (22in x17in)

p205: Short-toed Eagle, *circaetus gallicus*, anonymous, from the Lord Ashton collection *(c.1840)*, watercolour, 642mm×490mm (25¼in×19¼in)

p206: Kalij Pheasant, *Lophura leucomelanos*, Lady Mary Bentinck *(c.1833)*, watercolour, 210mm×307mm (8¼in×12in)

p207: Common Hill-Partridge, *Arborophila torqueola*, Lady Mary Bentinck *(c.1833)*, watercolour, 127mm×207mm (5in×8¼in)

p208: Indian Roller, *Coracias benghalensis*, Lady Mary Bentinck *(c.1833)*, watercolour, 175mm×261mm (7in×10¼in)

p209: Wallcreeper, *Tichodroma muraria*, Lady Mary Bentinck *(c.1833)*, watercolour, 113mm×120mm (4½in×4¾in)

p210-211: Temminck's Tragopan, *Tragopan temminckii*, anonymous, from the John Reeves Collection of Zoological Drawings from Canton, China *(1822–29)*, watercolour with bodycolour, 420mm×495mm (16½in×19½in)

p211: Rock Eagle-Owl, *Bubo bengalensis*, anonymous, plate 5 from the John Reeves Collection of Zoological Drawings from Canton, China *(1822–29)*, watercolour, 494mm×387mm (19½in×15¼in)

p212-213: Rufous Treepie, *Dendrocitta vagabunda*, anonymous, from the *Illustrations in Water-Colour of Indian Zoology and Botany* by Major-General Thomas Hardwicke and Mrs Duncan Campbell *(1822)*, watercolour, 251mm×382mm (10in×15in)

p214: Hanging-Parrots, *Loriculus* sp., anonymous, plate 28 from the John Reeves Collection of Zoological Drawings from Canton, China *(1822–29)*, watercolour, 414mm×496mm (16¼in×19½in)

p215: Blue Magpie, *Urocissa erythrorhyncha*, anonymous, plate 9 from the John Reeves Collection of Zoological Drawings from Canton, China *(1822–29)*, watercolour, 380mm×492mm (15in×19¼in)

p216: Eurasian Jay, *Garrulus glandarius*, Christian Ludwig Landbeck *(1833–4)*, watercolour, 475mm×294mm (18¾in×11½in)

p217: Red Avadavat, *Amandava amandava*, Frederick Ditmas *(c.1840s)*, watercolour, 230mm×186mm (9in×7¼in)

p218: Small Minivet, *Pericrocotus cinnamomeus*, Frederick Ditmas *(c.1840)*, watercolour, 230mm×186mm (9in×7¼in)

p219: Drongo, *Dicrurus* sp., by Frederick Ditmas *(c.1840)*, water-colour, 230mm×186mm (9in×7¼in)

p220-222: Endpaper from *The Structure and Physiology of Fishes (1785)* by Alexander Mondo

p225: Scarlet Macaw, *Ara macao*, Edward Lear, plate 7 from *Illustrations of the family of Psittacidae or Parrots (1832)*, watercolour, 554mm×365mm (21¾in×14½in)

p226: Blue-and-Yellow Macaw, *Ara ararauna*, Edward Lear, plate 8 from *Illustrations of the family of Psittacidae or Parrots (1832)*, watercolour, 554mm×365mm (21¾in×14½in)

p229: 'Jacobine Pigeon', *Columba livia*, domestic variety, Edward Lear *(c.1835)*, watercolour, 155mm×110mm (6in×4¼in)

p230: Green Turaco, *Tauraco persa*, Edward Lear *(c.1835)*, watercolour, 231mm×142mm (9¼in×5½in)

p233: Marvellous Spatuletail, *Loddigesia mirabilis*, John Gould, plate 61 from *A Monograph of the Trochilidae or family of Humming-birds*, Vol. III *(c.1849–61)*, lithograph, 545mm×365mm (21½in×14½in)

p235: South American Painted Snipe, *Nycticryphes semicollaris*, by Elizabeth Gould *(c.1835)*, watercolour & pencil, 161mm×227mm (6½in×9in)

p237: Purple Cochoa, *Cochoa purpurea*, anonymous, plate 229 from the collection of birds and mammals of Nepal made by Brian Houghton Hodgson *(c.1850)*, watercolour, 280mm×470mm (11in×18½in)

p238: Pink-footed Goose, *Anser brachyrhynchus*, John Gould *(c.1865)*, watercolour & ink, 180mm×133mm (7in×5¼in)

p239: Pink-footed Goose (details), *Anser brachyrhynchus*, John Gould *(c.1865)*, watercolour & ink, 133mm×180mm (5¼in×7in)

p241: Eggs of various birds by Margaret Bushby Lascelles Cockburn *(1858)*, watercolour, 260mm×202mm (10¼in×8in)

p242: Snares Penguin & Fiordland Penguin, *Eudyptes robustus* & *Eudyptes pachyrhynchus*, John Gerrard Keulemans *(c.1887–1905)*, watercolour, 181mm×176mm (7¼in×7in)

p245: Buller's Albatross (upper) & Salvin's Albatross (lower), *Thalassarche bulleri* & *Thalassarche salvini* by John Gerrard Keulemans *(c.1887–1905)*, watercolour, 292mm×232mm (11½in×9¼in)

p246: Rufous-necked Hornbill, *Aceros nipalensis*, anonymous, from the Thomas Hardwick Collection *(c.1785–1820)*, watercolour, 271mm×372mm (10¾in×14¾in)

p250: Lady Amherst's Pheasant, *Chrysolophus amherstiae*, by Joseph Wolf, plate 14 from *A Monograph of the Phasianidae (1872)*, by Daniel Giraud Elliot, lithograph, 450mm×592mm (17¾in×23¼in) p253: Wallace's Fruit-Dove, *Ptilinopus wallaci*, John Gould, plate 55 from *Birds of New Guinea,* Vol. V *(1875–88)*, hand-coloured lithograph, 548mm×364mm (21½in×14¼in)

p257: Yellow-casqued Wattled Hornbill, *Ceratogymna elata*, by John Gerrard Keulemans *(c.1876-82)*, watercolour & gouache, 357mm×261mm (14in×10¼in)

p258: Flame Bowerbird, *Sericulus aureus*, John Gould, plate 48 from *Birds of New Guinea,* Vol. I *(c.1875–88)*, hand-coloured lithograph, 548mm×364mm (21½in×14¼in)

p261: Resplendent Quetzal, *Pharomachrus mocinno*, John Gould, from *A Monograph of the Trogonidae or Family of Trogons (1838)*, hand-coloured lithograph, 969mm×347mm (38¼in×13¾in)

p262: Koklass Pheasant, *Pucrasia macrolopha*, Rajman Singh *(c.1856–64)*, watercolour, 256mm×367mm (10in×14½in)

p265: Cheer Pheasant, *Catreus wallichii*, Rajman Singh *(c.1856–64)*, watercolour, 358mm×256mm (14in×10in)

p266: Fiordland Penguin, *Eudyptes pachyrhynchus*, Richard Laishley *(1863–88)*, watercolour & pencil, 254mm×178mm (10in×7in)

p269: Brown Kiwi, *Apteryx australis*, Richard Laishley *(c.1863–88)*, watercolour, 535mm×425mm (21in×16¾in)

p270-271: Long-billed Pipit, *Anthus similis*, Margaret Bushby Lascelles Cockburn *(1858)*, watercolour, 201mm×254mm (8in×10in)

p272: Asian Paradise-Flycatcher, *Terpsiphone paradisi*, by Margaret Bushby Lascelles Cockburn *(1858)*, watercolour, 254mm×201mm (10in×8in)

p273: Vernal Hanging-Parrot, *Loriculus vernalis*, Margaret Bushby Lascelles Cockburn *(1858)*, watercolour, 254mm×201mm (10in×8in)

p274: Spectacled Cormorant, *Phalacrocorax perspicillatus*, John Gerrard Keulemans *(c.1905)*, watercolour, 825mm×620mm (32½in×24½in)

p275: 'Oiseaux Bleu' ('Blue Bird'), *Apterornis coerulescens*, John Gerrard Keulemans *(c.1905)*, watercolour, 806mm×621mm (31¾in×24½in)

p276: Black-billed Magpie, *Pica pica*, John Gerrard Keulemans *(1896)*, watercolour & gouache, 635mm×523mm (25in×20½in)

p277: Great Bustard, Little Bustard & Houbara Bustard, *Otis tarda, Tetrax tetrax & Chlamydotis undulata*, John Gerrard Keulemans *(c.1842–1912)*, oil on canvas, 1990mm×2330mm (46¾in×87¾in)

p278: Réunion Crested Starling, *Fregilupus varius*, John

Gerrard Keulemans *(c.1905)*, watercolour, 385mm×278mm (15¼in×11in)

p279: Kakapo, *Strigops habroptilus*, John Gerrard Keulemans *(c.1887–1905)*, watercolour, 295mm×244mm (11½in×9½in)

p280-282: Endpaper from *Voyage Autour du Monde sur la fregate La Venus (1846)* by M. Abel du Petit-Thouars

p285: Blue Tit (Canary Islands races), *Parus caeruleus*, subspecies (from top to bottom): *degener, teneriffae, palmensis, ombrosius,* Henrik Gronvold *(c.1920)*, watercolour, 260mm×185mm (10¼in×7¼in)

p286: Handsome Francolin (breast feathers), A. *Francolinus nobilis nobilis*; B. *Francolinus nobilis chapini*, Henrik Gronvold *(c.1934)*, watercolour, 139mm×146mm (5½in×5¾in)

p290: Brunnich's Guillemot & Guillemot, *Uria lomvia* & *Uria aalge* by Archibald Thorburn *(c.1885-97)*, watercolour, 247mm×170mm (9¾in×6¾in)

p292: Northern Raven, *Corvus corax*, Archibald Thorburn *(c.1885–97)*, watercolour, 150mm×227mm (6in×9in)

p295: Black-billed Magpie, *Pica pica*, George Edward Lodge *(c.1930)*, chalk, 260mm×208mm (10¼in×9in)

p298: Green Woodpecker, *Picus viridis*, Frederick William Frohawk *(1920)*, pencil & monochrome wash, 228mm×169mm (9in×6¼in)

p301: Sanderling, *Calidris albus*, Frederick William Frohawk *(c.1907)*, watercolour & pencil, 178mm×125mm (7in×5in)

p302: Blacksmith Plover, *Vanellus armatus*, Claude Gibney Finch-Davies *(1918)*, watercolour & pencil, 178mm×255mm (7in×10in)

p306: Rufous-capped Bush-Warbler, *Cettia brunnifrons*, William Edwin Brooks, plate 23 from *Original Watercolour Drawings of Indian Birds (c.1865–75)*, watercolour, 140mm×229mm (5½in×9in)

p308: White-throated Bee-eater, *Merops albicollis*, Chloe Elizabeth Talbot Kelly *(1960)*, watercolour, 305mm×228mm (12in×9in)

p310-311: Common Kingfisher, *Alcedo atthis*, Charles F. Tunnicliffe *(c.1973)*, watercolour, 228mm×305mm (9in×12in)

p313: Pallid Swift, *Apus pallidus*, David Morrison Reid-Henry *(c.1919–1977)*, ink line drawing, 140mm×125mm (5½in×5in)

p314: Nothern Eagle Owl, *Bubo bubo*, Edward Julius Detmold *(c.1930)*, watercolour & pencil, 535mm×445mm (21in×17½in) p318: Northern Cassowary, *Casuarius unappendiculatus*, Henrik Gronvold *(1915)*, watercolour, 990mm×710mm (39in×28in)

p321: Atlantic Puffin, *Fratercula arctica*, Henrik Gronvold *(1933)*, watercolour, 115mm×167mm (4½in×6½in)

p322: Yellow Wagtail, *Motacilla flava*, Henrik Gronvold, from *British Birds, Summer Visitors (1924–5)*, watercolour, 115mm×167mm (4½in×6½in)

p324: House Martin, *Delichon urbica*, Henrik Gronvold, from *British Birds, Summer Visitors (1924–5)*, watercolour, 167mm×115mm (6½in×4½in)

p325: Réunion Fody, *'Foudia Bruante'*, George Edward Lodge *(c.1905)*, watercolour, 250mm×333mm (9¾in×13in)

p326: White-winged Sandpiper, *Prosobonia leucoptera*, George Edward Lodge *(c.1905)*, watercolour, 263mm×365mm (10¼in×14½in)

p327: Hypothetical parrot species, *'Necropsittacus borbonicus'*, Henrik Gronvold *(1907)*, watercolour, 221mm×310mm (8¾in x12¼in)

p328: Giant Moa, *Dinornis novaezealandiae*, Frederick William Frohawk *(c.1905)*, watercolour, 317mm×145mm (12½in×5¾in)

p329: European Robin, *Erithacus rubecula*, Paul Barruel *(c.1970)*, watercolour, 220mm×145mm (8¾in×5¾in)

p329: Blackcap, *Sylvia atricapilla*, Paul Barruel, *(c.1970)*, watercolour, 216mm×142mm (8½in×5½in)

p330: Pacific Imperial Pigeon, Metallic Pigeon & Spot-breasted Dove, *Ducula pacifica, Macropygia mackinlayi & Columba vitiensis*, Thomas Theodore Barnard *(1922)*, watercolour, 178mm×255mm (7in×10in)

p331: Cardinal Honeyeater & Yellow-fronted White-eye, *Myzomela cardinalis & Zosterops flavifrons*, Thomas Theodore Barnard *(1922)*, watercolour, 255mm×178mm (10in×7in)

p332-333: Common Pheasant, *Phasianus colchicus*, Frederick William Frohawk *(1930)*, watercolour, 380mm×540mm (15in×21¼in)

p334: Northern Lapwing, *Vanellus vanellus*, Henry Payne *(c.1920)*, watercolour, 352mm×250mm (13¾in×9¾in)

p335: Schlegel's Francolin, *Francolinus schlegeli*, Henry Jones *(c.1900)*, watercolour, 255mm×314mm (10in×12¼in)

p336-337: Crested Shelduck, *Tadorna cristata*, Shigeru Kobayashi *(c.1920s)*, watercolour, 346mm×518mm (13¾in×20½in) p338: Silvery-cheeked Hornbill, *Bycanistes brevis*, Claude Gibney Finch-Davies *(1920)*, watercolour & pencil, 255mm×178mm (10in×7in)

p339: African Open-bill, *Anastomus lamelligerus*, Claude Gibney Finch-Davies *(1918)*, watercolour & pencil, 255mm×178mm (10in×7in)

p340-341: Kakapo, *Strigops habroptilus*, Angela Gladwell *(1998)*, watercolour, 570mm×770mm (22½in×30¼in)

p341: Brown Kiwi, *Apteryx australis,* Angela Gladwell *(1998)*, watercolour, 570mm×770mm (22½in×30¼in)

p342-343: Anonymous, from the John Reeves Collection of Zoological Drawings *(1822–29)*, Pen & ink, 420mm×495mm (16½in×19½in)

p389: Medieval woodcut illustration from *Hortus Sanitatis*, published Jacobus Meydenback *(1491)*, hand-coloured woodcut, 280mm×210mm (11in×8¼in)

参考文献

请注意，这是一份精选过的文献。作者在撰述本书时参考过许多期刊、杂志和专业书籍中的论文文章，但由于页数的关系，其中许多文章并没有列在此处。这里列出的很多书已经绝版了，不过读者可以在图书馆或二手书店里找到它们。

Allen, D. E. 1976. *The Naturalist in Britain: A Social History*. Penguin Books.

Anker, J. 1938. *Bird Books and Bird Art*. Munksgaard and Munksgaard, Copenhagen.

Audubon, J. J. 2011. *The Birds of America*. The Natural History Museum, London.

Bain, I. (Ed.) 1979. *Thomas Bewick Vignettes, being tail-pieces engraved principally for his General History of Quadrupeds & History of British Birds*, Scolar Press, London.

Bain, I. 1979. *Thomas Bewick: An Illustrated Record of His Life and Work*. Tyne and Wear County Council Museums, Newcastle-upon-Tyne.

Bannerman, D. 1954. Obituary of George Edward Lodge, in *Ibis*, 96, 474–6.

Bannerman, D. 1956. Tribute to George Edward Lodge in *The Birds of the British Isles, Volume* 5, Oliver & Boyd, London.

Barber, L. 1980. *The Heyday of Natural History* 1820–1870. Jonathan Cape, London.

Blaugrund, A. & Stebbins, T. E. Jr. (Eds.) 1993. *John James Audubon: The Watercolours for The Birds of America*. Villard Books/Random House & The New York Historical Society.

Boehme, S. E. 2000. *John James Audubon in the West: The Last Expedition*. Abrams, New York.

Buchanan, H. 1979. *Nature Into Art: A Treasury of Great Natural History Books*. Mayflower books, New York.

Cantwell, R. 1961. *Alexander Wilson, Naturalist and Pioneer.* Lippincott, Philadelphia.

Chalmers, J. 2003. *Audubon in Edinburgh: The Scottish Associates of John James Audubon*. NMS Enterprises, Edinburgh.

Chatfield, J. E. 1987. *F. W. Frohawk: his life and work*. Crowood Press, Marlborough.

Clark, K. 1977. *Animals and Men*. Thames andHudson, London.

Cocker, M. and Inskipp, C. 1988. *A Himalayan Ornithologist: The Life and Work of Brian Houghton Hodgson*. Oxford University Press, Oxford.

Cusa, N. 1985. *Tunnicliffe' s Birdlife*. Clive Holloway Books, London.

Datta, A. 1997. *John Gould in Australia: Letters and Drawings*. The Miegunyah Press, Victoria, Australia.

Ennion, E. (Introduction and Commentary by Busby, J.). 1982. *The Living Birds of Eric Ennion*. Gollancz, London.

Fisher, C. (Ed.) 2002. *A Passion for Natural History: The Life and Legacy of the 13th Earl of Derby*. National Museums & Galleries on Merseyside, Liverpool.

Fisher, J. 1966. *The Shell Bird Book*. Ebury Press and Michael Joseph, London.

Ford, Alice. 1964. *John James Audubon*. Oklahoma University Press, Norman, Oklahoma.

Foshay, E. M. 1997. *John James Audubon*. Abrams, New York.

Fuller, E. 1999. *The Great Auk*. Published by the author, Southborough, Kent.

Fuller, E. 2000. *Extinct Birds*. Oxford University Press, Oxford.

Fuller, E. 2002. *Dodo: from Extinction to Icon*. HarperCollins, London.

Gaskell, J. 2000. *Who Killed the Great Auk?* Oxford University Press, Oxford.

Gilbert, P. 1998. *John Abbot: Birds, Butterflies and Other Wonders*. Merrell Holberton and The Natural History Museum, London.

Glasier, P. 1963. *As the Falcon Her Bells*. William Heinemann, London.

Hammond, N. 1986. *Twentieth Century Wildlife Artists*. Croom Helm, Beckenham, Kent.

Hammond, N. 1998. *Modern Wildlife Painting*. Pica Press, Mountfield, East Sussex.

Hart-Davis, D. 2003. *Audubon' s Elephant*. Weidenfeld & Nicolson, London.

Henry, B. 1986. *Highlight the Wild: The Art of the Reid-Henrys*. Palaquin Publishing, Hartley Wintney, Hants.

Hill, M. 1987. *Bruno Liljefors. The Peerless Eye*. Allen, Kingston upon Hull.

Hume, J.P. & Walters, M. 2012. *Extinct Birds*. T & A. D. Poyser, London.

Huxley, E. 1993. *Peter Scott: Painter and Naturalist*. Faber & Faber, London.

Hyman, S. 1980. *Edward Lear' s Birds*. The Wellfleet Press, Secaucus, New Jersey.

Jackson, C. E. 1975. *Bird Illustrators: Some artists in early lithography*. H. F. & G. Witherby, London.

Jackson, C. E. 1978. *Wood Engravings of Birds*. H. F. & G. Witherby, London.

Jackson, C. E. 1989. *Bird Etchings: the illustrators and their books* 1655–1855. Cornell University Press, Ithaca, New York.

Jackson, C. E. 1993. *Great Bird Paintings: Vol. 1: The Old Masters*. Antique Collectors' Club, Woodbridge.

Jackson, C. E. 1994. *Bird Painting: The Eighteenth Century*. Antique Collectors' Club, Woodbridge.

Jackson, C. E. 1998. *Sarah Stone: Natural curiosities from the New Worlds*. Merrell Holberton and The Natural History Museum, London.

Jackson, C. E. 1999. *Dictionary of Bird Artists of the World*. Antique Collectors' Club, Woodbridge.

Jonsson, L. 2002. *Birds and Light: The Art of Lars Jonsson*. Christopher Helm, London.

Kelly, R. B. T. 1955. *Birdlife and the Painter*. Studio Publications, London.

Keulemans, A. and Coldewey, J. 1982. *Feathers to Brush: The Victorian Bird Artist John Gerrard Keulemans* 1842-1912. Deventer, Netherlands.

Klingender, F. 1971. *Animals in art and thought to the end of the Middle Ages*. Routledge & Kegan Paul, London.

Knight, D. 1977. *Zoological Illustration: an essay towards a history of printed zoological pictures*. William Dawson, Folkestone and Archon Books, Hamden, Connecticut.

Lambourne, M. 1987. *John Gould: Bird Man*. Osberton Productions, Milton Keynes.

Lambourne, M. 1992. *Birds of the World: Over* 400 *of John Gould's Classic Bird Illustrations*. Rizzoli International, New York.

Lambourne, M. 2001. *The Art of Bird Illustration*, Quantum Publishing, London.

Lear, E. 1997. *The Family of Parrots Illustrations by Edward Lear*. Pomegranate Artbooks, San Francisco.

Lodge, G. E. 1946. *Memoirs of an Artist Naturalist*.Gurney and Jackson, London.

Lysaght, A. M. 1975. *The Book of Birds: Five Centuries of Bird Illustration*. Phaidon, London.

MacGillivray, W. S. 1910. *Life of William MacGillivray*. John Murray, London.

Marcham, F. G. 1971. *Louis Agassiz Fuertes and the Singular Beauty of Birds*. Harper Row, New York.

Mason, A. S. 1992. *George Edwards: The Bedell and His Birds*. Royal College of Physicians of London, London.

Mathews, G. M. 1931. *'John Latham (*1740-1837*): an early English Ornithologist'*, *Ibis*, pp. 466-475.

McEvey, Allan. 1973. *John Gould's Contribution to British Art*. Sydney University Press, Sydney.

Mearns, B. & Mearns, R. 1988. *Biographies for Birdwatchers; The Lives of Those Commemorated in Western Palaearctic Bird Names*. Academic Press, London.

Mearns, B. & Mearns, R. 1988. *The Bird Collectors*. Academic Press, London.

Mearns, B. & Mearns, R. 1992. *Audubon to Xántus; The Lives of Those Commemorated in North American Bird Names*. Academic Press, London.

Moyal, A. 1986. *'A Bright and Savage Land'. Scientists in Colonial Australia*. Collins, Sydney.

Niall, I. 1980. *Portrait of a Country Artist. Charles F. Tunnicliffe, RA,* 1901–1979. Gollancz, London.

Niall, I. 1983. *Tunnicliffe's Countryside*. Clive Holloway Books, London.

Noakes, V. 1979. *Edward Lear: The Life of a Wanderer*. Fontana/Collins, London.

Noakes, V. 1985. *Edward Lear* 1812–1888. Royal Academy of Arts Exhibition Catalogue, London.

Norst, M. 1989. *Ferdinand Bauer: Australian Natural History Drawings*. The Natural History Museum, London.

Palmer, A. H. 1895. *The Life of Joseph Wolf, Animal Painter*. Longmans, Green and Company, London.

Peck, R. M. 1982. *A Celebration of Birds: the Life and Art of Louis Agassiz Fuertes*. Walker, New York.

Peterson, R. T. 1980. *Audubon Birds*. Abbeville Press, New York.

Peterson, R. T. 1994. *Roger Tory Peterson: The Art and Photography of the World's Foremost Birder*. Houghton Mifflin, Boston, Massachusetts.

Rajnai, M. 1989. Biography of Jakob Bogdani, in introduction to catalogue of an exhibition of his paintings at the Richard Green Gallery, London.

Ralph, R. 1999. *William MacGillivray: Creatures of Air, Land and Sea*. Merrell Holberton and The Natural History Museum, London.

Rhodes, R. 2004. *John James Audubon: the making of an American*. Alfred Knopf, New York.

Rice, T. 2000. *Voyages of Discovery: Three Centuries of Natural History Exploration*. The Natural History Museum/ Scriptum Editions, London.

Sauer, G. 1982. *John Gould the Bird Man, a Chronology and Bibliography*. Lansdowne, Melbourne.

Schneider, N. 2003. *Still Life: Still Life Painting in the Early Modern Period*. Taschen, Cologne.

Scott, P. 1961. *The Eye of the Wind: an Autubiography*. Hodder and Stoughton, London.

Scott, P. 1992. *The Art of Peter Scott: Images from a Lifetime*, Sinclair Stevenson, London.

Shackleton, K. 1986. *Wildlife and Wilderness. An Artist's World*. Clive Holloway Books, London.

Sitwell, S., Buchanan, H. and Fisher, J. 1990. *Fine Bird Books,* 1700–1900. H. F. & G. Witherby, London.

Southern, J. 1981. *Thorburn's Landscape: The Major Natural History Paintings*. Elm Tree Books, London.

Stresemann, E. 1975. *Ornithology from Aristotle to the Present*. Harvard University Press Cambridge, Massachusetts.

Thackray, J. & Press, B. 2004. *The Natural History Museum: Nature's Treasurehouse*. The Natural History Museum, London.

Thorburn, A., Fisher, J. and Parslow, J. 1985. *Thorburn's Birds*. Bounty Books, London.

Thorburn, A. 1990. *Thorburn's Birds of Prey*. Hyperion Books, New York.

Trapnell, D. 1991. *Nature in Art: A Celebration of* 300 *Years of Wildlife Paintings*. David & Charles, Newton Abbot.

Tree, I. 2003. *The Bird Man: The Extraordinary Story of John Gould*. Ebury Press, London.

Tunnicliffe, C. F. 1945. *Bird Portraiture*. The Studio, London and New York.

Tunnicliffe, C. F. (Ed. Gillmor, R.) 1981. *Sketches of Bird Life*. Gollancz, London.

Tunnicliffe, C. F. (introduction and commentary by Cusa, N.) 1984. *Tunnicliffe's Birds. Measured drawings by C. F. Tunnicliffe.*

R.A. Gollancz, London.

Tunnicliffe, C. F. 1984. *Shorelands Summer Diary*. Clive Holloway Books, London.

Walters, M. 2003. *A Concise History of Ornithology: the lives and works of its founding figures*. Christopher Helm, London.

Yapp, B. 1981. *Birds in Medieval Manuscripts*. The British Library, London.

索引

斜体页码指的是插图/附文所在页。

致谢

像这样的一本书是众多人员努力的成果。关于出版人员，我非常感谢我的编辑大卫·香农（David Shannon），他明智的建议、不屈不挠的毅力、他的热情和幽默感在整个创作过程中都是巨大的助力；感谢设计师大卫·麦金托什（David Mackintosh），翻开本书的任何一页，都能从其优美中感受到他的技巧；我还要感谢设计师露丝·戴利（Ruth Deary）和普里提·兰吉（Pritti Ramjee）的协助。另外我还要多谢我令人敬畏的代理人帕特·怀特（Pat White）。

在自然博物馆（NHM）里，我首先必须感谢特鲁迪·布兰南（Trudy Brannan），正是她率先建议我撰写此书。她是NHM出版社的编辑经理，在过去的五年多时间里，我很荣幸能作为一名编辑和她一同处理自然博物馆的各种书目。我还要感谢贝弗利·艾吉（Beverley Ager）、林恩·米尔豪斯（Lynn Millhouse）和希拉里·史密斯（Hillary Smith）。以下这些NHM的同事帮助我追溯信息、审读文本、核对事实并提出宝贵的改进意见，对此我十分感激：保罗·库珀（Paul Cooper）、安·达塔（Ann Datta）、克里斯多夫·米尔斯（Christopher Mills）等南肯辛顿动物图书馆的同事；还有特林的乔·库珀（Jo Cooper）、卡特里娜·库克（Katrina Cook）、艾莉森·哈丁（Alison Harding），还要谢谢鸟类组组长罗伯特·普莱思约翰（Robert Prys-Jones）所写的美妙的序言。我还要感谢其他图书馆、博物馆和画廊里的许多人，谢谢他们抽出时间分享知识，尤其是伦敦图书馆动物学会的安·西尔弗（Ann Sylph）、迈克·柏默（Michael Palmer）和玛丽·莫纳亨（Marie Monaghan）；以及利物浦博物馆鸟类与哺乳动物馆馆长克莱门茜·费雪（Clemency Fisher），后者为第三章贡献良多；还有美国的莱斯利·欧文斯特里特（Lesley Overstreet）和鲍勃·佩克（Bob Peck）。

我还必须要提及的名字包括我的密友，优秀的鸟类学家兼作家马克·科克尔（Mark Cocker），感谢我们许多次火花四溅的讨论，感谢他一直以来建设性的批评和持续的鼓励；还有他的爱人玛丽·缪尔（Mary Muir）与两个女儿蕾切尔和米里亚姆，我每次从伦敦的办公桌前逃到他诺福克的家里，她们都殷勤款待我。我还要感谢一大群人——鸟类学家、鸟类画家、各种朋友和亲戚——他们抽出时间来阅读我写的东西，和我讨论，提供膳宿，或以其他方式帮助我。希望他们能够理解页数不足以让我一个一个地感谢他们。

要和一位作家共享自己的人生和家庭往往并不是很容易的事，但感谢上天，我非常幸运地拥有一个十分开明的家庭。我一如既往地要感谢你们，梅勒妮、贝吉、艾丽斯和汤姆，谢谢你们容忍我长时间地窝在图书馆里，还常常不出现在早餐、午餐和晚餐桌上（对贝吉来说是不出现在电话那头）。没有你们，我无法完成这项工作。

最后，我不能忘记向所有鸟类画家致敬，无论是历史中的还是当代的，他们的工作令我如此满足与着迷。

原始画作由自然博物馆摄影部拍摄。

NHM图片图书馆网址：http://piclib.nhm.ac.uk/

图书在版编目（CIP）数据

画笔下的鸟类学 /（英）乔纳森·埃尔菲克著；许辉辉译. —
北京：商务印书馆，2017
ISBN 978 - 7 - 100 - 13732 - 4

Ⅰ. ①画…　Ⅱ. ①乔…　②许…　Ⅲ. ①鸟类 — 通俗读物
Ⅳ. ①Q959.7-49

中国版本图书馆 CIP 数据核字（2017）第092194号

画笔下的鸟类学
〔英〕乔纳森·埃尔菲克　著
许辉辉　译

商务印书馆出版
（北京王府井大街36号　邮政编码 100710）
商务印书馆发行
山东临沂新华印刷物流
集团有限责任公司印刷
ISBN 978 - 7 - 100 - 13732 - 4

2017年7月第1版　　开本 787×1000　1/16
2017年7月第1次印刷　　印张 25

定价：135.00元